ラース・チットカ

ハチは心をもっている

１匹が秘める驚異の知性、そして意識

今西康子訳

みすず書房

THE MIND OF A BEE

by

Lars Chittka

First published by Princeton University Press, 2022

Japanese translation rights arranged with
Princeton University Press through
The English Agency (Japan) Ltd., Tokyo

マルレーネ・サマノ・チョンに捧ぐ

本書は *The Mind of A Bee* by Lars Chittka（Princeton University Press, 2022）の邦訳である。本書には「心」に関連するいくつかの重要語が頻出するが、日本語訳にあたっては原則的に、原文の mind に「心」、intelligence に「知性」、consciousness に「意識」という訳語を当てて訳し分けている。しかし英語の mind と日本語の「心」は指している意味領域が都合よく一致してはいないので、読者には次のことに留意していただきたい。

日本語で言う「心」に対応する語として、英語には mind と heart という、ニュアンスの異なる二語があり、そのうち mind は、心の諸機能の中でも特に思考／記憶／認識といった、人間であれば主に頭脳に結び付けられるような精神活動をひとくくりに想起させる言葉であり、heart は（心の）温かさ／包容力／情や感受性などの側面に結び付いて使われることが多い。本書に出てくる「心」はすべて mind の訳語である。

［日本語版編集部］

目次

1　はじめに

金星人か火星人が、どこか高いところからわれわれを見下ろして、往来や広場を行き交う黒い小さな点々を観察したとしよう。彼らにできるのはせいぜい、ハチの巣箱を覗くときのわれわれと同じように、意外な諸事実に目を留めて、それをもとに、われわれがハチについて下すのと同じくらい、不確かで誤った結論を導き出すことくらいだろう……
「彼らはどこへ向かおうとしているのか？　何をやろうとしているのか？」　何十年も何百年も辛抱強く見守った後で、異星人はこう問うにちがいない。「彼らはどんな目的に向かって、どこに軸足を置いて生きているのだろう？　私には彼らの行動を統べているものがまったく見えないのだ。いろいろ集めて築き上げたものを、その翌日には壊して粉々にしてしまう。行ったり来たり、集まったり散ったりしているが、いったい何を求めているのか、私にはさっぱりわからない」と。

——モーリス・メーテルリンク、1901年(1)

異星人の心を理解するのは容易ではないが、やってみたいと思うのであれば、それを探しに宇宙にまで出かける必要はない。異星人の心は、身のまわりのあちこちに存在している。ただし、大きな脳をもつ哺

図 1.1　奇妙で不思議なハチの世界． ハチの生活やそのコミュニティには，人間界には類例がないものが多数存在する．独特の感覚知覚，本能行動，認知機能，社会的相互作用によって，数学的に最適なハニカムのような構造が生み出されるが，規則性や機能性の点から見て，これに匹敵するものは動物界には存在しない．

乳動物にそれが見つかるとは限らない――哺乳類の心理の研究は、やや形を変えた人間らしさを見つけることだけを目的に行なわれたりする。一方、ハチのような昆虫については、こうした誘惑に駆られることがない。ハチの場合は、その社会も各個体の心理も、人間の社会や心理とは似ても似つかないものだからだ（図１・１）。ハチは、人間とはまったく異なる感覚器官に支配された独特の知覚世界をもち、まったく異なる優先順位に従った生活を営んでいるので、実際、地球に暮らす異星人だと思っても間違いではないかもしれない。

私たち人間から見ると、昆虫の社会は、各個体が心をもたぬ歯車となって組織を回している社会のように見えるかもしれないが、もしかすると、うわべしか見ない異星人もやはり、人間社会について同じような結論を下すかもしれない。本書全体を通して私が目指しているのは、読者の皆さんに、ハチは1匹1匹が心をもっている、と確信してもらうこと――ハチは周囲の世界を認識し、自らの知力を自覚していると確信してもらうことだ。ハチの知力とは、自伝的記憶、自らの行動の結果についての理解、さらには基本的な情動や知能といったもので、これらはまさに心の主要な構成要素にほかならない。そして、これらを支えているのが、見事なまでに精巧な脳である。これから見ていくように、昆虫の脳は決して単純なものではない。ヒトの脳には860億個の神経細胞があるのに対し[2]、ハチの脳は100万個ほどにすぎないかもしれない[3]。しかし、神経細胞のひとつひとつが、まるで成熟した樫の木のように、細かく枝分かれした複雑な構造をもっている。そして各々の神経細胞が、他の1万個の神経細胞と接続が可能なのだ。ということは、ハチの脳内にはそのような接続部が10億以上あってもおかしくない。しかも、こうした接続部はすべて、多少なりとも可塑性をもっており、個体ごとの経験によって変化しうるのだ。このようにすっきり見事に小型化された脳は、単なる入力・出力装置などでは決してない。予測能力をもって可能性を追い求める生体コンピュータなのである[4]。さらに、ハチの脳は刺激がまったくない夜間にも自発的に活動している。

ハチであるとはどのようなことか[5]

ハチの心の中がどのようなものかを探るためには、自分がハチになったつもりで、日常世界のどんな側面が自分にとって重要か、それはなぜなのかを考えてみるといい。ハチであるとはどんな感じか、思い描いてみてほしい。まず、外骨格を纏っている自分を想像しよう。外骨格とは騎士の鎧のようなものだ。しかし、その下に皮膚はなく、筋肉が直接、鎧に付着している。体の外側は硬い殻に覆われているが、その内部は柔らかい。殻の中には内蔵型の化学兵器も備えている。それは、自分と同じサイズの動物ならば殺すことができ、自分の1000倍の大きさの動物に対しても激しい痛みを与えることができる注射針として設計されている。ただし、それを使うのは最後の手段。なぜなら、それを使えば自分も死んでしまうからだ。では、ハチのコックピットの内側からは、世界がどのように見えるか想像してみよう。[6]

あなたは300度の視野をもっており、あなたの眼はどんな人間よりも迅速に情報を処理することができる。[7] 栄養分はすべて花から得ているが、1個の花から得られる食料はごくわずかなので、たいてい花から花へと何キロメートルも飛び回らなくてはならず、しかも何千匹ものハチと競争しながら餌集めをしなければならない。[8] 見える色の範囲はヒトよりも広くて、紫外光も見えるし、光波の振動方向も感じとれる。磁気コンパスのような、ヒトにはない感覚能力ももっている。頭部から出ている突起は腕と同じくらい長く、その突起で味、におい、音、電界を感じとることができる（図1・2）。そして空を飛ぶこともできる。以上のことをすべて考慮すると、あなたは心の中で、何を気にかけ、何を考えるだろうか？

野生の採餌者にとっての課題

ヒトも含めた動物の心の中身は、さまざまな情報から構成されている。進化史から得た情報、進化の過程で感覚フィルターを通して得た情報、個体ごとの経験から記憶した情報、そして想像されることや予測されること。

心の中身を探るには、その動物にとって何が大切か――日々の生活の中で重要な意味をもつものは何か――を考えてみるといい。たとえば、ミツバチのワーカー（働きバチ）の念頭にはないと自信をもって言えそうなのが、セックスだ。というのも、ワーカーはふつう不妊であって、繁殖を行なうメスは女王に限

図 1.2　マルハナバチの顔の写真，および，マルハナバチには花がどう見えているか．
A. ハチの頭部の電子顕微鏡写真．触角は，物体表面の肌理や，気流，味，におい，温度，電界を感じとることができる．頭部の両側にある湾曲した大きな眼は，あらゆる方向（ただし後方以外）を同時に見ることができ，紫外線や偏光に対する感受性をもつ．こうした複眼は，数千個の「小さな眼」（オマティディウムと呼ばれる）で構成されており，その各々に六角形のレンズが備わっていて（挿入図を参照，スケールバーは 50μm），その各々が画像の 1 ピクセルに対応している．B および C. 典型的な星形の花を 4cm の距離から見たときに，湾曲しているハチの眼にそれがどのように映るか．眼の解像度が低く，これほど見やすい位置からでも画像がひどく歪んでいる点に注目．

られているからである。一方、ハチの心の中で、花というものは、私たち人間の場合とはまったく異なる大きな意味をもっている可能性が高い。(9) 植物が太陽エネルギーを糖質に変えて作ったエナジードリンクである花蜜はまさに、個々のハチやそのファミリーにとっての命の糧である。また、植物の精子にあたる花粉も、集めるべき花資源として同じくらい重要なものだ。なぜなら、栄養価の高いタンパク質を高濃度で含んでいるからである。

花こそが命の糧である生物の心を占めていそうな事柄をさらに探るために、初めて巣の外に出かける日を迎えた、若いハチを思い浮かべよう。このハチに与えられた課題は、巣の場所とその周囲にある目標物(ランドマーク)の位置を記憶すること、そして有益な花資源を探し当てることだ。さらに、ほんの数回の採餌飛行で、余剰食料を巣に持ち帰ることも求められる。さもないと、幼いきょうだいが餓死してしまうからだ。もちろん、探索に飛び立つこのハチの中には、進化の過程で獲得した知恵の膨大なアーカイブがあるはずだ。たとえば、飛ぶことを学ぶ必要はない。また、風景の中に色と香りのある点々が現れたら、それは花の可能性あり、という生得的な知識ももっている。

しかし、進化の過程で得た指針では対応しきれないことも少なくない。(10) 状況は世代ごとに変化しており、予測不能なことが多数あるからだ。生まれたばかりのハチはまだ、花はどこに咲いているのか、どんなふうに見えるのか、どのように扱えばいいのかを知らない。それに花蜜や花粉が含まれているのかどうか、上質な資源なのかどうかも知らない。たとえ優れた蜜源の花を探し当てても、競争相手がすでに採り尽くしているかもしれない。こうした事柄はすべて、個々のハチが試行錯誤を繰り返しながら学んでいく必要がある。つまり、ハチは3週間ほどの短い成虫期にさまざまなことを学習せねばならず、さもないと、巣に戻ることも、効率よく花資源を採取することもできずに終わってしまう。

ハチの初飛行には最大の危険が伴う(11)。マルハナバチの場合、初めて採餌飛行に出発したハチの10％が、二度と生まれた巣には戻ってこない。巣の場所を正確に覚えていなくて帰巣できないハチもいる。昆虫食の鳥や、花の上で待ち伏せしているカニグモのような捕食者の餌食となってしまうハチもいる。

この試練がどれほど大変なものかを理解するために、人間の子どもがこうした状況に置かれた場合を想像してみよう。新米の採餌バチの能力とだいたい釣り合うように、ここでは、生まれてから数年経っている子ども（たとえば6歳くらいの学童）を想定しよう。その子どもたちを、自然のままの環境中に――つまり、ビルのような、目的をもって建てられた覚えやすい目標物（ランドマーク）がない場所（図1・3）に――解き放つ。子どもたちの場合は、課題をもっと単純にして、環境中に捕食者がいない状態にしておこう。食料を持ち帰ること、という指示だけを与える。その食料は、ハチの食料と同様に、自宅から5キロメートルほど離れたところにある。無事に戻ってくるためには、行動食を十分に携えていく事前準備が必要だし、それが尽きたときには自力で見つける才覚が求められる。複雑な構造をした花の場合と見合うように、食料は、多種多様なパズルボックスから取り出さねばならない仕掛けにしておこう。その開け方は、大人からは一切教わらずに、子ども自身で工夫する必要がある。食料を手に入れたら、善意の通行人の助けを借りずに、家までたどり着かなくてはならない。さて、その日の終わりに、相当量の余剰食料まで持ち帰れる子どもは、いったい何人いるとあなたは思われるか。

持ち帰れる子どもがいたとすれば、その子は、並外れた空間記憶、優れた探索能力や運動学習能力、そしてさまざまな資源に対する高度な品質判断力を備えた子どもであることは間違いない(12)。それから数日のうちに、どんどん上達する子どもが出てくるかもしれない。そういう子どもたちは、最も有益なパズルボックスを覚えておいて、それを探すこと（そしてそれに似た別のパズルボックスを見つけること）に専念し、

図 1.3　自然生息地で生きる中心点採餌者の課題. 都市環境（たいてい識別しやすいように作られたユニークなランドマークがある）とは違い，樹木に覆われた山々のような自然生息地は，同じ形やパターンばかりで，覚えやすいこれといった特徴に欠ける場合が多い．それでもハチは，こうした自然環境中を，巣の場所を記憶するだけでなく，蜜の採れる時間帯がそれぞれ異なる複数の花畑の位置も記憶しながら，何キロメートルにもわたって巧みに飛行する．最新の技術や，地図，あるいは案内人の助けなしにこうした環境下で行動するはめになったら，多くの人間はこうした空間的課題を解決できないのではないだろうか．

それらを結ぶ最短ルートも見つけるだろう。しかし、状況はいつも安定しているとは限らない。子どもたちのグループ間に何らかの競争を持ち込むとともに、予測不能な変化も起こしてみよう。これは花の世界でもよく起こることだ。それまで存在していた有益な花畑が姿を消し、新たな花畑が現れた場合には、さらなる探索が必要になる。

以上は、ハチが直面する基本的な課題のごく一部にすぎない。次の節では、こうした課題をこなすには、さまざまな形の複雑な意思決定と、効率的な記憶編成が求められることを学んでいこう。

花畑マーケットの買物客の心

花は本来、植物の生殖器であって、その色、形、香りは、動物をおびき寄せて、セックス（受粉）の手助けをさせるようデザインされている。多くの植物は機動性に欠けるため、受粉には手助けが欠かせない。花粉をおしべ（オスの部分）からめしべ（メスの部分）に移してもらうのである。ところで、ハチは通常、このサービスを無料では行なったりはしない。その仕事に対する報酬を要求するのだ。こうした観点からすると、花粉媒介システムは、動物が花の品質（花蜜の糖含量など）に基づいて「ブランド」（花の種類）を選び、植物が「顧客」（花粉媒介動物（ポリネーター））の獲得を競う、生物学的な市場と見ることができるかもしれない。ハチは、花が出している広告を読み取って、それぞれの花に含まれる生産物の質と結びつけるのだ。この市場に並ぶ商品は絶えず変わっていく。朝方には蜜を採れた花畑が、昼にはもう採れなくなっていることもあるし、競争相手に採り尽くされていることもある。翌朝の同じ時間帯にはまた蜜が採れるようになっているかもしれないが、その3日後にはすっかり萎びているかもしれない。採餌バチは、こうした変化に照らして情報を更新し、別の蜜源を求めて餌場を開拓する必要がある。

絶えず変化する市場経済という、ハチが活動する自然界の課題について考えない限り、ハチの心の働きの多くを理解することはできない。こうした環境で活動する大変さについては、身体的労力の面からしばしば語られてきた。たとえば、ハチは、自分の体重と同じだけの花蜜や花粉を運ぶことができるが、その蜜胃を一度いっぱいにするのにも、１０００個の花を次々に訪問しながら10キロメートルを飛行する必要がある。また、ティースプーン1杯の蜂蜜を生み出すためには、こうした旅を１０００回繰り返す必要があると思われる。

このような身体的労力に比べるとあまり理解されていないのが、その道中で必要とされる知的労力である。１０００個の花を訪問する間に、ハチは１０００個の「パズルボックス」を開けなくてはならないが、その機構は錠を開けるように複雑で（図１・４）、しかも、花の種類ごとにすべて機構が異なるので、中

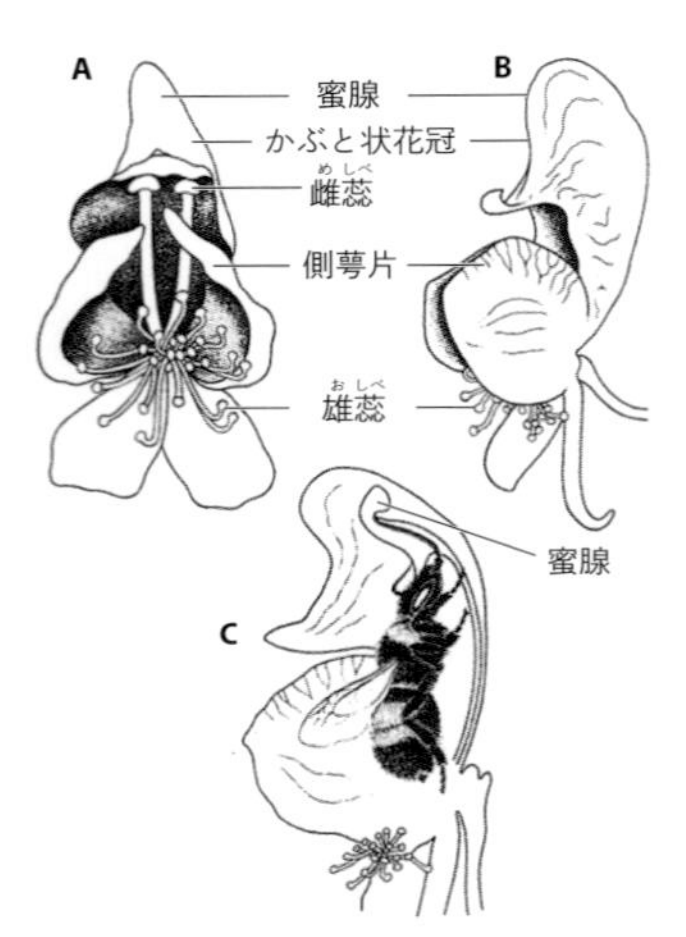

図 1.4　花は自然界のパズルボックス． トリカブト（*Aconitum variegatum*）の A. 正面図と B. 側面図，および C. 花の中にいるマルハナバチ．頭上に位置する「かぶと」状の萼片（上萼片）に口吻を挿入して蜜を吸っている．新米のハチはたいてい花蜜を探し当てるのに失敗するが，何十回も訪問するうちにうまくなっていく．

身にアクセスするにはその都度、機構を学ぶ必要がある。[13] また、花畑を飛行しているとき、ハチは絶えず、種類の異なる多数の花からの刺激（色、香り、電界）を受けているが、その中で最も重要な意味をもつ刺激だけに注意を払って、それ以外の刺激は無視しなくてはならない。1000個の花を訪問する間には、他の5000個の花を退ける必要があるかもしれない。なじみのない花や、以前に訪ねてみて、蜜が少ないことや別の時間帯にしか蜜が採れないことがわかっている花はあえて無視するのである（図1・5）。

採餌中、ハチは、訪問した花が続けざまに、競争相手に吸い尽くされたばかりで空っぽだった場合の落胆や飢餓リスクを克服しなくてはならないし、どのタイミングで手を引いて別の蜜源植物を探し始めるかを決断しなくてはならない。

1日あたり数千個の花を訪問し続けているう

図 1.5　花畑マーケットでのショッピング． 花畑を飛行しているハチは，多種類の花の色や香りなど，感覚を刺激するめくるめくばかりのタペストリーに直面する．人間の買物客と同様に，ハチもやはり，費用対効果が最も高いのはどの種類の花（「商品」）なのかを見極める必要がある（つまり，投入する労力に対して，どれだけの花蜜や花粉の報酬が得られるかを考える必要がある）．費用対効果の高い花が出している広告（色，形，香りなど）を記憶したら，こうした種類の花だけに注意を集中し，それ以外の花が発するシグナルには気を散らされないようにしなくてはならない．

ちに、やがてルールらしきものが見えてくる。たとえば、左右相称花（キンギョソウなど）は、花の種類や色にかかわらず、放射相称花（デイジーなど）に比べて報酬が高い、といったことだ。ルール学習は昆虫の能力の及ぶ範囲を超えていると一般には思われているが、まもなく明らかになるように、花畑マーケットで仕事をこなすという任務の圧力に促されて、ハチにはそのような知的機能が備わったのだ。さらに、不測の事態にも対処しながら、捕食者の攻撃をかわすとともに、捕食リスクの特に高い花畑は記憶しておいて、その場所には近寄らないようにする必要がある。そして、どれほど複雑なルートで飛んできたとしても、突風にあおられて規定のルートから遠く外れてしまったとしても、帰巣経路を見失うことは決して許されないのである。

複雑な判断、コミュニケーション、住まい作り

やっとのことで帰巣したら、クマが自分の巣を掘っていた、などということもあるかもしれない。そんなときはどうすべきか？　まずは収穫物を降ろして身軽になり、殺されるリスクを冒してでもクマを攻撃すべきか？　クマの頭の周りでブンブン翅音を立てて脅し、思いとどまってくれるのを期待すべきか？　それとも、襲撃が終わるまで、近くの樹木にこっそり隠れて待つのがいいのか？　どうするかは生得的に優先順位付けされていると思うかもしれないが、個々のハチはそれぞれの性質に応じて違った選択をすることができる。

クマが立ち去ったら、盗まれた蜜の補充に加えて、壊された巣の修理が必要になる。ハニカム構造を作るには、腹部の分泌腺から出る軟らかな蜜蠟を用いて正六角形の巣房を構築していかねばならない。ちなみに、この巣房はハチの身体のサイズにほぼぴったりの寸法になっている。そして、この作業をするとき、どういうわけか、ワーカー（働きバチ）たちは鎖状にぶら下がる（図1・1）。昼夜兼行で修復作業が続けられる間、ワーカーたちは空中にぶら下がって、姉妹と手を繋いでいなければならないのだ。

セイヨウミツバチの巣の中は通常（つまりクマによる破壊を受けていないときは）、昼夜を問わず常に暗く、その内部世界は、外部世界に劣らず奇妙奇天烈で興味が尽きない。ラッシュ時のバスの車内のように人が詰め込まれている窓のない１００階建ての摩天楼を想像してほしい。壁面はどこもだいたい垂直なので、個々のハチは絶えず、壁面を上へ下へと走り回らなければならない。コロニー全体としてこなすべき

仕事が数あるなかで、個々のハチは自分が何をすべきかをどうやって知るのだろうか？

　ハチのコミュニケーションの多くは、フェロモン（体のあちこちにある多数の外分泌腺から放出される物質が混ざったもので、ミツバチの場合は15種類）[14]や、静電気信号（ハチ自ら発生させることができ、機械刺激を受容する感覚毛で感じとる）によってなされている。しかし、ミツバチはそれに加えて、花のありかを伝えるために、記号化された動きを用いることもできる。それが、ダンス言語と呼ばれる奇妙なディスプレイ行動である。[15]餌場から蜜を持ち帰ったハチは、垂直な壁面でソロダンスを踊る。

　さあ、自分がハチになったところを想像してみよう。あなたを含めた数匹のハチが、そのダンサーの動きから、彼女がどこで良質な餌場を見つけたのか読み取ろうとしている。巣の中は暗いので、ダンサーの動きを読み取るためには、ダンスしている間ずっとその体に触れていなければならない。感覚毛をダンサーの腹部に当て、ダンサーが円を描いたり尻を震わせたりする間、それを保持することによって、ダンス情報を解読するのだ。進化論的な観点に立って、あなたの命運は、ダンサーの動きをいかにうまく感じとり、解釈できるかにかかっていると考えよう。暗闇のダンスフロアでの解読能力には個体差があるに違いない。まったく解読できないハチもいるだろう。その一方で、暗闇でのダンスコミュニケーションの要領をつかんですぐに解読できるハチもいるだろうし、こうしたコミュニケーションのしかたをたちまち習得するハチもいるだろう。やがて、何世代も経るうちに、餌場情報をダンスの要素に記号化する能力と、記号化された情報を触覚で解読する能力の両方に自然選択が作用してくることだろう。

他者を理解する上でその心が経験する世界を想像することが重要なのはなぜか

　そんな奇妙奇天烈な別世界を想像したところで何の意味もない、と主張する方もおられよう。だが決して無意味ではない。非常に有益なことだと私は思っている。あなたが経験している世界がどんな感じか、私には正確には想像できないが（ヒト以外の動物であればなおさらだが）、ちょっとだけでも想像できれば、あなたのことが理解しやすくなる。赤という色を、あなたが私と同じように感じているかどうかはわからなくても、赤色と呼んでいる範囲があなたと私で同じかどうか、あるいは、似た色合いの赤色を区別している範囲が同じかどうかを確認することならできる（相手がハチだと無理だが）。また、感覚能力が低下したらどんな感じかも想像できるし（メガネを外したときや、暗い地下室を手探りで進み、視覚の欠如を触覚で補うはめになったときの感じ）、透視のような超感覚的知覚を得たらどんな感じかも、ちょっとは想像できる。私に透視能力があった場合、あなたは、たとえば、私がどれだけの厚さの壁まで透視できるか、壁越しに誰かの服の色がわかるか、といったことを実験で調べられるにちがいない。ヒト以外の生物が知覚可能な事柄について、こうしたテストを行なうと、その生物の世界を少しだけ想像しやすくなる。

別の動物になったら実際どんな感じなのかは知り得ないのではないか、という一部の哲学者を悩ませている問題は[16]、あまり意味がないように私には思われる。結局のところ、別の感覚世界に生きることは、ひとたびそれに慣れてしまえばどうということはない。新たな感覚能力を得たとしても、わくわく興奮するのはその能力を初めて獲得したときだけで、たちまちその新奇さは薄れ、やがてそれが当たり前のようになってしまう。感覚知覚がいかなる意味でも主観的経験となるのは、そこに情動経験が伴う場合に限られる。ハチの場合、それはたぶん、餌の宝庫を見つけたり、カニグモの攻撃から逃げたり、あるいは、自分の巣が大型哺乳類に引き裂かれるのを見たりした場合だろう。本書ではこのあと、ハチは、家畜や野生動物に適用されるのと同じ基準によって、確かに「情動らしき状態」と見なすことができる心的状態をもっていることを学ぶ[17]。

生きるという経験がどんな感じなのかを、ある動物の観点から探るためには、まず出発点として、先ほどやってみたように、その動物にとって重要なことは何なのかを理解することが必要だ。ハチのような動物は、人間とはまったく異なる感覚器官を通して世界を知覚していること、異なる環境側面がその安寧と生存にとって重要な意味をもつことを理解すれば、擬人化のリスクを冒すことなく――つまり、動物の行動に、誤って人間と同じような心理を読み取ってしまうことなく――想像力を解き放つことができる。

社会性種か、単独性種か

ハチについて考えるとき、私たちのほとんどは、セイヨウミツバチ（*Apis mellifera*）という、あちこちで目にする家畜化された社会性の種を思い浮かべる。実のところ、ハチの心理について知られていることの多くは、このおなじみの種に加え、マルハナバチなど少数の社会性種で研究されたものだ。その社会生活には、素晴らしく興味深い心理的側面が見てとれる。たとえば、極めて複雑なコミュニケーションシステムを用いて、コロニー内での効率的な分業を行なうことで、十分な栄養の確保、巣内環境の制御、コロニーの防衛を実現させている。世界におよそ2万種いるハナバチ類のうち、こうした社会性種はわずか数百種にすぎないが、種数のもっと多い単独性種の生理生態や行動も、社会性種に負けず劣らず魅力に富んでいる。

単独性のハナバチ類も、わが子の食料を準備し、わが子のために巣を作るが、彼女たちはシングルで子育てをするワーキングマザーなのだ。ちなみにオスは、社会性のハナバチ類の場合と同じく、交尾のためだけに存在している[18]。単独性ハナバチのメスは、社会性ハナバチのメスと同様に多くの学習課題に直面する。たとえば、巣の場所を忘れない、多種多様な花の外観や扱い方を覚えるといったことだ。しかし単独性ハナバチの場合は、それに加えて、「何でも屋」になるという追加課題を課せられている。社会性ハナバチの場合は、スペシャリスト集団に仕事を割り当てればいいのに対し、単独性ハナバチの母親は何から何まで自分でこなさなければならない。営巣に適した場所を見つけて、巣を作り、寄生者や捕食者の侵入を防ぎながら、蜂児の食料を準備するのである。しかし、こうしたさまざまな種類のハチの心理に関する文献を、私は包括的にカバーするつもりはない。むしろ、ハチの世界の中から、ハチの心を探る手がかりになりそうな例を取り上げて、そこに焦点を当てていくつもりだ。

本書のロードマップ

本書の構成は次のとおりだ。この導入部に続く第2章および第3章で、ハチの感覚伝達ツールキットのあらましを述べる。ここは重要な部分だ。なぜなら、ハチの心に蓄えられている情報はすべて、まず最初に感覚器官を通して入ってくるからである。感覚器官について学んですぐ気づくのは、ハチの感覚世界は、ヒトの感覚世界とはまったく異なるだけでなく、それよりもはるかに内容豊かな世界かもしれないということだ。もっとも、（ヒトも含めて）動物の心の中にあるものすべてが、個別に獲得されたものとは限らない。何を欲するか、何を恐れるか、どうやって特定の動作をするかなど、少なくともその一部は本能に支配されている。第4章では、ハチのさまざまな生得的行動にはどんなものがあるか、それらがどの程度までハチの心理や学習行動を支配しているかについて述べる。続いて第5章では、「中心点採餌者」（帰るべき巣がある採餌者）としての生活様式のなかに、ハチの知能の起源が見出せるのはなぜかについて考える。ハチの祖先はすでに宿無しの生活様式を捨てて、成虫が巣を作って子どもを守り、その食料も準備するという生活様式に切り換えており、それによって、長距離の採餌飛行をしても必ず巣の場所を見つけられる、優れた空間記憶が不可欠となったのだ。第6章では、ハチの心には空間がどのように表象されているかを詳しく見ていく。

第7章では、花を訪問するという習性がなぜ、ハチを昆虫界の知的巨人にしていったのかを学ぶ。花のありか、色、香りといった基本的な学習事項に加え、花資源を効率よく利用するのに役立つ規則性や概念を、ハチはどうやって一生のうちに習得するのだろうか？　第8章では、ハチの社会的学習に目を向ける。ハチは、仲間を観察することによって、どの花を訪問すべきか、複雑な対象物操作課題をいかにして解決するかなど、驚くほど多くの情報を学び取ることができる。したがって、多くの複雑な社会行動は、これまで考えられていたような群知能によってでなく、個々のハチの問題解決力によって駆動されているのである。

感覚入力から複雑な社会的認知プロセスまでをふまえた上で、第9章では、ハチのごく小さな神経系がなぜ、こうした驚くほど複雑な機能を発揮できるのかを探っていく。第10章では、ハチの心理の個体差とその神経基盤に焦点を当てる。第11章では、ここまでのすべての章で得られた証拠をもとに、最も難しいと思われる問いに挑む。ハチに意識はあるのか？　その答えはおそらく「イエス」だという前提のもと、最後の第12章では、ハチの保全とも関連する倫理的配慮の必要性について述べる。[19]　それは、ハチは主観的経験をしており、少なくとも基本的な情動を伴う生活を送っているらしいという、私たちの研究から浮かび上がることなのだ。

人類の長い歴史のなかで

ハチは、そして、ハチがもたらしてくれる甘い蜜は、人類の進化史の最初から人類とともにあった。[20]　類人猿のなかでヒトに最も近縁な種は、蜂蜜を食するし、野生のハチのコロニーから蜂蜜を採るために道具を用いる。ということは、最初期のホミニン（ヒト族）も同じことをしていたと考えるのが至極妥当だ。複数の大陸において先史時代の洞窟画家たちが、ハチの巣からヒトが蜂蜜を奪う様子を描いており、また、現在も狩猟採集生活を送っている部族の多くが、多種類の野生のハチから蜂蜜を採っている。蜂蜜は、自然がもたらす最も炭水化物豊富なエナジードリンクであり、効率的な蜂蜜採取が行なわれるようになったことで、エネルギー消費量の多いヒトの脳の進化が加速した可能性があると考える研究者もいる。

しかし、創造的な人々の多くが証言するように、輝かしいアイディアの源は糖質だけではない。実際、ハチはアルコールによる高揚感も与えてくれた。蜂蜜を発酵させて作る蜂蜜酒（ミード）は、人類最古の酒のひとつなのである。蜂蜜酒は、９０００年以上前から、中国、フィンランド、エチオピア、古代メキシコのように、互いに遠く離れた国々で飲まれてきた。また、蜜蠟から作られる蠟燭は、電灯が出現する何千年も前から、夜の暗闇を（そして学徒たちの机や寺院を）照らしてきた。

大昔から続いてきた人類とハチの関係を考えるならば、ハチの行動について膨大な学術研究がなされているのは当然のことなのかもしれない。本書執筆のための調べ物をするなかで、私はハチに関する過去の文献を渉猟した。たとえば、目の見えないスイスの博物学者、フランソワ・ユーベルの研究もそのひとつだ。彼は18世紀から19世紀への変わり目に、ミツバチの造巣には計画能力が必要とされるのではないかと指摘した。また、ハチの「パーソナリティ」の個体差についても言及し、コロニー内での分業をこの個体差で説明しようとしている。もうひとつ刺激を受けたのが、アフリカ系アメリカ人の科学者、チャールズ・ターナー（１８６７〜１９２３）の物語だ。彼は科学研究所にも図書館にもアクセスできない、高校教師という不利な境遇にありながら、ハチやその他の昆虫の心理について先駆的な実験をやってのけた。[21]

こうした過去の文献の中には、今日の科学者にはほとんど知られていないものもあり、それを掘り起こしていくと、その発見がまるで自分の研究室でなされたかのようにわくわくしてくる。本書全体を通じて、最近の発見を歴史的文脈の中で捉えるようにした。すると、ハチの心に関する一見最新と思われる見解の多くが、すでに100年以上前から何らかの形で表明されていたことがわかってくる。味気ない専門用語ばかり用いる昨今の多くの研究者とは違って、科学の先人たちはたいてい優れた文筆家でもあったので、このような昔の著作物の味わい深さも読者の皆さんにお届けしたい。原著を読んでみたいと思ってくだされば幸いである。また、本書では、その画期的研究から私が大いに刺激を受けた科学者がどのような人生を歩んだのかについても、ある程度詳しく紹介した。なぜなら、世間と没交渉で研究を続けている科学者などいないからであり、したがって、重要な発見について取り上げるにせよ、重大な過ちについて考えるにせよ、その科学者が活動していた時代背景や境遇、その科学者に影響を与えた人物について知ることが不可欠だからである。

さあ一緒に、ハチの心を探る旅に出かけよう。まず初めに、まったく異質なハチの感覚世界を見ていこう。

2 不思議な色で世界を見ている

鮮やかな色彩は昆虫を惹きつけるという思い込みの根底には、昆虫の色覚と人間の色覚にはほとんど違いがない、という仮定があるようだ。確かにそう思いがちではある。

――レイリー卿、1874年(1)

ハチの心の中にあるものを探るためには、まず、ハチの感覚を理解する必要がある。なぜなら、動物が獲得する情報はすべて、まず最初に感覚器官というフィルターを通ってくるからであり、このフィルターは動物種によってまったく異なるからである。本章と次章で、ハチの感覚世界は、その神経系の小ささにも関わらず、私たちの感覚世界と比べて決して貧しいものではないことを学ぶ。ハチは、ヒトがもつ伝統的分類の感覚（触覚、視覚、聴覚、嗅覚、味覚、温感・冷感）をすべて備えているだけでなく、私たちにはなかなかピンと来ない感覚（平衡感覚や時間感覚など）ももっている。さらに、ヒトにはない感覚（磁気コンパスなど）も備えている。しかし、何よりも驚きなのは、感覚のあらゆる側面において、ハチの世界は私たちの世界とは根本的に異なるということだ。本章ではまず、ハチの色覚について見ていく。前述のレイリー卿が看破していたとおり、ハチの色覚はヒトの色覚とは根本的に異なる。動物の感覚の研究方

法を示す事例として、まずハチの色覚を取り上げ、そのあと（第3章で）ハチのその他の感覚モダリティについて探っていく。

異質で風変わりな昆虫の色覚について、初めて実験を行なって調査した人物がジョン・ラボック（1834〜1913、第3章で詳しく取り上げる）である。[2]ラボックは、アリのコロニーを日光にさらすと、アリはきまって、日向にいる幼虫を日陰に移すことに気づいた。そこで彼は、日光をさまざまな色のフィルターに通してみた。すると、アリはきまって、紫色光を避けるように幼虫を移動させたのだ。この波長の光はヒトの目にはほとんど見えないのに、アリはそうでないらしい。ラボックはこう記している。「アリの色覚はどうやら、われわれの色覚とはまったく異なるようである。ぜひもう少し踏み込んで、アリの視覚限界がヒトの視覚限界とどれほどかけ離れているかを調べてみたい。」彼はアリのコロニーの幼虫を紫外線にさらしてみた。すると、さまざまな種のアリのワーカー（働きアリ）がすぐさま、ヒトの目にはまったく見えないこの有害な電磁放射線が当たらない場所に幼虫を移したのである。しかも、赤色光が当たる場所に幼虫を移すことも多かった。赤色光は、ヒトの目にはとても鮮やかに見えるが、アリの目には、幼虫にとって好適な真っ暗闇のように映るらしかった。この発見がきっかけとなって、それから数十年後、多くの昆虫は赤色を認識できないこと、少なくともヒトほどには感度のすそが長波長側に伸びていないことが正式に確認されたのだった。[3]

昆虫はヒトには見えない電磁放射線の一部を感じとれるというこの発見が、ヒトとはまったく異なる感覚世界への扉を開いたのである（図2・1）。現在では、大多数の動物種（ちなみに、ハチ類の全種）には紫外線を感知する能力が備わっていることがわかっている。[4]

むしろ、われわれ人類（および大多数の哺乳類）は、この感覚が欠けているという点で極めて異例なのだ。

図 2.1　ハチには紫外線が見えるので，ヒトが見てもわからない花の模様を見分けることができる． ここに示した花弁は，ヒトが見ると黄色１色（左）だが，ハチには２色に見える．可視光線をすべて遮断する特殊な紫外透過フィルターを用いて画像を生成する（右）とそれが明らかになる．マルハナバチの白い腹部も紫外線を反射するが，黄色と黒の縞模様の部分は反射しない．

カール・フォン・ヘス vs カール・フォン・フリッシュ――ハチの色覚をめぐる論争

ジョン・ラボックは、個別に訓練したミツバチを用いた実験で、ハチは紙の色の違いを蜜の有無と関連づけられるようになることを証明した。ところが、ドイツの眼科医、カール・フォン・ヘス（1863〜1923）は、これではまだ、色覚を正式に証明したことにはならないと指摘した[5]。全色盲の人でも、たとえば赤と青の区別はできる。この2色はたいてい明度が異なるからだ。同様に、色覚をもたない動物にも、色の異なる2枚の紙が、明度の異なる灰色に見えている可能性があるというのだ。視覚に関する科学研究でナイトの爵位を授けられていた高名なフォン・ヘスは、1912年に、動物の色覚について初めて包括的に論じた本を出版し、その中で、すべての無脊椎動物（および魚類）は色盲であると結論づけた。

同年、オーストリアの大学の准教授で、当時20代半ばだったカール・フォン・フリッシュ（1886〜1982）は、もし花粉媒介動物（ポリネーター）が色を感知できないとしたら、色彩豊かな

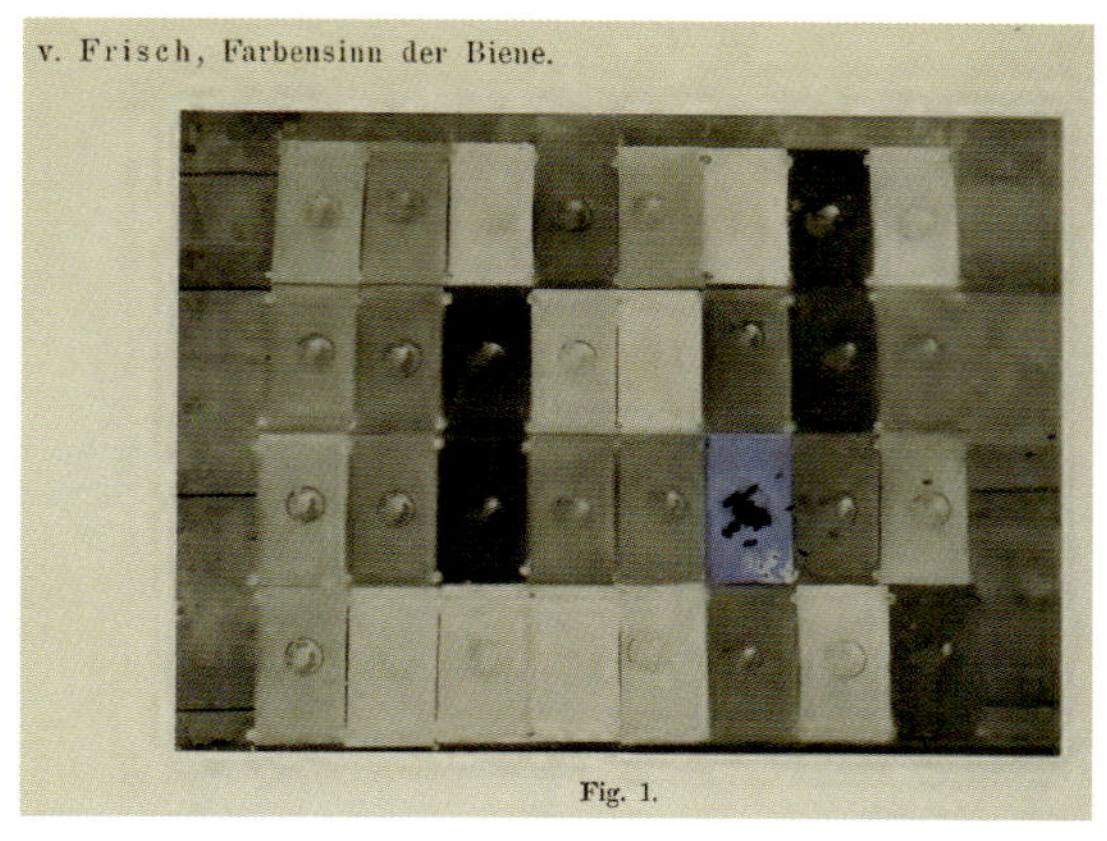

図 2.2　ハチの色覚を証明した，カール・フォン・フリッシュの 1914 年の先駆的論文で用いられた色配置． 青い厚紙上にあるガラス皿から砂糖水を集めるように訓練されたハチは，「青」がそれまでとは違う場所に置かれてもちゃんと見つけ，すべての濃淡の灰色から青色を識別することができた．これは，ハチが単にこの青色の明度を学習しただけではないことを示している．

花の存在はほとんど無意味ではないか、というもっともな主張をした。色がわからないのになぜ、ほとんどの植物の花が、葉を背景に鮮やかに発色して目立つように進化したのか？　フォン・フリッシュは、フォン・ヘスが間違っていることを証明する実験パラダイムを開発した。(6) 砂糖水の報酬の入った小さなガラス皿を、色の付いた四角い厚紙の上に置き、それをさまざまな濃淡の灰色の厚紙を並べた中に紛れ込ませたのだ（図2・2）。ハチは、いつもきまって、灰色のカードの中から色付きのカードを見つけた。色付きのカードの位置を入れ替えても、ちゃんと見つけ出した（ということは、ハチが単にターゲットの位置を記憶していたとは考えられない）。

当時のドイツの大学では、若手研究者が権威ある教授に異を唱えたりすれば、キャリアを断たれることになりかねなかった。そして予想に違わず、フォン・ヘスは激怒した。フォン・フリッシュの実験の噂を耳にした彼は、フォン・フリッシュが研究成果を印刷すらできないうちに、大急ぎで自らの実験結果を発表した。フォン・ヘスは、ハチを訓練して色を学習させようとする際に、報酬として蜂蜜を利用したが（ちなみにフォン・フリッシュは無臭の砂糖水を選択した）、蜂蜜にはハチにとって非常に魅力的な香りがあり、別の要素をターゲットとしてハチを訓練したいときにも蜂蜜の香りがそれに優ってしまう場合がある。フォン・ヘスの実験は、色覚の存在を否定する結果となった。1913年に発表した「疑わしきミツバチの色覚に関する実験的研究」と題する論文の中で、彼はこうまくしたてた。「ハチを『訓練』して特定の色を覚えさせることができるという、ラボックのかつての主張や、フォン・フリッシュの最近の主張は完全に間違いであると証明された……ハチには色覚があると考えるのが妥当と思われるような事実はひとつも見つかっていない……私の研究によって、この仮説は誤りであることが決定的となった。」

フォン・フリッシュは、気圧されることもなければ、動じることもなかった。1914年に発表した、自らの実験に関する詳細な報告の中で、ハチには色覚があることを示す証拠を、入念かつ断固たる態度で説明している。フォン・ヘスの論文に対しても、歯に衣着せぬ批判を行なった。

もちろん、フォン・ヘスはこれを認めていない。彼は、色彩物理学や色彩生理学の知識に欠ける素人が行なった研究だと主張することによって、再三にわたり私の研究の信用を傷つけようとする。しかし、その主張を証明する決定的な証拠は述べていない……私が行なった疑う余地のない明確な実験を、彼はすべて誤りだと考えている……私はこうした……論駁法に抗議する。このような侮蔑に満ちた言葉の使用を控えるようフォン・ヘスに求める……

フォン・ヘスは……青色を選ぶように訓練したハチに、蜂蜜を付けた黄色い鉛筆を提示し、ハチがそれに止まるのを確認した。青色のジャケットには、それにも蜂蜜を付けたあとでようやく止まった。これらの実験は――どなたもおわかりのとおり――ハチが蜜におびき寄せられることを示しているにすぎない。

若手科学者であるフォン・フリッシュは、こうした声明を出したがために、自らの将来を危険にさらすことになった。母親に宛ててこう綴っている。「私は今、学界の第一人者で、私を徹底的に潰しにかかる真の敵と対峙しているような不穏な気持ちです。」しかし、フォン・フリッシュが示した証拠は揺るぎないものだったので、若手科学者の信用を失墜させようとするフォン・ヘスの試みは結局、失敗に終わった。後にフォン・フリッシュが自伝の中で述べているように、その激しい論争は、彼に幅広い経験を与えることによって、むしろ彼を強く鍛え上げた。[7] 彼に、今後の発見は崩しようのない証拠と確固たる論拠で守っていかなくては、という覚悟を決めさせたことは間違いない。1973年にフォン・フリッシュがノーベル賞を受賞するに至ったのに対し、ハチの色覚に関するフォン・ヘスの見解は忘れ去られていった。

ちなみに、ハチは色に無反応だというフォン・ヘスの主張は、実を言うと、彼が検討した、ある特定の実験パラダイムにおいては正しかった。それは、「走光性」を考慮したパラダイムである。多くの飛翔動物は脅威にさらされると光に引き寄せられる。ハチは実際、色に関係なく光に引き寄せられることが判明している。しかし、ある状況下で色盲だからといって、その動物には色を感知する能力がない、ということにはならない。たとえば、薄暗い場所や暗闇では、どんな人間も色を識別できない――そこから、「夜間に見れば、どのネコも灰色だ」（見た目はあまり重要ではない）という諺が生まれたりする。しかし、ヒトもハチも、少なくとも昼の間はカラーで花を見ている。

フォン・フリッシュはまた、ハチの色覚とはヒトの色覚とは根本的に異なることを示すさらなる確証も得た。ハチは、灰色のカードの中から青色や黄色のカードを難なく見つけ出すが、赤色と濃い灰色はいつもきまって混同することを発見したのである。ハチは赤色を認識することができないと結論を下し、ヨーロッパの植物相に赤い花が比較的少ないのはそのせいだとしている。

カール・フォン・フリッシュとナチ

カール・フォン・フリッシュの関心はその後、別のテーマに移っていった（特に、ハチのダンス「言語」の研究に力を注いだが、それについては第5章で取り上げる）。1920年代には、いくつかのハチの種は紫外線を感じとれることや[8]、花は紫外線を反射することが明らかになったが[9]、フォン・フリッシュは、色覚についての詳細な研究を弟子たちに託した。その中でも特に注目に値するのが、1950年代のカール・ダーマーの研究である（次節を参照）。しかし、フォン・フリッシュがこの研究をさらに進めていても、実を結ぶことはなかっただろう。なぜなら、彼は1933〜1945年のナチ時代に攻撃の的にされたからである[10]。

彼の祖母は、生後間もなくカトリックの洗礼を受けたが、祖母の両親はユダヤ人だった。バイエルン州当局は、フォン・フリッシュを「第二級混血」（1941年1月12日付の書状の文言）であるとして[11]、ミュンヘン大学の教授職からの解任を命じた。彼は影響力ある同僚たちから「反ユダヤ主義に頑迷に抵抗した」と非難され[12]、彼の出版物のひとつは「ユダヤのプロパガンダの最たるもの」だと責め立てられた。彼らはこう主張した。「最も近代的で設備の整ったドイツの動物学研究所が、今では、狭量で利己的で物わかりの悪い、新時代に敵意を抱く専門家に支配されてしまっている。研究所はもうそろそろ、こうした状況に終止符を打つリーダーを迎えるべき時期に来ている」と。

こうした窮状ゆえにか、フォン・フリッシュは多少ともナチに迎合する方向に進んだようである（決して党員にはならなかったが）。洞察力に富んだ1936年の著書『あなたと命──万民のための現代生物学』には、最後のパラグラフに物議を醸す記述が見られる。[13]それは「民族衛生学」の箇所と、精神発達遅滞者には本人の同意が無くても不妊手術を実施することを奨励している箇所である。フォン・フリッシュはこれらの箇所で、現代文明が近視の人々を甘やかしていることを嘆き、こうした人々は、原始時代の祖先たちの生存をかけた厳しい闘いを生き抜くことは決してできなかっただろうと述べている（ちなみに、彼自身も、第一次世界大戦の兵役を免除されるほど強度の近視だった）。願わくば、これらの記述は、ナチの当局者に強制されて加筆されたものであって、彼が自発的に書いたわけではないと思いたい。おそらくフォン・フリッシュは、当局者に要求されたことを労を厭わず行なうことによって、自分自身の仕事だけでなく、1930年代半ばにまだ動物学研究所に勤務していた多数のユダヤ人研究者をも守ろうとしたのだろう。いずれにせよ、この本を読むと、自らナチ・イデオロギーの危険にさらされていた知識人が、極めて困難な時代をどう生き抜こうとしたかが偲ばれて、やりきれない気持ちになる。

結局、フォン・フリッシュは、ミツバチの病気が蔓延したせいで、ひとまず失職を免れることとなった。1940年から1942年にかけて、ミツバチの腸管内に寄生する単細胞生物「ノゼマ原虫」の感染によって、数十万個もの巣箱のミツバチが姿を消してしまい（「蜂群崩壊症候群」のさきがけ）、食料安全保障に重大な脅威をもたらした。多くの農作物の受粉がうまくいかなくなったのだ。ナチ党官房長でヒトラーの側近でもあったマルティン・ボルマンは、フォン・フリッシュの解雇を戦争終結まで延期するように命じた（ナチが戦争に勝利したのち、フォン・フリッシュをくびにするつもりだった）。フォン・フリッシュは１９４５年まで、ミツバチの病気の管理という報われることのない仕事を引き受けた。結局、「ノゼマ病」の治療法を見つけることはできなかったものの、彼はこの配置転換のおかげで、職を失わずにハチの研究を続けることができ、また、後進の育成にあたる機会を得ることもできたのだった。彼はその後も、さらに画期的な多くの発見をしている。そして、本書で研究成果を紹介する科学者たちのほとんどが、彼の弟子か、孫弟子か、曾孫弟子なのである（私もそのひとりだが、数多くの曾孫弟子のひとりにすぎない）。

異なる色彩の世界

フォン・フリッシュの弟子のひとり、カール・ダーマー（１９３２年～）は、ヒトとハチの色覚の類似点と相違点の両方を発見した[14]。彼の博士課程での研究によって、ハチは、ヒトを除くと、色覚について最も詳細な研究がなされている動物となったのだ。それ以降、彼の研究成果を代々継承する有能な研究者たちのおかげで、その地位はずっと保たれてきた。では、ハチには色がどう見えているのかを探る前に、ヒトの色知覚について少し説明しよう。

ヒトの色覚もちょっと奇妙だ。というのは、色を知覚したからといって、知覚対象の分光特性をそのまま再現することはできないのである。黄色光と赤色光が混ざると橙色に見えるが、私たちには、２種類の光が混ざってその色が生み出されていることがわからないだけではなく、その橙色を、単色光（ひとつの波長のみからなる光）の橙色と識別することもできない。また、白色という知覚は、補色同士——青と黄、赤とシアン（青緑）、緑とマゼンタ（赤紫）——のいずれかを組み合わせることによって、あるいは、ヒトの視覚系における光の「三原色」、緑、赤、青を混ぜ合わせることによって生み出される。

可視スペクトルのうちで最短波長のバイオレット〔青みを帯びた紫色〕と、最長波長の赤を混ぜ合わせると、スペクトル上にはまったく存在しない、パープル〔赤みを帯びた紫色〕という色の知覚が生じる。このような混色という現象に慣れてしまって、ほとんどの人間は気づいていないが、実際には、知覚的世界と物理的世界にはズレがある。つまり、目で捉えた色から物理的刺激を単純に推定することはできないのだ。それに対して、聴覚は、2つの音を完全に聞き分けられるし、三和音の3つの音を聞き分けることもできる。400ヘルツの音と800ヘルツの音が組み合わさっている場合でも、その中間の周波数（たとえば600ヘルツ）の音として知覚したりはしない。しかし、視覚ではまさにそうしたことが起きているのである。[15]

こうした違いはそもそも、感覚受容器の仕組みの違いから生まれる。ヒトは、3種類の色覚受容体（それぞれ青、緑、赤に反応）しかもっておらず、これら3種類の受容体の相対的刺激量によって、百万種類ほどの色の違いを見分けている。それに対して、ヒトの内耳には、それぞれ異なる振動数に反応する何千もの聴覚受容細胞があり、その反応は、色覚のように競い合うのではなく並列に処理される。

ハチの可視スペクトル領域は、ヒトの可視スペクトル領域よりも全体として短波長側にずれており、だいたい300ナノメーター（ウルトラバイオレットつまり紫外線）から650ナノメーター（黄橙）の間にある（図2・3）。カール・ダーマーは、単色光を混合する精巧な装置を作って実験を行ない、ミツバチは他のどんな色よりも紫外線に対する感度が高いこと、そして、ハチの色覚においてもヒトの色覚と同様に混色のルールが当てはまることを発見した（図2・4）。つまり、2種類の単色光（たとえば青色光と緑色光）を混ぜて作り出される混合光の色を、その中間の波長の単色光（青緑色光）の色と識別することはできないのだ。ヒトの場合と同様に、ハチの可視スペクトルの最短波長と最長波長を混合すると、いかなる単色光も生み出しえない独特の感覚が生まれる（ダーマーはこれを「ビー・パープル」と呼んだ）。彼はまた、ハチの視覚には、青緑と紫外線、バイオレットと緑、「ビー・パープル」（紫外線＋緑）と青のような、補色の関係が存在することも発見した。ハチは、紫外線を反射しない白色の面と青緑色の面を混同してしまい見分けることができない。

ダーマーは、ハチの脳には直接アクセスせずに精神物理学的な実験だけに基づいて、ハチの視覚は、ヒトの視覚と同様に、「三色型色覚」に違いないと推断した。つまり、主要変数が3つあって、ハチの場合はそれが紫外線、青、緑の受容体のシグナルだと考えたのだ。しかし、当時はまだ、この三色説は、ヒトについてもハチについても、単なる学説にすぎなかった。1962年に初めて、ミュンヘン大学のカール・フォン・フリッシュの後任であるドイツ人生理学者、ハンスヨッヘム・アウトルム（1907〜2003）らのチームが、動物での実験を行なった。ハチの眼の小さな光受容細胞ひとつひとつに、微小電極（先端の直径が1万分の1ミリメートルのガラス製キャピラリー）を挿入し、波長の異なる光をハチの頭部に向けながら、その電気信号を記録したのである。[16] こうして彼らは、ミツバチの眼には3種類の光受容細胞があり、それぞれが最高感度を示すのは、緑、青、紫外線の波長であることを立証した。光受容細胞はどれも、ピークの周囲の極めて広い波長域まで感度を有しており、その分光感度曲線はほぼ釣鐘型を描く（図2・3）。

ドイツ人の神経科学者で、フォン・フリッシュの学究上の「孫」にあたるランドルフ・メンツェル（1940〜）は、ミツバチがどれだけすばやく、さまざまな色と砂糖水の報酬とを結びつけて学習できるかを測定した。[17] その結果、極めて迅速に学習できることがわかった。ジョン・ラボックがすでに、ミツバチは青色を好むことをほのめかしていたが、メンツェルは博士課程研究で実際に、ミツバチは青紫色を見せ

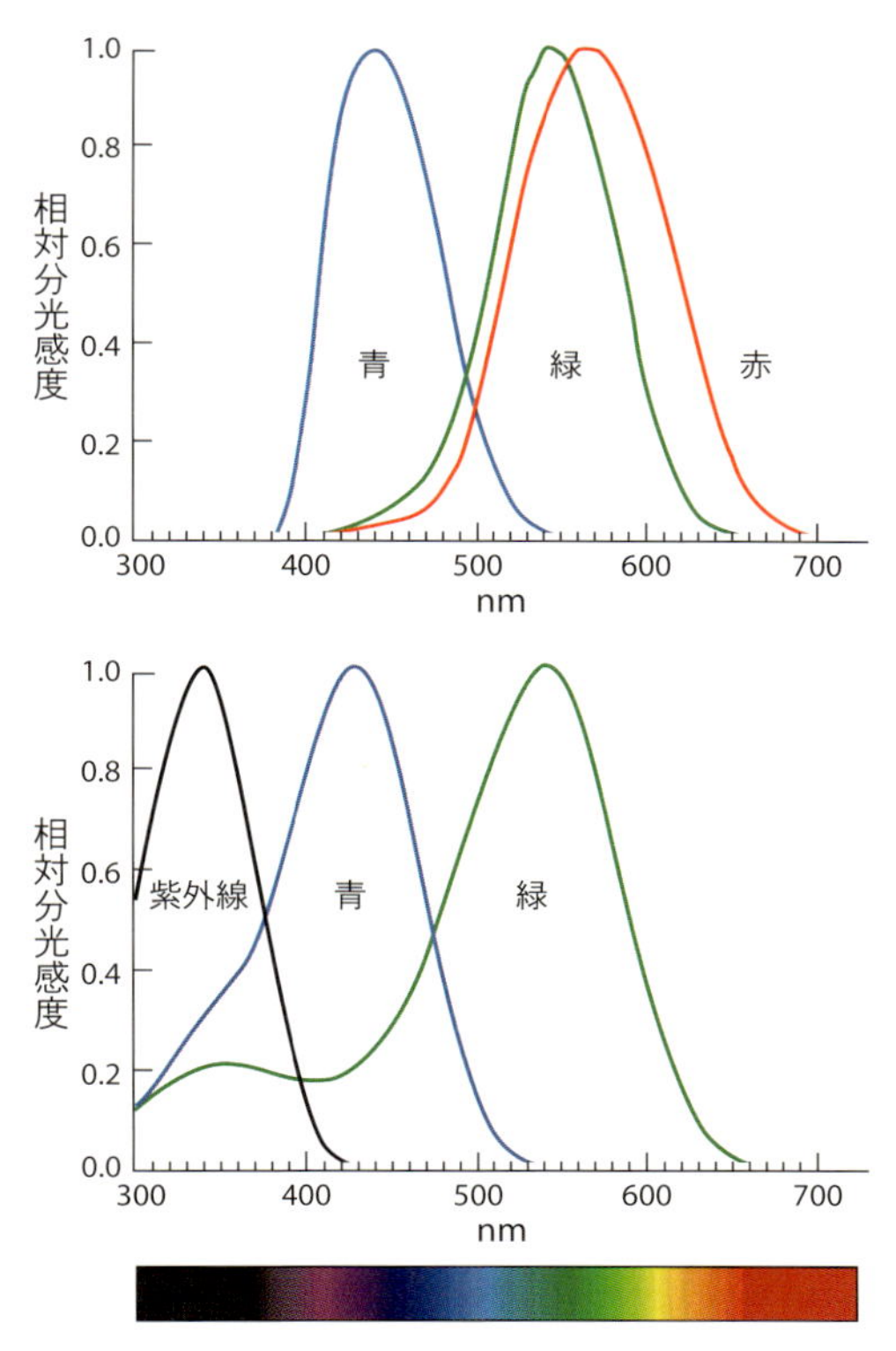

図 2.3　ヒトとハチの色覚の受容体の比較. 300 nm から 700 nm まで（紫外線から赤まで）の波長域における，ヒトの色覚受容体（上）とハチの色覚受容体（下）の分光感度. ヒトもハチも，3 種類の色覚受容体をもっていて，その受容体ごとに特定の波長に感度のピークがあり，このピークから両側にずれるにつれて感度は低下する．ヒトは紫外線を全く感じないが，ハチにはこの波長域に特化した受容体がある．一方，ハチの長波長側の受容体の感度は，ヒトほど赤色側には伸びていない．

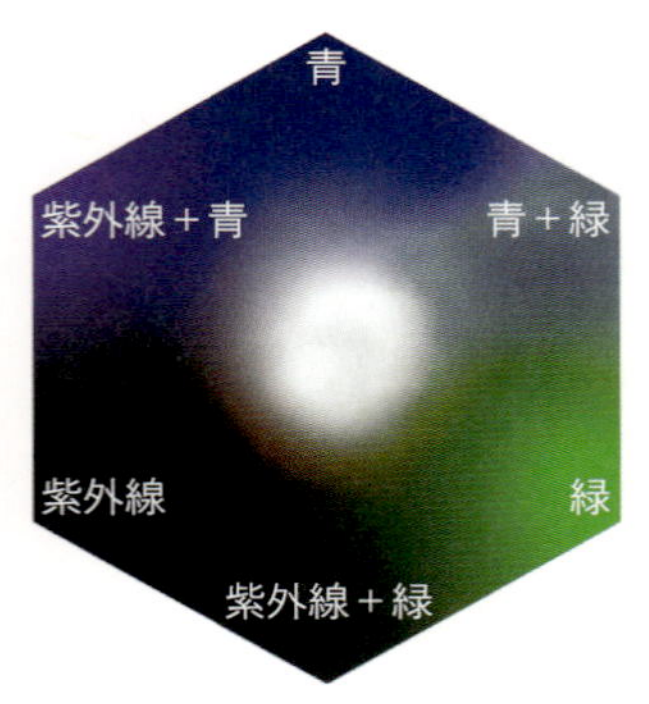

図 2.4　混色の原理を説明するハチの色空間．（円の中心からの）角度で，ハチの見ている色がわかる．物体で反射した光のうち，光受容体（紫外線，青，緑）のいずれかを主に刺激する色が，それぞれ左下，上，右下に示されている．その中間領域では混色が起こる（たとえば右上の領域では，緑と青の混色）．ハチの色空間には，（ヒトの場合のパープルのような）スペクトル上には存在しない色域も含まれる——つまり，スペクトル上の最長波長（緑）と最短波長（紫外線）が混ざって生まれるのが，色空間の下の部分（これを「ビー・パープル」と称する論文もある）．

て報酬を与える訓練を一度行なっただけで、両者の関連を極めて正確に記憶することを突きとめた。その後は、他の色が提示されていても、ハチは極めて正確に青紫色を選び取るようになる。青紫以外のほとんどの色の場合は、ハチが長期記憶を形成するのに、砂糖水報酬をさらに数回与えて訓練する必要があったが、青緑色のようなあまり好まれない色であっても、10回にわたって砂糖水報酬を与えると学習が成立した。

　これほどすばやく色を学習する動物は、他にはいない。ミツバチでこのような画期的研究がなされて以降、数十年の間に、多くの動物種で色彩学習能力がテストされてきた。色彩学習の速さを11種類の動物で比較分析してみると、ミツバチが最も速く、それに次ぐのが魚類で、その次が鳥類……最も遅いのがヒトの幼児だった。ヒトが「最も賢い」という期待を裏切るこの結果は、おかしなことに、その後、動物の学習に関する教科書の中で、学習速度は知能の尺度としては役立たないと論じるのに利用されるようになった[18]。学習速度と知能を同一視できない正当な理由があるのかもしれないが、ヒトが速度ランキングのトップではないことをその理由に挙げるべきではない。ハチが色彩学習課題で好成績をあげるのは、その進化の過程で、花探索の手がかりを記憶する能力を獲得してきたからなのだ[19]。働きバチは、飛行範囲内にある花の提供物を、色を手がかりに絶えず評価するように生まれついている上に、ある色の花はもはや無報酬で、別の色の花のほうが豊富な花蜜や花粉を受け取れるといったことを、すばやく学習する必要に迫られているのである。

ハチの色覚は花の色に対応して進化したのか？

当然ながら、こんな疑問が湧いてくる。ハチの色覚はなぜ、ヒトの色覚とはこれほど違うのか――たとえば、なぜ紫外線が見えるのか？　また、ハチの光受容体はなぜ、そのような波長領域を感知するように調節されているのか？　こうしたことは、花を訪問するというハチの習性や、花がハチに対して提示する色と関連していると考えるのが妥当だろう。

博士課程に在籍中（1991～1993年）の私は、この仮説を検証するのにちょうどいい時期に、ちょうどいい場所にいた。私の指導教授であるランドルフ・メンツェルがおりしも、授粉研究の専門家であるアヴィ・シマダと共同研究を開始したところだったのだ。ふたりはイスラエルに野外調査に出かけ、多種多様な花の色の物理的特性を測定していた。花の表面で反射される光の量についても、動物が感じとれる全波長域――300ナノメートル（紫外光）から700ナノメートル（遠赤色光）――について測定されていた。当時は、色覚を変化させた遺伝子組換えハチを作製することなどできなかったので、それに代わる手法として、さまざまな色覚システムのモデル（ハチに似たものからまったく異なるものまで）を構築し、実際の花の色を探知・識別するのに理論上最適なシステムはどれかを検討することにした。

私は、メンツェルたちの得たほぼすべての反射率関数を使って、コンピュータに最適な色覚システムを求めさせた。私はあらゆる変数を変化させた——3種類の色覚受容体が反応する波長（ハチの場合は通常、紫外線、青、緑）、受容体のシグナルを処理する神経系プロセス、ハチに花を提示する際の照明条件などだ。いずれのシミュレーションも、結果が出るのはたいてい数日後だった。それは、当時は使用できるコンピュータの計算速度がのろかった上に、私のBASICのプログラミングスキルが不足していたからだが、便利な出来合いのソフトウエアなどもなかったので、誰もがみな必要なソフトウエアを一から自分で作成するしかなかったのだ。

とはいえ、最終的に得られた結果は非常に素晴らしいものだった。これらコンピュータによって生成された、最適な色覚受容体の組み合わせは、実際のハチの眼の色覚受容体の組み合わせ（図2・5）とほとんど同じだった。感覚システムは、その動物の生態学的ニッチに適合していることを示唆する質的観察はこれまで数多くなされてきたが、動物の色覚が、こなすべき課題に最適化されていることを、量的データ分析に基づいて証明したのはこれが初めてだった。花の色を符号化する色覚システムとして、ハチに備わっているもの以上に優れたシステムをエンジニアが設計しようとしても、ほとんど無理だろう。同様の

図 2.5　代表的な節足動物（昆虫類，甲殻類，鋏角類）の色覚受容体が最高感度を示す波長，およびその系統樹． 系統樹は，動物種どうしの類縁関係や，地球上に現れたおおよその時期を示している．黒丸，三角形，菱形，正方形はそれぞれ，紫外線受容体，青色光受容体，緑色光受容体，赤色光受容体の感度がピーク値となる波長の位置．紫外線，青色光，および緑色光受容体の類似した組み合わせが，ほぼすべての節足動物に見られる．赤色光受容体は，さまざまな節足動物（ミジンコ，トンボ，一部の膜翅目など）に何度も出現している．紫外線受容体は，カンブリア紀の節足動物の祖先にもすでに見られ，したがって，花の色の進化よりも 4 億年ほど先行していたことになる．黒い破線は，花の色を符号化するのに最適な光受容体の波長の位置．

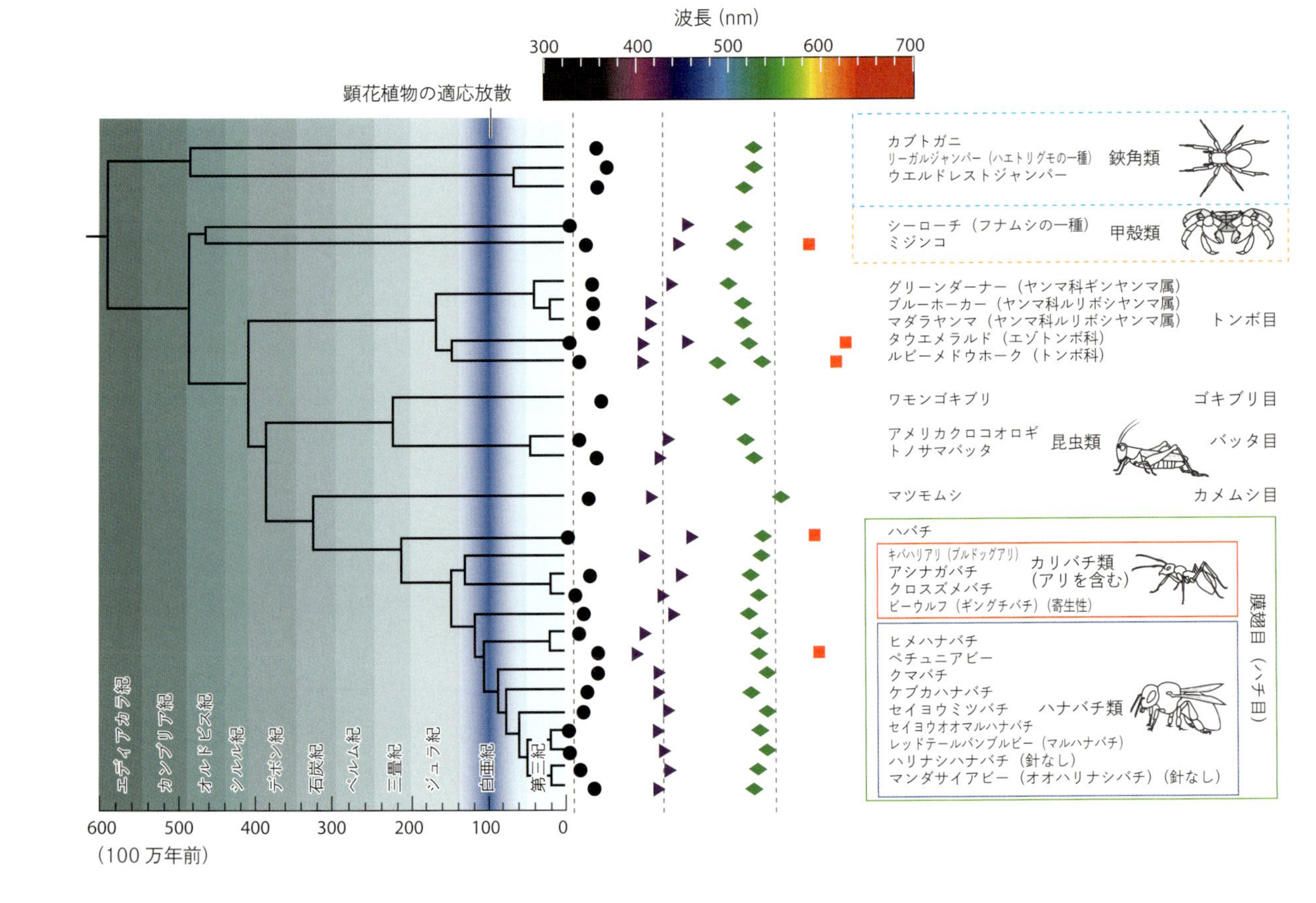

波長 (nm)
300
400
500
600
700
顕花植物の適応放散
エディアカラ紀
カンブリア紀
オルドビス紀
シルル紀
デボン紀
石炭紀
ペルム紀
三畳紀
ジュラ紀
白亜紀
第三紀
600
500
400
300
200
100
0
(100 万年前)
カブトガニ
リーガルジャンパー（ハエトリグモの一種）
ウエルドレストジャンパー
鋏角類
シーローチ（フナムシの一種）
ミジンコ
甲殻類
グリーンダーナー（ヤンマ科ギンヤンマ属）
ブルーホーカー（ヤンマ科ルリボシヤンマ属）
マダラヤンマ（ヤンマ科ルリボシヤンマ属）
タウエメラルド（エゾトンボ科）
ルビーメドウホーク（トンボ科）
トンボ目
ワモンゴキブリ
ゴキブリ目
アメリカクロコオロギ
トノサマバッタ
昆虫類
バッタ目
マツモムシ
カメムシ目
ハバチ
キバハリアリ（ブルドッグアリ）
アシナガバチ
クロスズメバチ
ビーウルフ（ギングチバチ）（寄生性）
カリバチ類
(アリを含む)
ヒメハナバチ
ペチュニアビー
クマバチ
ケブカハナバチ
セイヨウミツバチ
セイヨウオオマルハナバチ
レッドテールバンブルビー（マルハナバチ）
ハリナシハナバチ（針なし）
マンダサイアビー（オオハリナシバチ）（針なし）
ハナバチ類
膜翅目（ハチ目）

モデリング手法を用いて、研究者たちがその後、他の多くの生物学的センサーの適応的意義を探るようになった。たとえば、霊長類の色覚と果物の色との関係などだ。私は、ハチの色覚と花の色とが、これほど絶妙にマッチしていることにいたく興奮した。研究仲間の多くも同じ気持ちだった。誰もが見たがるような、すっきりと筋の通った相互適応的な進化の物語だったからである。

それにしても、ハチの色覚がこのように花を探知・識別するのに最適化されているということは、ハチの色覚が花の色と共進化したことを意味するのだろうか？　ハチと花は、双方向に影響を及ぼし合いながら進化してきたのだろうか？　花の発するシグナルが実際にハチの色覚の進化を駆動したことを証明するためには、顕花植物が出現する前には、ハチの祖先はもっと違った組み合わせの色覚受容体をもっていたことを明らかにする必要がある。しかし、植物が初めて花を咲かせるようになった2億年前の世界で、ハチがどんな色を見ていたのかを、どうすれば明らかにできるだろうか？

進化生物学者は、遠い過去をのぞき見るための窓を開ける素晴らしいツールをもっている——系統樹の比較解析である。たとえば、現存する哺乳類の母親はすべて、乳で子どもを養う。したがって、現生哺乳類のジュラ紀の祖先はすべて、すでに乳腺をもっており、同じ目的で使用していたと確信をもって推測できる。同様の理屈から、ジュラ紀の祖先は温血だったと推測できる。つまり、分泌腺のような器官の形態がわかる化石がなくても、こうした特性について、さらにはその動物の行動や生理についても推理することができるのである。同じように、ハチと花についての疑問に答えるには、花が出現する前にハチの系統から分岐した節足動物（クモ類、甲殻類、ハチ以外の昆虫類）について見ていく必要がある。それらの動物の色覚と、ハチの色覚とに違いが見られないのであれば、花色が進化する以前の共通祖先にすでに、その色覚があったということになる。幸いなことに、比較生理学者たちがすでに、さまざまな節足動物の色覚受容体について、膨大なデータを収集していた。私たちは、検討すべきすべての種の系統樹上に、そのデータをマッピングするだけでよかった。何らかの適応パターンがあれば、たちまち明らかになるはずだ。

そのような系統樹解析を行なった結果、[20]ハチが備えているような色覚は、花を咲かせる植物が出現するよりも数億年前から存在していたことが明らかになった（図2・5）。トンボ、バッタ、ゴキブリなど、ほぼすべての昆虫類が紫外線受容体をもっているようだ。そのいずれも典型的な訪花者ではない。また、海の甲殻類の多くも紫外線受容体をもっている。色覚受容体の波長感度特性は、種によっていくらか異なるものの、花を訪問するという習性が、訪花昆虫の色覚に重大な変化を引き起こしたことを示す一貫した証拠はない。

カンブリア紀に生息していた昆虫類や甲殻類の祖先（おそらくは水生動物）すべてが、すでに紫外線、青色光、緑色光の受容体をもっていた、というのが私たちの下した結論だった。昆虫類には、花が出現する数億年前からすでに、花色の符号化という機能に転用できる形質が備わっていた――言い換えると、昆虫類は花色の符号化に前適応していた――のである。その後、おそらく三畳紀（2億5000万～2億年前）に顕花植物が初めて出現し、白亜紀中期（1億年前）に顕花植物の大規模な適応放散（それぞれ異なる自然環境に適応していくなかで異なる系統に分かれること）が始まったというわけだ。要するに、「ハチはなぜ紫外線受容体をもっているのか」という問いに対しては、「ハチの祖先がもっていたから」というのがその答えだ。

昆虫の色覚は、特定の種類の物体――ハチの場合は、花――に対応して適応進化した、という仮説は退けなくてはならない。ともかくも、紫外線、青色光、緑色光の受容体の組み合わせは、さまざまな照明条件下であらゆる種類の自然物の色を符号化するのに役立つ汎用性の高い適応だったのだろう。花の色のほうが昆虫の色覚に適応したのであって、その逆ではない。その意味では、花粉媒介昆虫が世界を彩ったのだといえる。植物が腹をすかせた昆虫を花粉媒介者に任ずる前、地球上の生物圏は、ほとんど緑色（葉）と茶色（樹皮）だけの世界だったのだ。

昆虫の感覚システムの研究を通して初めて思い知ったのは、私たちが知覚している世界は、物理的実体と符合する客観的表象ではない、という事実だ。どんな動物種も、進化の過程で獲得した感覚メカニズムというフィルターを通して世界を知覚しているのである。

さて、ここまではまず手始めに、ハチの見ている色がどれほど私たちとは違うかということを述べてきた。ここからはさらに話を進めて、ハチの感覚ツールキットには、周囲の状況を捉えるもっと不思議な知覚様式があることを見ていこう。そのなかには、ハチにはあっても、それに相当するものがヒトにはない感覚モダリティも含まれている。

3 ハチの異質な感覚世界

動物を解剖すると、神経が密に分布している複雑な感覚器官が見つかるが、私たちにはまだ、その機能を説明できるだけの能力がない。もしかしたら動物には、人間の感覚とは、聴覚と視覚ほども違う感覚が、まだ50種類くらいあるかもしれない。また、人間にも備わっている感覚の範疇であっても、人間には聞こえない音が無数に存在するかもしれないし、緑色とは赤ほども違う色でありながら、その色の概念自体が人間にはないような色が存在するかもしれない。私たちの身のまわりのおなじみの世界が、他の動物にとってはまったくの別世界だったとしても不思議はない。彼らにとっては、人間には聞こえない音や、見えない色、想像すらできない感覚に満ち溢れた世界かもしれないのだ。

――ジョン・ラボック、1888年(1)

今日のイギリス人にジョン・ラボックの名が知られているとしたら、それはたぶん、彼が「バンクホリデー」――銀行その他の仕事の公休日――の生みの親だからだろう。国会議員であり銀行家でもあったラボックは、クリスマスやイースターといった伝統的な祝日に加え、いくつかの新たな休日を春と夏の時期

に導入した。それは、彼が熱心な昆虫学者でもあったからで、「国会議員の仕事のおかげで……こうした昆虫について、一年中で最も実りある研究ができる季節の時間のほとんどを吸い取られてしまった」と常々嘆いていた。[2] 昆虫の研究ができるように国中を一斉に休みにしてしまうというのは、政治家が自分と一般大衆両方の利益に適うように権力を行使する方法としては、確かに最も素晴らしい。

この裕福な銀行家の息子は、学齢期前の幼少の頃から昆虫が大好きだったが、その昆虫への関心が決定的に重要な節目を迎えたのは、彼が8歳だった1842年、父親が重大な知らせを携えて帰宅したときだった。幼いジョンはポニーをもらえるのかなと思ったのだが、父親はこう言った。「それよりもっとずっと素晴らしいことさ。ダーウィン氏がダウンで暮らすことになるんだよ」。「ダウン」とは、もちろん、チャールズ・ダーウィンが亡くなるまで数十年間暮らすことになる「ダウンハウス」のあった、ケント州ダウンのことだ。ダウンハウスは、ラボック家の邸宅と同じ村にあった。

ジョン・ラボックは「ダーウィンの弟子」となり、ふたりで協力して、無脊椎動物の感覚能力について驚くばかりの研究を行なった。ダーウィンがピアノを用いてミミズの聴覚をテストし、ラボックがヴァイオリンを弾いてハチに聞かせた（いずれの場合も、聴衆からの反応はほとんどなかった）。アレクサンダー・グラハム・ベルが1878年にロンドンを訪れ、ヴィクトリア女王の前で、発明したばかりの電話の通話実演を行なうと、ラボックはさっそく、この新たなテクノロジーをアリでテストしてみた。アリの巣と巣の間で、警告メッセージが電話によって伝わるかどうかを試したのだ。[3] そんなわけで、電話は、情報伝達手段として世間一般で使われるようになる前に、昆虫学の実験でも大いに利用されたのだった。実験結果はかんばしくなかったが、結局、これがもとになって、ラボックはアリの「化学言語」を発見し、社会性昆虫のフェロモン・コミュニケーションの研究が誕生したのである。

ジョン・ラボックに見られるような奔放な想像力は、どうしても期待はずれの結果を招きがちだが（アリは電話など使おうとしなかった）、彼の研究によって、数多くの興味をそそる現象が明らかになった。たとえば、彼は酩酊状態のアリを用いて実験を行ない、同じ巣の仲間は通常、酔った「友」を助けるが、別の巣のアリは、酔ったアリを無造作に水に投げ込んで溺死させることを発見した（これは、社会性昆虫は家族の絆が強く、「親切」な行動を示すのは血縁者に対してだけであることを示す最初の例となった）。しかし、ラボックがこの分野の研究を最も広範囲にわたって刺激したのは、感覚システムは動物種によってそれぞれ異なる、という発見によってであった。

現在私たちは、ヒトと昆虫との間にはそのような違いが多数存在することを知っている。たとえば、昆虫の空間解像力はヒトより劣っている（画素数が少ない）が、ヒトよりはるかにすばやくものを見ることができる。つまり、単位時間あたり取得できる情報量が多いのである。天井に取り付けた交流用の直管型蛍光灯はふつう、毎秒50または60回点滅を繰り返しているが、あまりにも速すぎてヒトの眼には見えない。ところが、ヒトの5倍の視覚情報処理速度をもつ多くの昆虫類（ハチも含めて）には、まさにストロボを点滅させているように見えている。[4] ヒトよりも寿命の短い昆虫が、こうした濃密な精神生活を営めることに驚きを示す人が少なくない。しかし、昆虫は単に、生きられる時間がヒトよりも短いだけではなく、ヒトよりも密度の高い時間を生きているのである。知覚可能な時間の最小単位が、視覚情報処理速度の制約を受けるとしたら、ハチは1時間あたり、ヒトの何倍もの出来事を感じとることができるはずである。

感覚器官が存在する場所は、昆虫の種類によっていろいろと異なる。[5] 胸部、腹部、脚、あるいは口器に聴覚器官をもっている昆虫もいるし、音がまったく聞こえない昆虫もいる（アリが、蟻塚間で電話による警告メッセージの授受に失敗したとき、ジョン・ラボックは、アリは音が聞こえないのではと考えた）。生殖器に光受容体があって、交尾中に目標を捉えやすくなっているオスのチョウもいる。最初はまずハチの色覚に焦点を当てたが、ここからは、ハチのもつ（私たちからすると）「異様な」感覚モダリティについて探っていこう。

マルティン・リンダウアーと時刻補正されたハチの太陽コンパス

カール・フォン・フリッシュの傑出した弟子のひとりが、マルティン・リンダウアー（1918〜2008）だった。そのリンダウアーがランドルフ・メンツェルの師匠となり、そのメンツェルが私の師匠となった。1990年代後半にヴュルツブルク大学で研究していたとき、私はマルティン・リンダウアーとも広範囲にわたって交流する幸運に恵まれた。当時、リンダウアーは大学を正式に退職しており、進行期パーキンソン病を患っていたが、相変わらず、ハチの行動に関する実験を時折行なっては、若い科学者たちに惜しみない助言をしてくれていた。農家の15人きょうだいのひとりだったリンダウアーは、ドイツ南部、バイエルンアルプスの貧しい境遇の中で育った。ドイツ人教授の大多数が尊大な態度をとっていた時代に、行動生態学分野でスーパースターの地位を築いていたにもかかわらず、リンダウアーは生涯、謙虚な姿勢を持ち続けた人物だった。動物行動学の歴史を含め、彼が目の当たりにした歴史上の出来事の話は、聞く者を惹きつけてやまなかった。[6]

ほとんどのクラスメイトとは違って、リンダウアーはヒトラーユーゲント（ヒトラー青少年団）への加入を拒否したが、1939年に高校を卒業すると、国家労働奉仕団に徴用され、ダッハウ（ナチが最初に強制収容所を建設した場所）で穴掘りの作業を強いられた。ヒトラーユーゲントへの加入を拒否したという記録があるがゆえに、上司や仲間から絶えずいじめを受け、第二次世界大戦が始まって間もなくリンダウアーが軍隊に召集されてからも、そのいじめは続いた。1942年、彼は東部戦線で待ち伏せ攻撃を受けて重傷を負い、さらなる兵役には不適合との診断を受けた。実は、この怪我のおかげで命を救われた可能性が高い。というのも、彼が所属していた一団は、そのわずか数週間後にスターリングラード攻防戦に送られたからだ。一団の156人中、生還できたのは、わずか3人だけだった。

ミュンヘンで怪我の療養をしていた1943年の初め、リンダウアーはカール・フォン・フリッシュの講義を受ける機会に恵まれた。その時のことを、彼は天啓にうたれたような体験として語っている。自分を取り巻く姑息な虚言や残虐行為の海と、フォン・フリッシュが語るような客観的真実を突きとめようとする科学の営み――この両者ほど際立った対照をなすものはなかったと述懐している。当時、最前線はまだ、ミュンヘンからは遠かったとはいえ、険悪な空気が大学にも容赦なく押し寄せていた。リンダウアーはその時点では、フォン・フリッシュの地位がニュルンベルク人種法ゆえに危うくなっていることは知らなかったものの、ミュンヘン大学で起きた騒動をじかに体験していた。ナチに抵抗する学生たちのグループ「ホワイトローズ」が政治的なビラを配布しているのが見つかると、そのビラを所持している者がいないかどうか、ゲシュタポ（秘密国家警察）による全学生のカバン検査が行なわれたのだった。ビラの作成者たちは、1943年2月18日に密告されて逮捕された。最年少で21歳だったゾフィー・ショルを含め、グループの何人かはわずか4日後に断頭台で処刑され、その他の数人も同年中に斬首刑となった。

戦争末期を迎え、連合軍の爆弾がミュンヘンに降り注ぐようになった頃に、マルティン・リンダウアーはカール・フォン・フリッシュと共同で研究を始めた。大学の動物学研究棟のフロアが次々と空襲で失われていき、とうとう棟全体が破壊されてしまうと、フォン・フリッシュはオーストリアの大学に移ったが、リンダウアーはミュンヘンに残り、郊外の田園地方で、指導者とは多少とも距離を置いて実験的研究を始めた。1945年5月、ドイツが連合軍に無条件降伏する直前の日々には、26歳のマルティン・リンダウアーと、彼の実験装置、そして彼のミツバチのすぐそばを、アメリカ軍の戦車が轟音を立てながら走り過ぎていった。

1945年に戦争が終結した後、連合軍がオーストリアとドイツの国境を封鎖すると、リンダウアーはますます指導者から孤立していった。しかし、もしかするとこれは、科学の問いを立ててプロジェクトを完遂するのに不可欠な、独立性を確保する上では好都合だったのかもしれない。科学の巨人の弟子たちは時として、師匠の「影から抜け出す」のに苦労することがある。というのも、師匠はたいてい、自分のチームが取り組むべき研究テーマについて独自のアイディアを際限なく持っているので、自分のチームを技術的支援部隊のように見なし、自らの祈念碑を建てるための煉瓦作りを当然のように求めることがあるからだ。戦後の政治的な事情で孤立を余儀なくされたおかげで、リンダウアーは、早い段階で独自の研究スタイルと見解を打ち立てることができ――だからこそ、10年以上にわたって、言わば仲間同士のような関係で、フォン・フリッシュと共同研究を続けることができたのである。

1920年代にすでに、ドイツ人の生物学者、エルンスト・ヴォルフ（1902～1992）が、ハチは方向定位に太陽コンパスを用いることを発見していた。[7] それを試すには、ハチの気を散らすランドマークのない広大な実験場が必要だと考えたヴォルフは、第一次世界大戦の終結時に閉鎖された飛行場――それまでシュッテ＝ランツ飛行船会社が利用していた飛行場――で実験を行なう許可を得た。ほんの数年前まで、全長200メートルの飛行船が離着陸していた場所で、ミツバチのナビゲーション能力のテストが行なわれたのである。

ヴォルフは、ミツバチは巣箱から餌場に向かって飛んだときの太陽との角度と飛行距離を記憶していて、

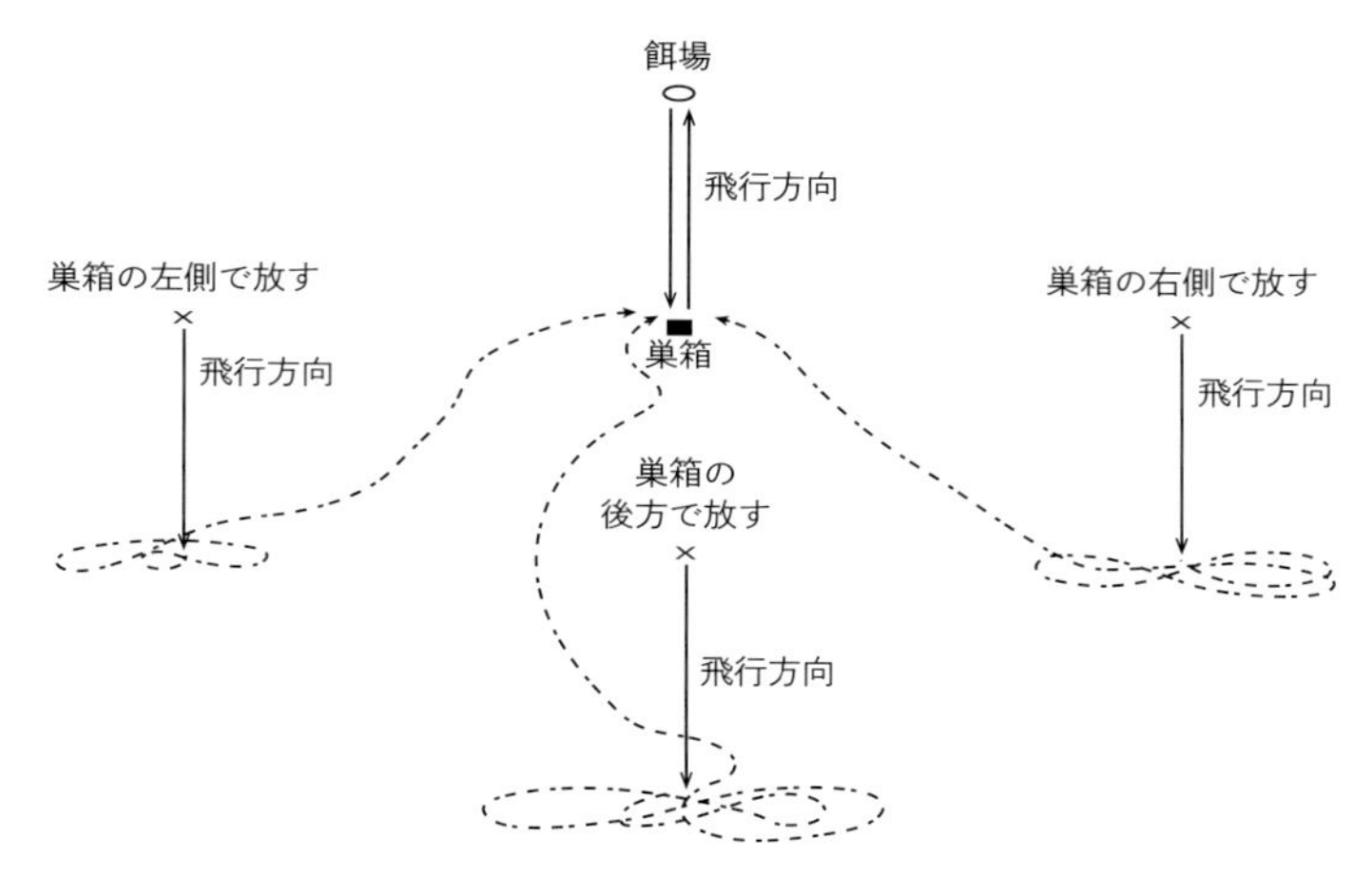

図 3.1　ドイツの飛行場跡地で行なわれたハチの定位能力実験. エルンスト・ヴォルフ(1927) は, 巣箱と, 巣箱から 150 メートル離れた餌場 (地図最上部) を往復するようにミツバチを訓練した. 経験を積んだ採餌バチが蜜胃を満たして帰巣しようとしたときに, それらをつかまえて, 3 か所 (それぞれ, 巣箱の 150 メートル西, 南, 東) に移動させた. ハチはまず, 移されていなかった場合に飛ぶはずだった距離と方向に飛び (「ベクトル飛行」), ベクトル飛行では目指す場所に着けなかったことに気づくと探索を行ない, 最終的に正しい方向に飛んで帰巣した.

たとえば、巣箱は餌場の150メートル南にあると記憶している場合には、飛び立つ前に給餌器が別の位置に移されていても、必ず南に向かって150メートル飛ぶことを発見した。つまり、太陽の位置を基準にして記憶したベクトル（方角と距離）に従うのである。ヴォルフは、ハチの飛行ルートを断片的に観察し、飛行時間を測定することによって、別の位置に移されたハチは次の3つの段階を踏んで飛行すると推定した。まず、記憶したベクトル通りにまっすぐに飛ぶ。次に、予期せぬ場所に自分がいることに気づくと、何か特徴的な見馴れた風景を捜し出そうとする。そして最後に、実際の巣に向かってほぼまっすぐに飛んでいく（図3・1）。

　太陽コンパスを使うのは、磁気コンパスを使うように簡単ではない。地球の磁場が1日のうちに変化することはないので、磁気コンパスの針は常に北を指している。それに対し、太陽の方位角〔地平線に沿って測った天体の方向を示す角、つまり、天頂と天体を通る経線が水平線と交わる点の方向〕は時刻とともに変化するので、太陽コンパスを使うためには、その時点での時刻がわかっていなければならない。第二次世界大戦後、マルティン・リンダウアーはフォン・フリッシュに、太陽コンパスの研究をさらに進めてはどうかと提案した。[8] リンダウアーはこんな疑問を抱いていたのだ。午後の時間帯に、巣箱の南側（太陽に向かって左側）にある餌場から砂糖水を集めてくるようにハチを訓練した上で、巣箱をそれまでとは違う場所に——周囲が見馴れないランドマークばかりの場所に——ずらし、翌日の午前中に、給餌器を四方に提示したらどうなるだろうか、と。ハチは、やはり（前日の午後のように）太陽に向かって左側に飛んでいくのか、それとも、太陽の動きを時刻補正して、まっすぐ南に向かって飛んでいくのか？

フォン・フリッシュはハチの能力を疑っていたが（「ハチにそんな複雑な定位システムがあるなどと言ったら、気でも狂ったのかと思われるだろう」と述べている）、リンダウアーは自説を貫き通して、とうとう巣箱の移動実験をやってのけた。驚いたことに、巣箱を移動する前と同じように、ハチは南の方角に飛んでいった。元の巣箱の位置から給餌器を訪問するように訓練した時刻が、テストを行なった時刻とは違っていたにもかかわらず、しっかりと南に向かって（つまり、餌場3ではなく餌場1に向かって）飛んでいったのである（図3・2）。それ以降、ハチ以外の多くの動物で、時刻補正された太陽コンパスを用いる能力があることが明らかにされてきた。[9]

リンダウアーは、ハチにとっては、太陽コンパスの利用が非常に重要であることに気づいていた。渡り鳥とは違ってハチの場合には、季節によって飛ぶべき方向が生得的に決まっているわけではない。良質の花畑との往復ルートが太陽に対してどの方向にあるかを学習したうえ、それと太陽の方位角との角度が時

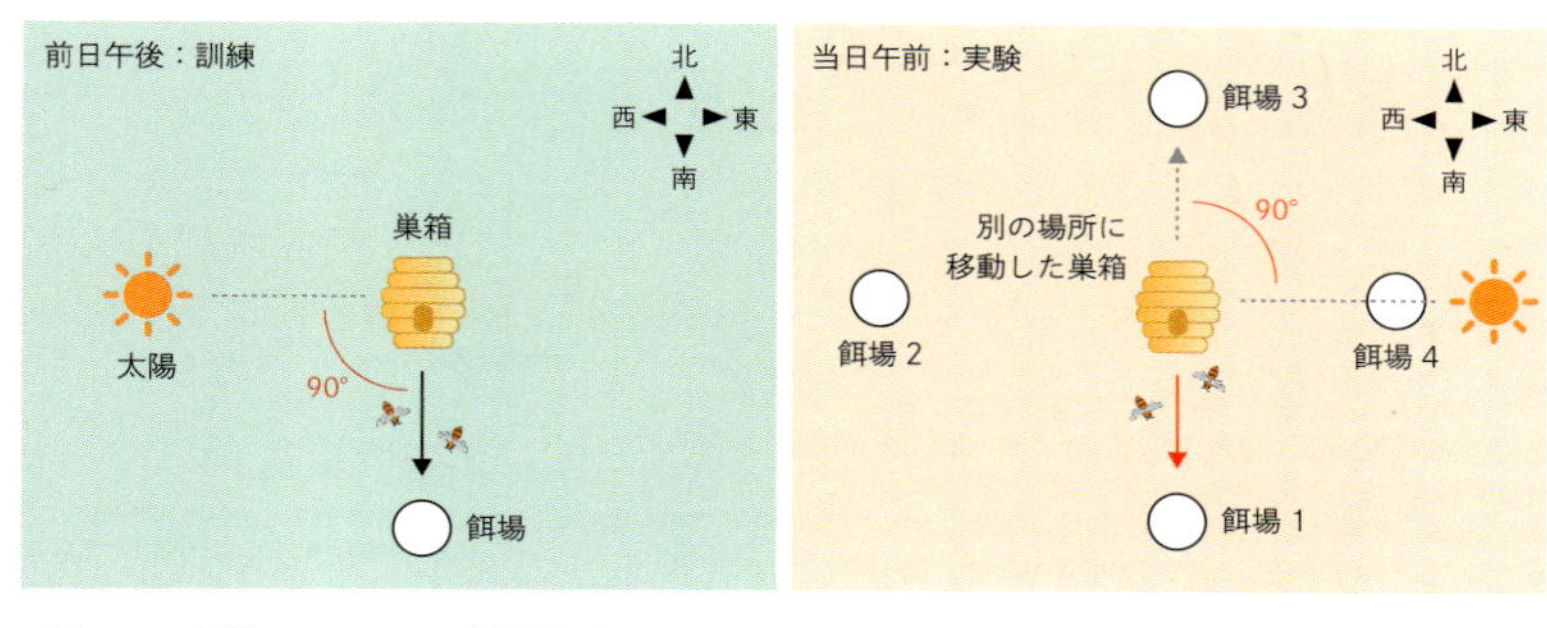

図 3.2　太陽コンパスの時間補正． リンダウアーの実験では，南の餌場を覚える訓練の半日後，見慣れない場所に巣箱を移動し，太陽の方角が異なる時間帯にハチを放したが，ハチは太陽コンパスを時間補正して南の餌場へ飛んだ（もし時間補正がなされないとすると，この図でハチは北の餌場 3 に向かうと予想される）．

刻によって変化することも学習しなければならない。そんなわけで、ハチには時間感覚が必要だし、さらに、自分が地球上のどこにいるかが感じとれていなければならない。それを個々のハチが学習するのでなければ、地域個体群ごとに受け継がれる特有の知識ということになる。リンダウアーはその後、ミツバチを船で南半球（正午に太陽が北にある）から北半球（正午に太陽が南にある）まで運んで、極端な条件下でこの巣箱移動実験を行なった。その結果、ハチは予想されるとおり、選択方位を180度切り換えた。それだけではない。ハチは何と太陽の1日の動きを予測できるようになり、たちまち新たな場所で太陽コンパスを正しく用いるようになることをリンダウアーは発見したのだった。

ハチの偏光知覚

フォン・フリッシュもリンダウアーも、太陽の位置そのものはコンパスとしてあまり頼りにならないことを理解していた。太陽はしょっちゅう雲や山々や木々に隠れてしまう。そのときはいったいどうやって方角を知るのだろう？　リンダウアーは、フォン・フリッシュの助手として、ミツバチに太陽を直接見せずに行なった実験で味わった「喜びがこみ上げる」感動を私に語ってくれた。青空のわずかな一角しか見えなくても、ハチはやはり方角を正確に認識していた。リンダウアーは、そしておそらくフォン・フリッシュもすぐに、ハチが何か驚異的な能力を活用していることに気づいた。ハチは、太陽がぼんやりしてよく見えなくても、青空の一角から、太陽の位置を読み取ることができる。でもどうやって？

それを説明するために、フォン・フリッシュは物理学者に助言を求めた。それによると、ハチには偏光を感知する力があるのではないか、とのことだった。高校の物理学で、光には波としての性質もあり、光波は進行方向に垂直な面内で「振動」していると学んだのを覚えておられるかもしれない。太陽光が地球の大気にぶつかるまで、その波はあらゆる方向にランダムに振動している。ところが、大気圏内に入ると、光は大気中の分子にぶつかって散乱し、空のある区域では、すべての光波が一定の方向に振動するようになる。これが、「直線偏光」と呼ばれるものだ。

天空の偏光パターンは、太陽の動きとともに予測されるとおりに変化していく。太陽の近くでは直線偏光の割合は低いが、徐々にその割合が高くなって、太陽から90度の位置で最高になり、それから再び低くなっていく（図3・3）。したがって、偏光度が最大のゾーンを見つけるには、まず、左腕で太陽を指し、左腕に対して直角に伸ばした右腕で空を指す。それから、太陽を指している左腕に対して90度の角度を保ったまま、右腕を回転させる。今あなたが描いた円は、偏光度最大のゾーンを示しており、偏光の方向はその円に沿っている（図3・3）。

このパターンは、安価な直線偏光フィルターシートで見ることができる。こうしたフィルターは、特定方向に振動する光波だけを透過させる構造になっている――言わば、平行スリットの入った篩のようなものだ。そのような篩に針を落としてみると、針が篩のスリットと同じ方向を向いている場合にだけ、針は

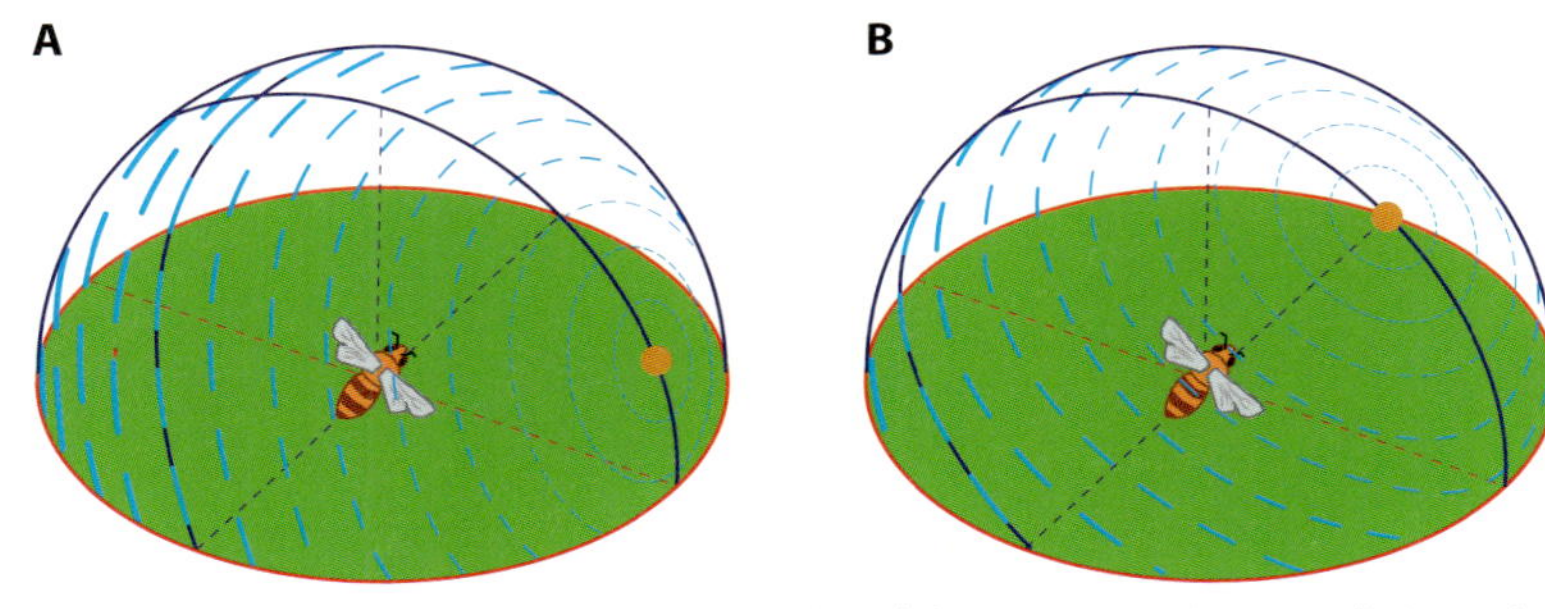

図3.3　天空の自然の偏光パターン．日の出直後（A），および，日中に太陽（橙色の点）が空高く昇った時（B）．ハチは「平らな地上面」の中心にいる．太陽の位置が変化するとともに，天空全体の偏光パターンが予測されるとおりに変化していく．偏光パターンは基本的に，太陽を中心とした同心円状に並んでおり，偏光度が最も高いのは太陽から 90 度の位置で，最も低いのは太陽の周囲（偏光度は破線の太さで示してある）．破線の方向は，偏光の方向を示している．

篩を通って落ちていく（それ以外の針はすべて篩にひっかかる）。天空の偏光度最大の円に向けてこうしたフィルターを保持すると、その「スリット」が偏光の方向――光波の「振動方向」――と並んだときに、光の透過量が最大になる。フィルターを90度回転させると、空が暗く見える。なぜなら、光波がすべて、フィルターを透過する方向に対して垂直になるからだ。空の光が直線偏光になっていない区域でフィルターを太陽の方向に向けた場合には、フィルターを回転させても、光の透過量にそれほど大きな変化はない。

フォン・フリッシュとリンダウアーは、ハチに対してそのような偏光フィルターを用いた実験を行なった[10]。その結果、ヒトは太陽が見えれば天空の偏光度最大の円がどこにあるか推測できるが、ハチは太陽が隠れていても（空の別の場所で偏光を感知する能力があるおかげで）太陽の位置を読み取れることが明らかになった。つまり、太陽の動きとともに天空全体の偏光パターンが変化するので、ハチは、空の小さな一画が見えるだけで、隠れた太陽の位置を再現し――それによって方向感覚を保つことができるのだ。そこで実験者たちは、偏光フィルターを用いてハチをだましてみた。フィルターによって偏光パターンを変化させた空の一画をハチに提示したのである。すると、たとえば自然光が差している空の一画にフィルターをかけた場合には、フィルター越しの光を見たハチは、それを直線偏光だと勘違いし、ハチの方向感覚が歪められる結果となった。

ハチは、天空の偏光パターンの利用という、ヒトには想像もつかない感覚能力で太陽コンパスを補強することができるのである。ハチでの実験以来、多くの無脊椎動物（クモ類、甲殻類、およびこれまでに調査したすべての昆虫類）が偏光感受性をもっていること、さらに、鳥類のように脊椎動物の中にも偏光感受性をもつ動物がいることが明らかにされてきた。

いったいどのようなメカニズムで、ハチはヒトにはまったくない能力を得ているのだろうか？　この問いに初めて挑んだのが、ドイツ人の生物学者で、マルティン・リンダウアーの弟子のひとり、リュディガー・ヴェーナーだった。[11] その問いの答えは、ハチの光受容細胞、つまり、光信号を電気信号に変換する視細胞の構造に隠されている。脊椎動物では、こうした細胞は「錐体」（明所視を担う）および「桿体」（暗所視を担う）と呼ばれており、その名前が各々の細胞の形状を表している。その命名法に従うならば、昆虫の光受容細胞は「歯ブラシ」とでも呼ぶべきなのだが、実際には、あまりピンと来ない「感桿型光受容細胞」という名前が付けられており、そこから出ている歯ブラシの毛のような、透明な糸状構造物を「微絨毛」と呼んでいる（図3・4）。この微絨毛内にある光感受性分子が特定の配列をしているせいで、偏光に対する感受性が生じるのである。

光受容細胞1個から数万本の微絨毛が出ており、微絨毛1本に数百から数千個の光感受性分子が含まれているが、微絨毛の直径は細いので（0・1マイクロメートル未満）、すべての光感受性分子が微絨毛の長

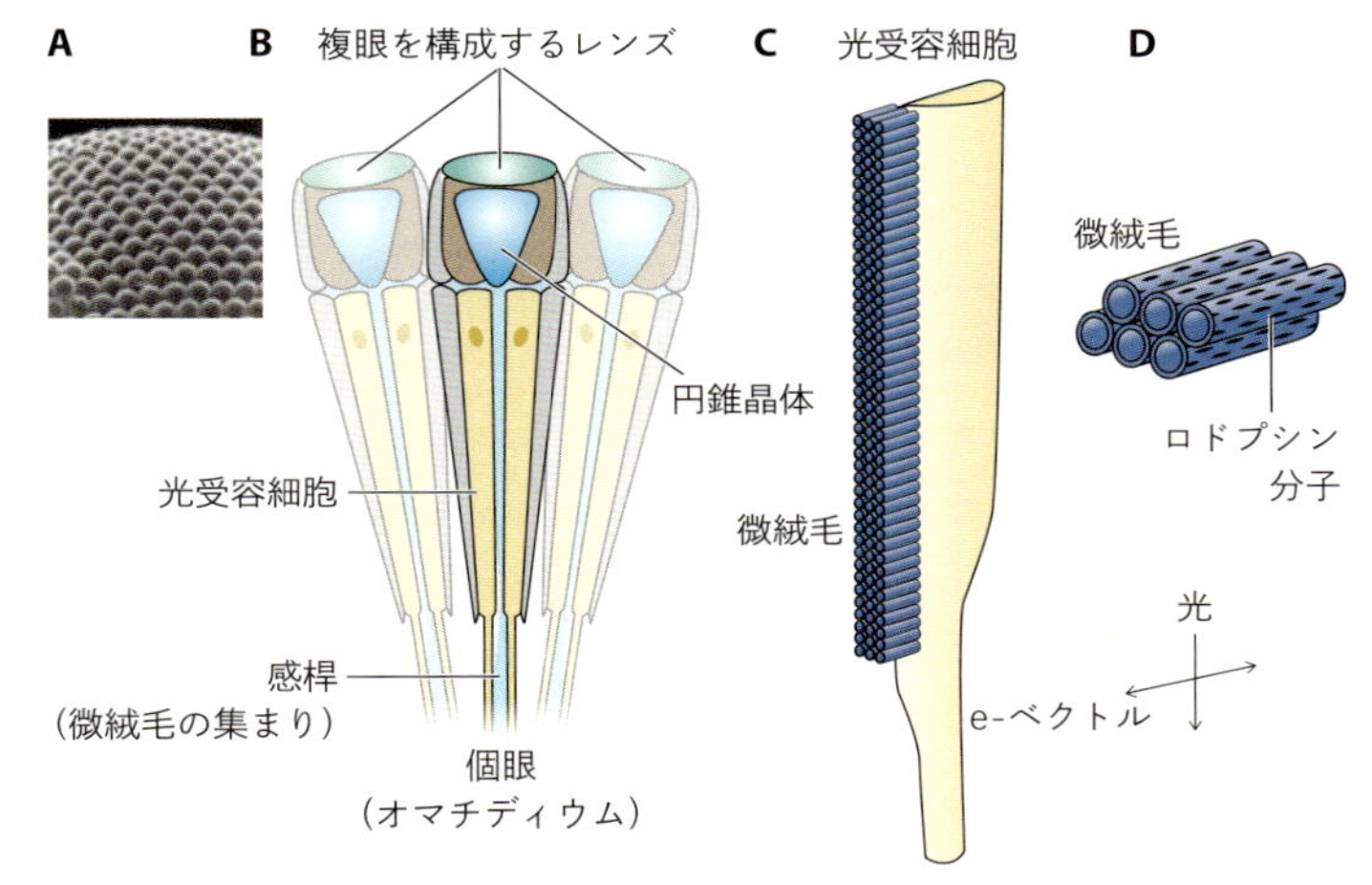

図 3.4　昆虫の眼において偏光感受性を担っている構造の配列. A. 湾曲した昆虫の複眼表面（多数の個眼レンズがドーム状に集まっている）. B.「オマチディウム」（個眼）と呼ばれるユニット 3 個の断面図. C.「歯ブラシ」のような形状をした昆虫の光受容細胞. 右側部分がこの視細胞の細胞体で, 下側部分はその軸索（脳へと伸びる突起）. 矢印は, 光の進行方向と偏光方向を示している. D. 光感受性分子（黒色の棒）はすべて一方向を向いている. ここに到達する光が同一方向に振動している場合に最も強い刺激が生じる.

軸に対して平行に並ぶはめになり――その結果、光受容「歯ブラシ」のどれをとっても、その中の光感受性分子はすべて同じ方向を向いている。e－ベクトル（光が振動する方向）が光感受性分子の方向と一致すると、信号が発生し、全微絨毛からの多数の信号が足し合わされる。こうして、ハチの光受容細胞は偏光面を検知するのだ。つまり、光受容細胞の「歯ブラシ」が光波の振動方向とぴったり一致する場合、脳に送られる信号強度は最大になる。それに対し、この細胞が光波の振動面に対して垂直になっている場合、信号強度は最小になる。

偏光を検知するこの配列は、ハチの複眼の背側、つまり通常の前方への飛行中に、空のほうを向いている領域だけに確認されている。ハチの眼の他の領域、たとえば花を見ているはずの眼の正面や側面にも偏光感受性があると、混乱を生じるおそれがある。なぜなら、色を感知するのにも同じ受容細胞が使われるからだ。生物が刺激を受容する細胞が読み出すデータ、つまり脳の「上層部」に送られる信号は、細胞1個につき1種類に限られる。もし、入力変数が2種類あって、その反応が、波長によっても偏光によっても変化したとしたら、どうなるだろう？ 脳は、その受容細胞から送られてくる信号の意味がなかなか読み取れなくなってしまう。まるで、気温と気圧の両方を測定しているのに、目盛りがゼロから100までの1種類しかしない計器のようなものだ。そんなわけで、ひとつの受容細胞はひとつの変数にしか反応せず、受容細胞ごとにそれぞれ異なる機能に特化されているほうが（たとえば、偏光面を感じとったのか、光の波長を感じとったのかを混同することがないほうが）都合がいい。

そこで、ハチの光受容細胞のうちで空を見ていない細胞——眼下の花や、前方の山々や木々などを見ている正面や側面の光受容細胞——には、本来備わっている偏光感受性を排除する仕掛けが備わっている。「歯ブラシ」が、その縦軸を中心にして捻れているのである。受容細胞が捻れているおかげで、すべての微絨毛が同じ方向ではなく、てんでばらばらな方向を向いている。生物のナノ・エンジニアリングはなんて優れているのだろうか！

地磁気に対する感受性

前述のとおり、マルティン・リンダウアーはその後、ミツバチの地磁気に対する感受性も発見した。リンダウアーは、ヘルムホルツコイルを用いることによって、巣箱の周囲の磁場を操作した。2つの大きな同一のコイル（電磁石）を巣箱の両側に置くと、コイルで挟まれた空間に、ほぼ一様な磁場を発生させることができ、また、これを利用して地磁気を打ち消すこともできる。すると、ハチがコロニー内で蜜源のありかを伝える際の伝え方に変調をきたすことを、リンダウアーは発見したのだ。[12] 現在では、巣の外でも、たとえば食料源までの正しい方向を見つけるのにも、磁気コンパスを利用していることを示す証拠が得られている[13]（このヒトにはない力をもつ無脊椎動物種は多岐にわたっている。）

1990年代に、ポスドク研究員としてニューヨーク州立大学ストーニーブルック校に在籍していたとき、私は窓のない地下の実験室をあてがわれていた。魅力的とは言いがたい場所だったが、そのおかげで、日光が差し込む普通の実験室ではできなかったであろう面白い発見をすることができた。天井の照明を消してしまうと実験室内は真っ暗になるのに、私が研究対象にしているマルハナバチたちは一晩中せっせと活動し、巣から1メートル以上離れている給餌器を空にしてしまうことがしばしばだった。赤外線ビデオカメラで録画して調べてみると、なんと、ハチたちがまるでアリのように列をなして歩いていたのだ。実に異様な光景であった。

完全な暗闇で、どこかに向かおうとした経験がおありだろうか？（暗い夜ではなく、窓のない地下室のような、真っ暗闇でのことだ。多くの街に出現している「ダーク・ダイニング」〔視覚以外の感覚を研ぎ澄まして食を味わうことをコンセプトにしたレストラン〕に行ってみるとその感じがわかる）。方向感覚を完全に失ってお手上げになる。そろりそろりとしか動けず、手探りで壁伝いに進んでいくのだが、それでも物にぶつかってしまう。ところが、私のマルハナバチたちはすばやく歩くことができ、明らかに方向感覚をもっていた。そこでよく調べてみると、アリと同様に、道に臭跡をつけていることが判明した。

ところが臭跡を完全に除去しても、ハチはやはり正確に、いつもの餌場の方向に向かっていったのだ。どうやらマルハナバチは、この課題にも地磁気を利用していた可能性が高い[14]（確証を得るためには、磁場を操作できる実験装置を整える必要があるが）。この体験から私は2つの教訓を得た。まず、（日光がまった

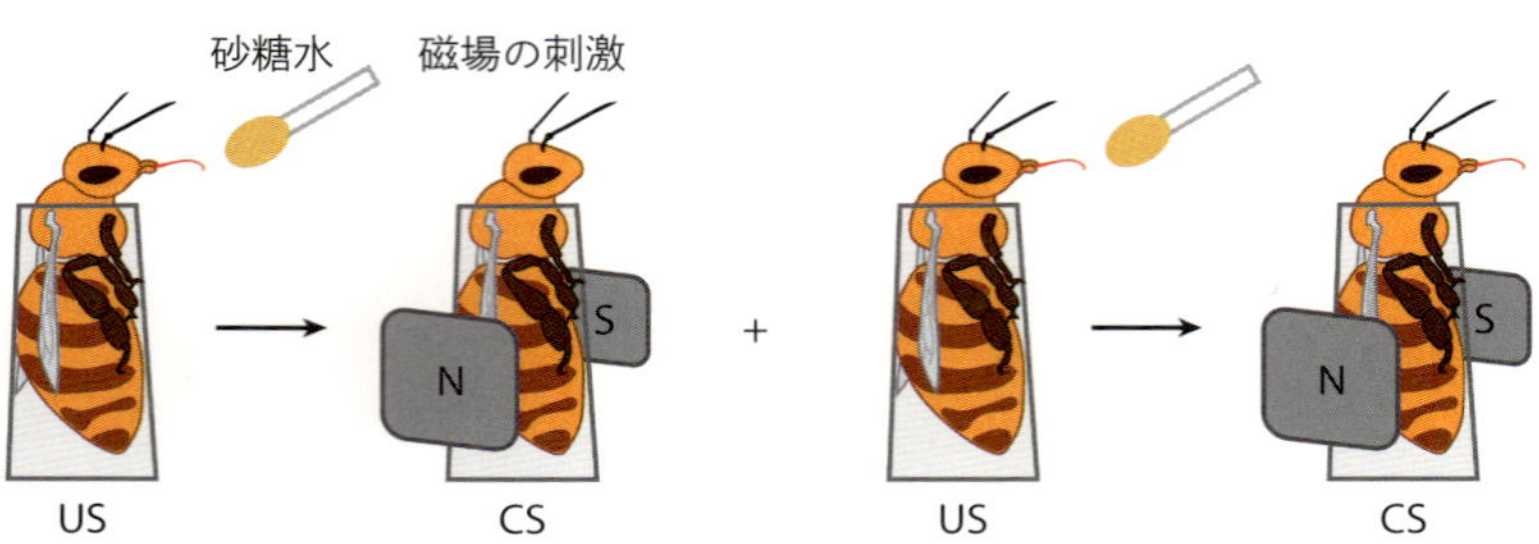

図 3.5　磁場と報酬の関連づけ訓練．左から右へ． 綿棒に砂糖水を染み込ませたもの（US- 無条件刺激）をハチに差し出すと，ハチは舌を伸ばしてそれを吸う．ハチを磁場（CS- 条件刺激）にさらすと，初めのうちは無反応だが，CS にさらして US を与えることを数回繰り返すと，その関連性を学習し，磁場にさらしただけで報酬を期待して舌を出すようになる．

く差し込まない実験室のような）どうみても最適とは思えない研究環境が、予期せぬ発見につながる場合もあるということ。[15]それからもうひとつ、科学研究は仮説駆動型で行なうべきだという古き良き考えは、多くの目的に適うものだが、それに固執しすぎると視野を狭めることになりかねないということだ。すでに自分のレーダーに引っかかっていることしか発見できなくなってしまう。まったく予期しない現象にも常にアンテナを張っておくほうがいい。

ハチが地磁気を感知するメカニズムについても、また、それを担っている感覚器官についても、いまだ論争が続いている。これまでに、ハチは鉄を含む微粒子を腹部にもち、それを通して磁覚を得ていることを示す証拠がいくつか得られている。ある研究で、ハチは、磁場を感じると砂糖水報酬が得られることを学習した（図3・5）。ところが、腹部と脳をつなぐ神経索を切断すると、ハチはその関連性を学習できなくなった。これは、磁覚の基盤が、脳自体や触角にではなく、腹部にあることを示している。[16]神経索を切断されたハチでも、砂糖水報酬と香りの関連づけ学習はできた。これは、切断されても学習能力自体は損なわれていなかったことを示すものだ。

図3.6　ミツバチの触角. 感覚毛やその他のマイクロセンサーが詰まっている触角は，におい，味，音を感じとれるほか，物体表面の肌理を認識し，温度を感知し，電界に反応することができる．緑色部分：鞭節．青色部分：梗節．鞭節と梗節の間の屈曲部の内側（紫色部分および梗節の隣接部）にハチの「耳」があり，ジョンストン器官と呼ばれている．ソケット構造をもつ，触角の小さな基部は，柄節と呼ばれている．橙色部分：眼．ピンク色部分：ハチの頭部の表面．

触角、最も奇妙な感覚器官

ハチの感覚器官のうちで最も奇妙なのは、おそらく触角だろう[17]（図3・6）。あなたの頭に、追加の腕が2本付いているところを想像してほしい。その腕には指はないし、物を持ち上げる力もない。その唯一の役割は、周囲の環境についての感覚情報を得ることだ。触角は、におい、味、音、温度、湿度、気流、電界を感知し、さらに物の形状や表面の肌理を分析することができる。触角はすべての昆虫に備わっているが、ハチの巣の中のような、真っ暗闇でほとんどの時間を過ごす場合に、そのようなセンサーが極めて有用であることは言うまでもない。巣の中で、ハチは（睡眠中以外）絶えず触角を動かして、コロニー内のさまざまな感覚刺激を探り、評価している。ハチが花にとまるときにも、複数の感覚的手がかりを駆使して、望ましい蜜源を見つけるのに触角が用いられる。

触角は、大きく分けて3つの部分（「柄節」「梗節」「鞭節」）から構成されている。頭部と柄節の間に球関節があり（回転運動が可能）、さらに、柄節と梗節の間に蝶番関節があることで、触角の運動性が高められている。

触角の表面全体に、さまざまな種類のセンサーが密集している。最も目立つのが、直径も長さもさまざまな毛状の突起物（感覚毛）だが、これらの毛は微細で（長さ10〜20マイクロメートル）、その多くが嗅覚に関与している。遠くから空気で運ばれてきた物質を感じとるのだ。感覚毛には、触覚（機械刺激受容とも呼ばれる）に関与するものもあるが、嗅覚に関与する感覚毛の壁には多数の小孔があり、その真下にある細胞ににおい分子が結合すると細胞が刺激される仕組みになっている。嗅覚受容体はこのほか、触角表面の小さなくぼみの底や、触角表面上の楕円形の構造にも存在している。合計すると、ミツバチのワーカーの触角1本には、およそ6万5000個の嗅細胞が分布しており、その種類は100以上あって、感知できる物質がそれぞれ異なっている。哺乳類の嗅細胞は1000種類以上あるが、だからといって、ハチが感知できるにおいの種類が少ないというわけではない。ハチの嗅覚受容体は、種類ごとに、感知できるにおい分子の範囲が異なっており、別種の嗅覚受容体がどんな比率で刺激されたかによって、多くのにおいや複合臭を区別することができるのだ。[18] ハチは、二酸化炭素のような、ヒトには感じられない物質のにおいまで感知できるが、[19] 密集度の高い巣箱内では、こうした能力が役立つことは間違いない。二酸化炭素濃度があまりにも高い場合には、酸素濃度が危険なほど低下している可能性があり、積極的な換気が生存に不可欠かもしれないからである。

ハチの生活に重要な意味をもつ空気中化学物質が極めて多様であることを考えると、嗅覚受容体の種類が色覚受容体（わずか3種類）に比べて非常に多いのは、理に適っている。1種類の花が何十種類ものにおい分子を生み出すかもしれないし、[20] そもそも、ハチの行動範囲内には何十種類もの花が咲いているかもしれない。それに加えて、ハチ自身が発する多数のフェロモンシグナル――空腹を知らせる幼虫や、危険や餌の発見を伝えるワーカー、そして優位性を主張する女王が発するフェロモンシグナル――も存在する。こうしたフェロモンはどれもみな、それぞれ異なる多数の分子の混合物だ。さらに、真っ暗な巣の中には、何としても探知せねばならない（ハチ自らが出したのではない）さまざまなにおいも存在する。たとえば、巣に生えたカビのにおいや、蜜を盗みに侵入してきた別の巣のミツバチのにおいなどである。

ランドルフ・メンツェルは、ミツバチは極めて迅速に、においと報酬とを関連づけて学習できることを発見した。[21]何種類かのにおい、特に花の香りのようなにおいは、そのにおいを嗅がせて報酬を与える訓練を一度行なっただけで、90％の精度で識別できるようになる（ただし、それ以外の、通常ハチの生活ではそれほど重要ではないにおいの場合には、そのような訓練が10回必要になることもある）。ミツバチは、においい学習に関しては非常に柔軟性に富んでおり、自然の花では決して遭遇することのないにおいでも、砂糖水の報酬と結びつけて記憶することができる。たとえば、警報フェロモンは、脅威が存在するときにハチが放出する空中浮遊物質であり、普通はそれによって攻撃性や刺す行為が誘発されるのだが、ハチはこの警報フェロモンを報酬の予兆として記憶することもできる。私は、まだ学生だった頃、深夜に実験しているときにうっかり、自分の呼気のビール臭でハチに条件づけをしてしまった。すると、私が息を吐くたびに、ハチが報酬を期待して舌を伸ばすようになったのだった。

ハチのにおいに対する感受性は、探知犬の嗅覚ほど鋭くはない。実際、いくつかの物質についてはヒトとほぼ同等だ。それでも、何人かの研究者は、ミツバチを、たとえば空港の保安検査場で「探知蜂」として利用できないかどうか試してみる実験を行なった。しかし結局、こうした試みは成功にはつながらなかった。なぜかというと、ハチに学習能力がなくて爆発物のにおいに反応できなかったからではなく（探知は確かにできた）、あるタイプのエラーを犯す頻度が高いからだった。[22]空港の保安検査場では、誤認警報を出しても問題はない（保安検査員がさらに詳しく荷物を調べればいい）が、「検知漏れ」はあってはならない。有害なのにセンサーが反応しないという失敗は許されないのだ。ハチは、空港の保安検査には利用できないほど、「検知漏れ」エラーを犯しやすいのである。

しかし、もうひとつの要素、つまりスピード面に関しては、ハチのにおい知覚は動物界随一かもしれない。ランドルフ・メンツェルの弟子であるポール・スズィスカは、臭気物質が入って来ると、ハチの嗅覚受容体は2ミリ秒以内に反応することを明らかにした。[23] さらに、ハチは、わずか6ミリ秒の差で順次現れる2種類のにおいを検知できることや、その2つが同時に提示された場合と、順次提示された場合とを区別できることも発見した。そんなわけで、触角を盛んに動かして、花のにおいや巣に侵入しようとする者のにおいをチェックしているハチは、もしかすると、嗅いだものを高い確度で特定できる高精細な「におい付きムービー」を作成しているのかもしれない。

触角でどのように味を感じるのか

嗅覚も味覚も「化学受容」の範疇に入るが、味覚は「接触化学受容」であるという点で、両者は区別される。味を感じとるには、化学物質に触れる必要があるのだ。カール・フォン・フリッシュは、ミツバチの味覚を詳しく調査した。[24] ヒトの場合と同じく、ハチの味覚受容体の種類数は、嗅覚受容体に比べてずっと少ない。ハチの味覚受容体は、舌や口器にあるだけでなく（それは当然に思えるが）、脚や触角にも存在する。うっかり踏んでしまった物の味までわかるのだ。他の感覚モダリティの場合と同様に、味覚についてもやはり、ヒトには似かよった知覚をもたらすものが、ハチにははっきり異なるものとして知覚されることがあり、逆もまた真である。たとえば、ヒトの甘味受容体は、さまざまな人工甘味料でも刺激されるが、ハチがサッカリンに惹かれることはない。ハチは甘味受容体（花蜜を集める上で明らかに重要）に加えて、塩味受容体も備えており、酸味物質には嫌悪反応を示す。フォン・フリッシュが、ミツバチの「苦味」に対する感受性はそれほど強くないことを明らかにしたが、マルハナバチは、キニーネのような苦味物質に対して強い忌避反応を示す。いずれの種についても、反応に関与している受容体はまだわかっていない。農作物に使用されるネオニコチノイドなどの殺虫剤が花蜜にまで入り込むことがあるが、痛ましいことに、ハチがこうした神経毒（おそらく苦味がある）にポジティブな反応を示してしまう可能性もある。[25]

触角（フィーラー）での触覚と聴覚

触角〔antenna〕にあるその他の感覚毛は、機械刺激の受容体である。こうした感覚毛は触覚を受容するので、触角はフィーラーとも呼ばれている。こうした感覚毛の中には、触角の各節の相互位置関係を知るためのもの（すなわち、固有受容覚――自分の体の位置や動きについての感覚――を得るためのもの）もあれば、外界からの刺激を受けるのに使われるものもある。感覚毛は、「クチクラ」（昆虫の外骨格の主成分であるキチン質）でできた中空の突起物で、たいてい、圧を受けると一方向に傾きやすいように固定されている。ハチの関心の対象といえば、花であったり、ミツバチであれば建設中の巣、さらには巣の内部で動いているもの（他のハチや侵入者）だが、ハチは絶えずそうしたものに触れているので、ハチの触角の随意運動と、機械受容器で受け取る情報を統合することによって、その対象の形状や正体に関する情報を得ることができる。巣の外で花を訪問しているときに、花の表面の微細な構造を感じとって、報酬にたどりつきやすくするためにも、触角が用いられる。[26]

しかし、ハチの機械受容器のすべてが、毛状の構造をしているわけではない。触角の遠位部（鞭節）と中央部（梗節）をつなぐ部分の内側にあるのが、ジョンストン器官――鞭節が梗節に対してどれだけ曲がっているかを測る一連の機械受容器――である（図3・6）。これらの受容器はハチに聴覚をもたらしていることが判明している。[27] ジョン・ラボックが、ハチは自分のヴァイオリン演奏に関心を示さないという所見を述べて以来ずっと、ハチの聴覚については懐疑的な見方がされてきたが、それは、ハチにはヒトにあるような鼓膜がないという観察結果にも基づくものだった。コオロギのように、遠距離の聴力を必要とする多くの昆虫もその点は同じだが、彼らは前肢に鼓膜をもっている。そのような鼓膜は、音波によって生ずる圧の変化を測定する薄い膜状の構造になっている。一方、ハチをはじめとする昆虫の触角にあるジョンストン器官は、音のまったく異なる側面を測定していることが判明している。圧力波ではなく、鞭節を振動させる実際の大気粒子の運動を測定しているのである。

この独特の仕組みを用いているミツバチは、他のハチが発する聴覚コミュニケーションの信号を聞きとれるが、ただしそれは、数ミリメートルの距離で、およそ20～500ヘルツ（サイクル／秒）の範囲に限られている。[28] ちなみに、若いヒトが聞きとれる周波数の範囲は、20～2万ヘルツに及ぶ。私たちに聞こえてくるハチの音、巣箱内のハチがたてる実にさまざまな音の多くは、他のハチには音としてはまったく知覚されないが、しかし、ハチの脚によって巣の振動として感知される。[29] 樹洞などに造られた巣の暗闇の中では、餌場の位置情報を求めているハチにダンサーの姿は見えないので、巣の振動や空気伝播音はいずれも、ダンスするハチの姿勢を検知するのに役に立っている。

ハチの電界に対する感受性

カール・フォン・フリッシュのおじであり、彼にとって重要な科学の師匠でもあったジークムント・エクスナー（1846〜1926）はすでに、鳥の羽は空気との摩擦で発生した電荷を蓄積できることを発見していた。[30] しかし、この現象がハチにとってどのような生物学的意義があるのかを学者たちが探り始めたのは、1974年になってからのことだった。この年、ロシア人科学者のエフゲニー・エスコフとアレクサンドル・サポジニコフが、ミツバチは大量の電荷を帯びる可能性があることを発見した。実のところ、昆虫であれ、フットボールであれ、ジャンボジェット機であれ、飛行物体はすべて、電子を失ってプラスに帯電する。電荷は、身体の部位が互いにこすれ合っても発生する。研究チームは、ハチが電界に取り囲まれていることに加え、ハチの触角は電界を感知できることも発見した。ハチはこれを、特殊な電界センサーで感じとるのでなく、クーロン力を受ける触角の機械受容器で感じとるのだ（クーロン力とは、2つの荷電粒子間に生じる引力または斥力で、電荷の符号が等しければ斥力が、異なれば引力が生じる）。ちなみに、特殊な受容体をもっていないあなたでも、電界を感じることはできる。たとえば、風船で髪の毛をこすると、髪の毛が吸い付けられて逆立つのは、両者が静電気を帯びているからなのだ。研究者たちは、ハチが巣箱内で行なうダンスによるコミュニケーション（第5章、第8章を参照）において、電界が重要な役割を果たしている可能性を示唆した。[31] ミツバチでは、電界を感知する最も重要な機械受容器が、聴覚をつかさどるのと同じ触角内器官にあるようだ。ジョンストン器官がこうした電荷に反応することが明らかになったのだ。

イギリスの研究チームは、マルハナバチも花の電界に巧みに反応することを発見した。飛行しているハチはプラスに帯電しているのに対し、花は接地（アース）しており、したがってマイナスに帯電している。ハチが花を訪問すると、電荷が移動し、その結果、花が一時的にプラスに帯電する。花に付けられたこの一時的な「電気的痕跡」が、他のハチに、この花は訪問を受けたばかりなので再度訪れても無駄だということを知らせる。ハチが蜜を吸ったあと、花が蜜を補充するまで、しばらく時間がかかるからだ。さらに、花は特徴的な帯電パターンを示すことによって、花を探索するハチがそれを感じとり、効率的に報酬にたどりつくための「目に見えない蜜ガイド」として利用できるようにしている。この研究チームは、マルハナバチの身体を覆っている機械刺激を受容する感覚毛が、そのような電荷に反応する可能性があることを発見した。[31] プラスに帯電したハチが、マイナスに帯電した花の上で動くと、その感覚毛が、予想されるとおりの特定の曲がり方をするのかもしれない。

そのようなわけで、ミツバチの場合もマルハナバチの場合も、通常は機械刺激を感知するのに用いられる装置が、電界に対する感受性をも担っている。同一センサーで受けた2種類の感覚刺激（振動や触覚と電界）のもつれをいかにしてほぐすのだろうか？　おそらくハチにはその区別がついていない、というのがその答えだ（どちらの刺激が際立っているかを知らせる補助センサーがあれば、話は別だが）。しかし、そもそもその区別は不要なのではなかろうか。ハチには、この2種類の刺激が、同じモダリティのバリエーションとして感じられている可能性が極めて高い。

人間が突然、闇の世界に放り込まれたとしよう。その世界では、静電気を帯びた風船を近づけると髪の毛が逆立つあの奇妙な感覚が、生物学的重要性を帯びていたとする。この感覚が生じるたびに、そのあと必ず物体に衝突するようになったとする。あなたはさっそくこの感覚を利用するようになるだろうし、衝突を避けながら周囲の状況を探るために、体毛が生えている部分すべてを利用するようになるかもしれない。しかし、それでもまだあなたは、電荷によって誘発される機械刺激と、たとえば誰かに髪を撫でられる感覚とを区別することができないだろう。物理学の教師が教えてくれない限り、一方の刺激は物理的接触であって、もう一方は静電気であることに気づきさえしないかもしれない。それでも、こうした世界に生きる人間は、何世代も経るうちに、静電気力に対する極めて高度な感受性をも進化させていく可能性がある。生物学的に重要な環境刺激が存在する限り、動物は（何らかの手段で感知できさえすれば）必ずそれを利用するようになっていく――それは、個体ごとの経験を通しての場合もあれば、何世代にもわたる進化のプロセスを通じてなされる場合もある。

私たち人間は、視覚、聴覚、嗅覚、味覚が完全に別々の感覚器官にきっちりと分けられている（したがって、足でも味を感じるなどということはない）。そこがハチとは明らかに異なる点だ。ハチの触角は、まるで十徳ナイフのように、さまざまな機能を備えている。人間の指先は、少なくともある程度は多機能だ。物の手ざわりや形状を感じることができるし、その温度や湿り気も判断できる。もし、その指先で同時に、物のにおいや味がわかり、音が聞こえ、電荷も感じとれるとしたらどうだろう。昆虫の感覚世界は、奇妙で不思議、豊かで奥深い。

本章では、外界からハチの心に入ってくる情報が、まず最初に、進化の過程で獲得された感覚フィルターを通してどのようにふるい分けられるかについて学んだ。しかし、心の中にある情報は、各個体が一生のうちに獲得する情報だけにとどまらない。ヒトについて言えば、何百万年もかけて磨かれてきたヒトの本能が、たとえば、危険を孕んだ状況かどうか、食べられるものか否かを教えてくれているし、基本的な移動様式をもたらし、攻撃性と愛情のいずれを相手に示すべきかを判断している。次章では、ハチに備わっている豊富な本能行動のレパートリーを見ていこう。動物の心の中にあるものの大部分が、そのような本能によって決まるが、その動物が何を学習できるかもやはり、本能によって決まってくる。

4 「単なる本能」なのか？

こうして見てくると、ハチの本能がどれほど柔軟性に富んでいるか、局所条件や群れの状況やニーズにどれほど巧みに従っているかがよくわかる。動物の習性に関する事柄の例に漏れず、こうした昆虫が活動するのに否応なく必要なのは、少数の本質的な点に限られており、それ以外はすべて状況しだいで変わってくる……彼らの工夫の範囲が、当初推定されていたほど狭くないことは間違いない。読者諸君もやはり、ハチの行動は多少とも、ハチの判断とでも呼べるものに依存していることを認めるだろう。その判断はどうやら、型にはまった推論ではなく、臨機応変の才によるものらしい。その絶妙さたるや、意識的選択に近いものであり、ハチの意志と無関係の習性や生得的機構などではない。

――フランソワ・ユーベル、1814年(1)

心について――動物の心について――論じる本に、なぜ本能に関する章が必要なのかと疑問に思われるかもしれない。私たちの多くが、本能は原初的な動因であって、心の自由さや複雑さと対照をなす単純で機械的なもの――心がその上に立って制御すべきもの――という印象をもっている。実際、生物学の学生の多くが、ヒトとヒト以外の動物の行動の主な違いは、ヒト以外の動物はすべてを本能で行なうのに対し、ヒトはそうではない点にある、と言うだろう。

もちろん、異性とつがう、肉親の世話をする、ものを食べる、生存をかけて闘うといった行動をとる際の心の働きは、本能的な動因に支配されている。大きな歯をもつ巨大な動物は危険だとか、糞便を食べてもおいしくないとか（あなたがフンコロガシならば話は別だが）、いちいち学ぶ必要はない。とはいうものの、こうした課題にどう対処すべきかについて、進化は私たちに比較的少数の融通のきかない指針しか残してくれていない。ヒトの場合も、ヒト以外の多くの動物の場合も、最も基本的なルーティン行動でさえ、学習によって磨きをかける必要がある。本能が与えてくれるのは、ラフなテンプレートにすぎないのである。乳首を吸うことにせよ、歩く、戦う、敵を見つける、身を守るといったことにせよ、そのやり方を学ぶ必要があり、セックスでさえ学習を必要とする。性的満足、資源獲得、競合する部族との攻防といった行動を求める本能に応えるために、ヒトが編み出してきた解決策は実に見事だ。それでもなお、ヒトの行動のほとんどが、それどころかヒトの心の中にあるものの多くがやはり、生存や生物学的適応度に関わる原初的な諸動因に支配されていることを思い出す必要がある。私たちは、本能に支配された欲求に応えるために、知能を駆使するのである。

本章では、ハチの本能は、私たちヒトの場合と同様に、動物ロボットのツールキットをはるかに凌ぐものであることを学ぶ。本能は、さまざまなレベルで学習と接点をもっており、ほとんど例外なしに、かなり順応性に富んだ行動をとる余地を残している。同時に本能は、動物が学習可能な事柄や、その学習の限界を決定づけてもいる。たとえば、ヒトは「言語本能」という、他のすべての動物からヒトを区別する本能をもっている。言語によるコミュニケーションを学ぶように、あらかじめプログラムされているのだ。(2)

しかし、細かな部分——語彙やその言語特有の文法——は学習によって身につける必要がある。

本章ではまず、ハチの本能的なルーティン行動は極めて高度なものであることを学ぶ。巣作りのように、生得的にルーティン化されているように見える行動でさえ、完全にプログラムされていることは稀で、部分的に学習を必要とするだけでなく、高度な柔軟性を、場合によっては計画スキルをも必要とする。膜翅目昆虫類（ハナバチだけでなくカリバチやアリも含む）に見られる本能に支配された行動は、脊椎動物の世界にはおそらく類例がないほど多様性に富んでいる[3]。膜翅目のなかには、その本能に従って特殊な能力を発揮する昆虫もいる。たとえば、神経外科手術を行なう昆虫（餌食にする昆虫の胸部にある3つの神経節に、それぞれ1回ずつ正確に毒液を注射して、昆虫を麻痺させるカリバチ）、農業を営む昆虫（アリマキを家畜のように巣に棲まわせ、それが排泄する汁を吸うキイロケアリ、巣の中に集めた葉を培地にしてキノコを育て、それを食料にするハキリアリ）、香水を収集する昆虫（さまざまな植物の香り成分を体に浴び、それでメスを惹きつけるシタバチのオス）、太陽エネルギーを集める昆虫（植物の光合成で生み出された糖を集める訪花者）、数学的に完璧な多層構造をつくる昆虫（図1・1および4・2、4・3のような巣をつくるミツバチ）などである。

ある特定の種の昆虫自身には、訪花者になるのか、狩人になるのかを選択するすべなどないことに疑問の余地はない。それはまぎれもなく本能によって決定づけられているからだ。しかし、こうした本能的な特性は、昆虫の心の中身を方向づけるものでもある。つまり、何を報酬または脅威として経験するかは、本能によって決まるし、何について思考を巡らすかもそれによって決まる。動物は、その種に特有の生活様式がもたらす課題に、型にはまった解決策を当てはめていくだけではない。心という場の中を探索してまったく新たな解決策を生み出すこともある。本章では、ハチの場合もヒトと同じく、本能が、記憶や認知と切れ目ないインターフェースを形成していることを学ぶ。本能的な特性が学習能力を促進し、進化した生得的行動から知的行動が出現する可能性もある。

ジャン＝アンリ・ファーブルと、昆虫は反射的機械装置だという考え方

緻密ではあっても生得的にプログラムされている昆虫の行動は、本質的に柔軟性を欠いている、という考え方に最大の影響を与えたのは、フランス人の昆虫学者で作家でもあったジャン＝アンリ・ファーブル（1823〜1915）である。ファーブルは農民の出身であり、生涯のほとんどを貧困との闘いのなかで過ごした。地方の学校の教師を務めながら、独学で昆虫学者としての研鑽を積んでいったのだ。そして、わずかな収入で暮らしながら、大学に所属することもなしに、数十冊に及ぶ自然科学書を執筆した。その中でも有名な『昆虫記』全10巻は、科学的発見がぎっしりと詰まった途方もない宝箱である。昆虫の行動を鋭い観察眼で詳細に捉え、さらに昆虫に対して巧妙な実験を行なったことで、彼は動物行動学の父とされている。また、人を惹きつけてやまない著作で、二度にわたりノーベル文学賞の候補にもあがった。

しかし、ファーブルは、ダーウィンの進化論も、昆虫の知能も信じていなかった。そして、彼の行なった実験の中には、いくらひいき目に見ても、昆虫の知力をまともに引き出していないものがあった。たとえば次のような実験で昆虫が見せたものを、ファーブルは「機械仕掛けのような頑固さ」と呼んでいる。

マツノギョウレツケムシは、1本の長い紐のように1列になり、それぞれが先に立つものの尻に頭をつけて進んでゆく。後続の毛虫は、それぞれの前を行く毛虫が口から吐く糸（道標フェロモン）を追い続けていくのだ。ファーブルは試しに、行列している毛虫たちを、大きな植木鉢（外周135センチメートル）の縁に登らせ、そこを歩かせてみた。すると、毛虫たちは、においの跡を残しながら植木鉢の縁を歩き続

け、そのうちに、先頭の毛虫が、自分の残した跡に気づき……こうして行列は輪をなしてどんどん続いていき……さらにもう一周……さらにもう一周と続き——結局、7日間で合計335回、ずっと同じ方向に回り続けたのだった。[4] ファーブルはこう述べている。「昆虫というものは、少しでも突発事故が起きると完全に無能力になることは、まえから十分にわかっていたけれど、さすがにこの数字には私もびっくりした。マツノギョウレツケムシがこんなに長時間、植木鉢の上にいたのは、彼らの貧弱な頭では見通しがきかなかったというより、むしろ、下向きに降りることが難しく、危険だったからではないか、とも考えてみたけれど、実際には、毛虫にとって降りることは登ることと同じくらい容易なことなのである。」〔奥本大三郎訳〕公平を期すために付け加えると、ファーブルが植木鉢の下のほうに松の緑の小枝を置いたところ、6日目には1匹が途中まで偵察に降りる様子を見せ、8日目になって、行列は自然に下まで降りてきた。しかし、これはどう見ても、昆虫がすばやい問題解決能力を発揮する栄誉に満ちた例とは言いがたい。

ファーブルの膜翅目昆虫に対する見方も似たようなものだが、いろいろと思索を巡らしている。「膜翅目以上に才能に恵まれた生き物がいるだろうか……素晴らしい建築家の小鳥も、その巣を、あの、高等幾何学の傑作ともいうべきミツバチの建造物と比べることができるだろうか。人間にとってさえ、ハチやアリはよい競争相手である。われわれは街を建造するが、彼らも都市を造るのである。われわれには召使いがいるが、彼らにもいる。われわれは家畜を飼っているが……彼らも乳を出す雌牛、すなわちアブラムシを囲っている。」そして、じっくり考えた末にこう述べるに至る。「昆虫を研究することは、われわれを悩ませている問題、『人間とは何か』『われわれはどこから来たのか』という問題について考えることなのである。では膜翅目の小さな頭脳の中で、どのようなことが起きているのだろうか。その中にはわれわれの頭脳がもつ能力と類似した能力があるのだろうか。考えというものがあるのだろうか。……もしそれを言葉で説明できるとすれば、なんと素晴らしい心理の一章であろう。」〔奥本訳〕（ファーブルは『昆虫記』のこの章のタイトルを「昆虫の心理についての短い覚え書き」としている。(5)）

ファーブルは、こうした膜翅目昆虫のイノベーションが、ある程度は知能の産物なのかどうかを探った。そして、のっぴきならぬひどい裁断を下している。彼はツツハナバチの巣作りにさまざまな操作を加えてみた。ツツハナバチは単独性のハチで、卵（やがて幼虫になる）がひとつずつ入る泥の壺をつくっていく。この育房は小さなツバメの巣のようなもので、食料の準備を終えると、ハチはその出入口の穴を塞ぐ。そこで、ファーブルは、ある実験で、建設中の育房の底にドリルで穴を開けてみた。すると、蜜が底から漏れているにもかかわらず、ハチは、ときおり育房に蜜を追加しながらも、ひたすらてっぺん部分を完成させていったのだ。ハチは、あらかじめ決められた建設の道筋から外れることはできないらしい。石積みの才能はあっても、幼虫にとって明らかに致命的となる損傷を修理することができないのである。ファーブルはこう言い渡す。「ああ、獣性を照らすという理性の閃きなど、ほとんどどこにも見られない。知的暗愚も同然の取るに足らない存在だ。」（ファーブル『ツツハナバチ』より）

この有名なフランス人昆虫学者は、たった一度だけ、こうした見方を変えたことがある。ファーブルは、アナバチ類のさまざまな種の狩りの習性を観察した。こうしたカリバチの種の多くは、巣穴を掘ってそこで幼虫を育てる。ハナバチ（こうしたカリバチから進化した末裔）の幼虫とは違って、カリバチの幼虫は完全な肉食であり、母親はしっかりその食料を用意する。幼虫のために用意する食料は、イモムシや各種昆虫の成虫、あるいはクモなど、カリバチの種によってそれぞれ異なっている。しかし、幼虫に直接餌を与える社会性ハナバチ類とはちがって、カリバチ類の母親たちはみな同じように、難しい問題に直面する。

カリバチの赤ちゃん、つまり小さくて無力な幼虫が卵から孵ったとき、自分はもうそこにはいないし、もしかしたら死んでいるかもしれない。したがって、母親は、自分が去ってから数週間経っても、まだ確実に食べられる食料を用意しておかなくてはならないのだ。

ファーブルは、カリバチの獲物はどうして、数週間も新鮮な状態が保たれるのだろうかと不思議に思った。夏場の暑い時期には、昆虫は死ぬとみな数日で腐ってしまうことをよく知っていたからだ。彼は、カリバチが巣穴に置いていった昆虫を解剖してみて、それらが単に「新鮮」なだけではなく、実際に生きていることを発見した。獲物は体が麻痺しており、カリバチの幼虫は、生きたままの獲物を少しずつ食べていたのだ。カリバチは、獲物の生命維持機能を損なうことなく、それを動けなくしてしまう高度なスキルをもっていることにファーブルは気づいた。昆虫の3対の脚（および、1ないし2組の翅）は、胸部にある神経中枢（神経節）によってコントロールされている。これらの神経節だけを破壊すると、獲物は動けなくなるが、依然としてゆっくりではあるが呼吸はできるのだ。

アナバチ属（スフェックス属）のアナバチは、神経系のこの組織（胸部の3つの神経節）を破壊して昆虫を狩るのだが、ファーブルは、このアナバチが獲物に3回——各神経節に1回ずつ——正確に毒液を注射することを発見した。とはいえ獲物によっては、たとえばある種の甲虫のように、3つの神経節がひとつに融合しているものもある。(6) こうした獲物を狩るハチは、神経節に1回注射するだけだが、大きなイモムシを狩るハチは、獲物の頭部から尾端までが完全に動けなくなるように、その神経節すべてに注射する。何世代にもわたって、試行錯誤を繰り返しながら進化していくうちに（つまり、突然変異が起きては最も効率的な方法が選ばれていくうちに）、これらのカリバチは、それぞれの獲物がもつ神経系の解剖学的構造に専門特化するようになったのだ。

ファーブルがキバネアナバチと呼んだ種（おそらく*Sphex flavipennis*）は、獲物としてコオロギを狩る。他の種のアナバチと同様に、このアナバチも、まず幼虫用の巣穴を作ってから、狩りに出かける。首尾よく獲物を仕留めることができたら、体を麻痺させた獲物を、たいていかなり遠く離れた場所から巣穴に連れて帰る。そして、獲物を巣穴に引き入れる前に、ハチは必ず、獲物をいったん入口の脇に置いて、自分が掘った穴の中に姿を消す。おそらく、巣穴に寄生体が潜んでいないことや、巣穴がどこか壊れていないことを確認するためだろう。異常がなければ、ハチは再び巣穴から出てきて、その不幸な獲物を地獄へと引き込んでいく（図4・1）。〔奥本訳『完訳　ファーブル昆虫記』第1巻上の訳註には、「ファーブルは、本章の主人公キバネアナバチの学名を*Sphex flavipennis*としているが、現在までの研究では、それは酷似した別種*Sphex funerarius*であったらしい」と記されている〕

ファーブルは、この一連の行動がどれほど固定的なものかを調べようとして、ハチが幼虫用のゆりかごを点検している間に、コオロギを巣穴の入口から10センチほど移動させてみた。再び姿を現したハチは、獲物が離れた場所にいるので驚いたようだったが、それをまた巣穴の入口まで引きずっていき――そして、巣穴の点検をするために、またもや獲物をそこに置き去りにした。ファーブルはこれを40回ほど繰り返したが、結局、ハチがコオロギを放置せずにそのまま巣穴に引き入れることはなかった(7)。哲学者のダニエル・デネットはこれを、昆虫の行動が「思慮を欠いた単なる機械仕掛け」であることを示す例として取り上げて、「スフェキッシュネス〔*Sphex*属的行動〕」と独自に命名し、人間の行動の柔軟性や、それを制御しているとされる自由意志と対比させた(8)。

おそらく、デネットは、ファーブルがこうした判で押したようなハチの行動を記述したあとに付け加えた一節を、読んでいなかったのだろう。ファーブルは、同種のアナバチの別の群れの個体に、同じいたずらをしてみたらどうなったかを報告している。「二度か三度ためしてみたときは、すでにしばしば得られた結果と同じであったが、やがてアナバチは……大顎で触角をくわえ、ただちに巣穴の中に引っ張っていったのである。愚か者はどちらだったのだろう。愚か者は抜け目のないこのハチに裏をかかれた実験者のほうであった。……頭のはたらきは遺伝する。すばしこく頭の働く集落もあれば単純で朴訥な集落もある。それは明らかに祖先の才能しだいなのである。」〔奥本訳〕

ファーブルがまさかこんな見解を示すとは！　『昆虫記』全体に満ち溢れているのは、こうした複雑精緻な昆虫の本能行動に対する深い賞賛の念と——それに劣らぬほど強烈な、ダーウィニズムに対する冷笑や、昆虫に知能があるとする者への侮蔑の念である。ファーブルの最高傑作全10巻の中で唯一、このエピソードでは、昆虫の「賢さ」についての考えを一時的にせよ変化させ、ついでに、ダーウィンの進化論の基本要素2つを支持したようだ。それは、個体間に差異が現れること、そして、そのような差異（変異）が子孫に継承されていくことである。

巣作りをするミツバチは本能と知能をどう組み合わせているのか

遺伝子に組み込まれたルーティン行動だけで、多様性に富んだ社会性昆虫の行動すべてが説明できる、という考え方が依然として大勢を占めている。しかし、よく調べてみると、あらかじめ完全に遺伝的にプログラムされている、とずっと考えられていた行動でさえ、部分的に学習が必要であり、実際、驚くほど可塑性に富んでいることが明らかになってきた。この点について、ミツバチの造巣活動を例にとって見ていこう。ミツバチの巣は、ミツバチ属が幼虫を住まわせ、なおかつ食料を蓄えるために編み出したソリューションである（図1・1、4・2）。

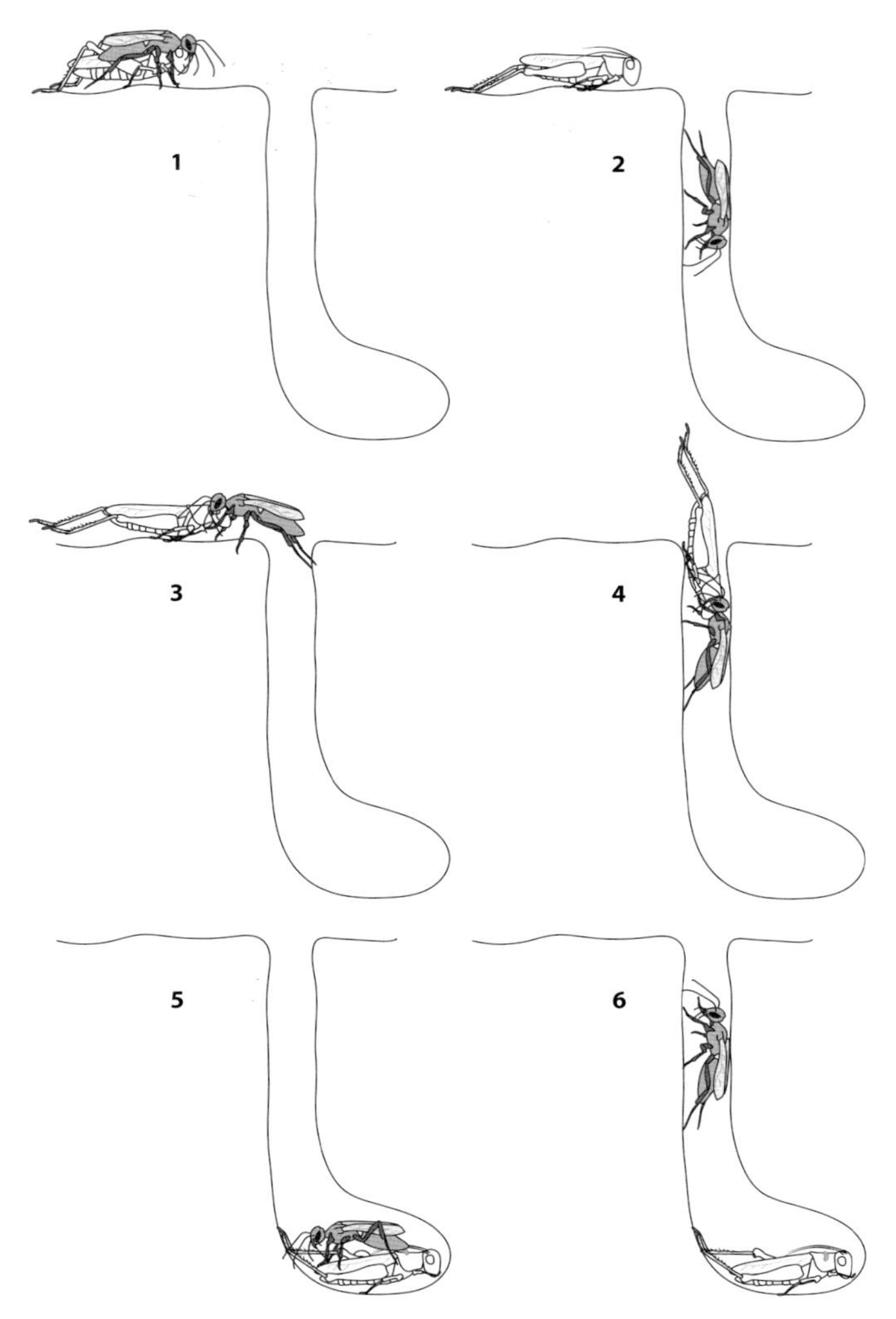

図 4.1　麻痺させたコオロギを巣穴に引き入れるアナバチの一連の行動. 1. 巣穴に戻ってきて，獲物を入口の脇に置く．2. 巣穴を点検する．3–4. 巣穴に獲物を引き入れる．5. 獲物に卵を産みつける．6. 巣を離れる．

図 4.2　天然のミツバチの巣の構造． 板状の巣が並行に複数並んでいる．

ダーウィンは、「ミツバチの巣作りの能力」は「博物学者たちから、現在知られているあらゆる本能の中で最高位に位置する本能だと評価されている」と述べている。[9] 一目見てもそれは、動物が造り上げる奇跡の建造物だ。6本脚の動物が、これほど規則的かつ正確な反復構造をこしらえていくのだから、その器用さたるや、驚嘆に値する。その結果生み出される構造も、エンジニアリングの観点から見て高度に最適化されている。具体的に見ていくと、ミツバチの正六角形の巣房は、マルハナバチの円形の巣房よりも優れている。巣房が円形だと、巣房と巣房の間に無駄な空間がたくさんできてしまうのだ。円形ではなく正方形や三角形にすると、たしかに巣房間の隙間はなくなるが、巣房で育つ幼虫は正方形や三角形ではないので、今度は巣房内部に無駄な空間がたくさんできてしまう。というわけで、六角形の巣房は実に優れたアイディアであって、実際、何種かのカリバチも六角形の巣房を作る（ただし、建材は蜜蠟ではなく、木の繊維を紙状にしたものだが）。

図 4.3　六角形の巣房の構造. 巣房の底はピラミッド型になっており，蜜を溜めるために入り口から底に向かってやや傾斜がついている.

しかし、ミツバチ属以外のハナバチの中に、両面に開かれた六角形の巣をつくるハチはいない。この両面巣板は、無駄な空間を減らすためのもうひとつの優れた策なのだ（図4・3）。六角形の各巣房の底面はピラミッド型をしており（これも四角い底面よりも効率的なソリューションだ）、巣板の両面が、これらのピラミッド型の巣房の底面で互いに完璧に接合している。しかしこの両面に開かれた構造は、ハリナシハナバチの水平な巣板には採用できない——重力が働いて、入口が下向きの器には蜜を溜められないからだ。そこでミツバチは、巣板を垂直に造って、各巣房の入口が側面にくるようにしている。しかし巣房の向きが重力に対して完全に直角だったら、やはり液体の内容物をうまく溜めてはおけない（蜂蜜の入った蓋のない瓶を横向きにして持ってみれば、すぐにわかるだろう）。蜂蜜の粘着性で容器に付着してこぼれないように、瓶を斜めに傾けて持つ必要がある。まさにこれこそ、ミツバチがやっていることなのだ。巣房は、入口から底面に向かってやや下方に傾いている。そして、巣板自体は、ワーカーたちが辛うじて自由に動き回れるだけの間隔を空けて、複数の巣板が平行に造られている。何種かのミツバチが自然に営巣する空間は、（養蜂家が用意する直方体の巣箱とは違って）、たとえば樹洞のように非常に不規則な形をしているが、それでも巣板は平行に形成される。

こうして見てくると、驚くほど巧妙なことをやっているのだが、それでも本能にすぎない、のだろうか？ 巣板に見られる繰り返し構造は一見、ハードウェアに組み込まれたロボット的ルーティン行動のよう——同じものを次々と大量に製造していくライン生産方式での組み立て作業のよう——ではある。しかし、本当にそんなに単純なのだろうか？

ミツバチの造巣活動について、最も詳細に、洞察力に富んだ観察を行なったのが、スイス人の博物学者のフランソワ・ユーベル（1750〜1831）である。若い頃に視力を失った彼は、妻のマリー＝エイミー・リュラン（1751〜1822）と助手のフランソワ・バーネンス（1760〜1837）の助けを借りて研究を続けた（そしておそらく、報告書を書き上げてもらった）。ユーベル、リュラン、バーネンスの3人は、観察しやすいガラス張りの巣箱を用いて実験を行なうことによって、ミツバチの生理生態を科学的に研究していく基礎を築いた。[10] ミツバチコロニーの巣作りについて彼らが行なった詳細な観察や実験は、その当時、前例のないほどハイレベルのものだった。そして、それ以後もこれに比肩しうるものは現れていない。

彼らの著書には、巣の構造がどれほどバリエーションに富んでいるか、ということが詳しく記されている。たとえば、1列目の巣房は、2列目以降とは異なる。なぜなら基板の役割を果たすからである。ミツバチのワーカーは、自分の身体を鋳型（テンプレート）にして各巣房の大きさを揃えていると思うかもしれないが、単にそれだけでは説明できない。というのも、雄バチ用の巣房は30％ほど広くなっているからだ（もちろんそれらもワーカーによって作られる）。巣の構造にはその他にもさまざまなバリエーションがある。まったく形状の異なる女王用のゆりかごもそうだし、巣板を安定させる支持構造としての柱や横桁もそうだ。ユーベルのチームは、巣箱のてっぺんにいる1匹のワーカーによって巣の建設が始められる様子や、それに続いて多数のワーカーが各巣房作りに加わっていく様子を詳細に観察した。中断された巣房作りを、別のワーカーが引き継ぐこともあれば（どんな状態で中断されても的確に引き継ぐ）、互いの建設作業を点検し、必要に応じて修正を加えることもある。1匹のワーカーが間違ったところに蜜蠟を付けてしまうと、別のワーカーがすばやくその間違いを修正する様子が観察されたこともある。

ユーベルらは、造巣活動に携わるハチがどんな柔軟性を見せるかを、周到な計画のもとに探っていった。まず手始めに、ハチを、通常やるように巣箱の天井に巣板をくっつけることができない、という状況下に置いてみた。するとハチは、上から吊り下がった構造物ではなく、言ってみれば塔を建てるように、巣板を下から上へと作っていった。つまり、巣房を上から下へと形成するために通常用いているルーティン動作の多くを、逆さまにしたのである。次に、ユーベルらは、ハチを、上からも下からも巣を建設できない状況下に置いてみた。するとハチは、側壁の一か所から巣作りを始め、横向きに巣板を伸ばしていった。

しかし、何と言っても圧巻なのは、その次である。ハチが巣板をせっせと横に伸ばしている間に（最終的には、巣箱の反対側の木製の壁までつなげるため）、実験者がその壁を、巣板をくっつけるのには適さないガラスの板で覆ってしまった。ユーベルは、巣板がガラスに届いた時点で、ハチは何らかの工夫をして、このつるつるの表面に巣板をくっつけようとするだろうと予想していた。ところが、ハチはまったく違った行動に出た。くっつけるつもりだった表面が、それには適さなくなったことに気づいたらしいハチは、巣板を伸ばす方向を──その壁に届く前に──90度変えたのである（図4・4）。ユーベルはさまざまな方法でこの実験を繰り返し、ときには、ハチが巣板を伸ばそうとする進路に、再三にわたってガラス板を移動させたりもした。すると、ハチは何度も巣板を伸ばす方向を変更したと彼は報告している。方向を変えた結果、ハチは、巣板がゆがんでいる部分の巣房の寸法を変えざるを得なくなり──そして実際、外側の巣房は内側の巣房よりも2～3倍広く作られたのだった。それにしてもいったいどうすれば、建設方向

図 4.4　造巣中に新奇な事態に遭遇したときのミツバチの柔軟性を探る実験. スイス人の昆虫学者フランソワ・ユーベル（1814）は，ハチが，観察用巣箱のガラス壁に巣板をくっつけるのをできるだけ避けようとすることに気づいていた．A. 天井も床もガラス張りの巣箱に直面すると，ハチは側壁の一箇所から巣作りを始めた．B. 付着させるつもりの壁に届く前に，その壁をガラス板で覆った．するとハチは，同じ方向に巣板を伸ばすのではなく，巣板にカーブをつけ始めた．修正した方向に巣板を伸ばし続けた結果，付着に適したエリアにくっつけることができた．

の変更について、あれほど多くのハチの「合意形成」ができるのだろうかと、ユーベルは考えに考えた。実は、その答えはいまだに得られていない。

造巣活動で発揮される驚異の柔軟性をさらに詳しく探るため、ユーベルは、巣が災難に見舞われたときにミツバチがどのように対処するかを記録していった。ハチのコロニー内の活動を長期間にわたってモニターできるように、ユーベルはガラス張りの巣箱を用いて実験を行なった。巣板を付着させる場所がガラスしかなければハチはそうするが、その場合には、今からお話しするように、厄介なことが起きてくる。冬に入ると、ハチは花での採餌や蜂児の養育を停止して、蓄えが来春までもつように活動を最低限に抑える。そんな冬場のあるとき、ユーベルのガラス張りの巣箱のひとつで、数枚の巣板のうちの一枚が天井からはずれてしまったのだ。すると、目を覚ましたハチたちが、そのはずれた巣板を、蜜蠟の柱や横桁何本かで補修しただけではなく、その後すぐに、それ以外の巣板すべてについても、巣板が天井のガラスに付着している部分を補強して、また同じような災害が起こらないようにしたのである。ユーベルはこう述べている。「意見やコメントは差し控えるが、機転と先見性に富んだ行為に対して賞賛の念を禁じ得ないというのが率直な思いだ。」

巣の破損をきっかけに予防的な補強を行なったからと言って、必ずしも先見性に基づく行為とは限らない――ある特定の刺激が引き金となって起こる、また別の生得的ルーティン行動かもしれない――と反論する方もおられよう。確かにその可能性もないとは言えない。しかし、こうした予防的行動の数々を、巣作りに関連するまた別の生得的ルーティンだとみなすのと、その背後に計画的思考に類するものがあると考えるのとでは、どちらのほうがより「シンプル」な説明かを考えてみる必要がある。

それが認知能力なのか、それともあらかじめ備わっている「本能」なのかを議論するにあたっては、どちらのほうが、同じ行動に至るまでの道筋がシンプル（あるいは複雑）に見えるかという直感的印象に頼ってはならない。ユーベルが報告したさまざまな造巣行動のすべてが本能に支配されているというシナリオを描くには、それらをすべて担うためにはハチの脳内にどれだけの数の出来合いの神経回路が必要か、ということを考える必要がある。また、設定した課題のいくつか――たとえば、巣板の建設中に突如ガラス板が現れるなど――は進化史上で遭遇したことがないのに、いかにしてその本能を進化させることができたのかを説明する必要もある。だとすれば、認知能力シナリオのほうが、つまり、ハチは自分の行動の結果を理解する汎用メカニズムを持っていると考えるほうが、実はシンプルな説明だと言えはしないだろうか？　ユーベルがほのめかしているように、ハチはおそらく、心の中に、望ましい造巣活動の結果を描いた「マスタープラン」のようなものを持っているのだろう。

いずれの見方をするにせよ、ハチは、造巣活動が完全に本能に支配されていると仮定した場合に予想される行動と、完全に一致する行動をとりはしない。自然環境下で作られたハチの巣には、巣板の形成方法が微妙に異なるものがいろいろある。さらに、若いワーカーの巣板の作り方は、自分が育てられた巣板の構造や、羽化後しばらく見本にする機会のあった巣板の構造の影響を受けている。[11] 円形のプラスチック製の巣房で育てられ、熟練ワーカーの助けもない未経験のハチは、何とか六角形の巣を作ることができても、巣板の構造は規則的と言うにはほど遠く、巣房の直径もまちまちになってしまう。完全に本能によるものだと一般には見なされている他の多くの行動（クモの巣作りなど）の場合と同様に、生得的な傾向はもしかすると、行動の土台になるようなラフな原型を与えているだけなのかもしれない。細かい部分は、たいてい学習が必要であって、環境条件に柔軟に適応することができ、プランしだいで変更が可能だ。[12]

スペースシャトル「チャレンジャー」号が１９８６年に悲劇の爆発事故を起こす2年前のこと、ミツバチのコロニーがチャレンジャーに乗って宇宙旅行をしたことがある。ミツバチたちは、丸１週間、無重力状態で過ごしたのだ。そして、無重力空間で飛行することを学んだだけでなく、正常な寸法の巣房が並ぶハニカムを作り上げたのだった。[13] 地球上で作られる巣と比べてただひとつ違っていた点は、宇宙空間で作られた巣の巣房は、下方向に一貫した傾斜がつけられていないことだった。それは当然で、無重力空間には「上」も「下」もないからだ。しかし、巣板の幾何学的配置は正確だった。つまり、数枚の巣板の構造は、通常どおり真っ直ぐかつ平らであり、重力がまったくなくてもほぼ平行に作られていたのである。

ハチの行動についての、シンプルだが間違っていた初期の説明――「帰巣本能」

動物が知能を働かせた可能性がある事例を解釈するときに、必ずやってみるべきことは、知能による問題解決をもちださずに、その行動を説明する方法を探してみることだ。[14] しかし、科学者たちはシンプルな説明を求めることに固執するあまり、明らかに学習行動が現れていても、そこに目が向かないことがままある。その典型が、ドイツ人の生理学者、アルブレヒト・ベーテ（１８７２〜１９５４）の場合だ。彼は、原子物理学者でノーベル物理学賞を受賞したハンス・ベーテ（原子爆弾開発者のひとり）の父親である。アルブレヒト・ベーテは、他の人々の研究成果から、ハチやアリは遠い場所からでも極めて正確に帰巣できることを知っていた。そして、それを学習で説明するのはあまりにも複雑だと考えていた。そこで、ハチを巣箱へ引き戻す本能的な力を見つけようと奮闘した。この力を混乱させるために、ハチを何百回も回転させたり、背中に磁石を貼り付けたりと、さまざまなことを試みた。しかし何をやっても効果はなく、移動させた場所が遠すぎない限り、ハチはちゃんと自分の巣に戻ってきた。そこで、ベーテはこう結論づけた。「ハチは、記憶したイメージや、音、磁気、あるいは化学刺激に導かれて巣に戻ってくるのではない……ハチはまったく未知の力によって巣箱まで導かれてくると考えるほかない。[15]」ハチは実際に巣の位置を記憶している可能性があると認めるよりも、得体の知れない「未知の力」をもちだすほうを選んだのである。

ベーテがこのような結論に至った筋道をたどると、どこで間違ったのかが見えてくる。彼が巣箱をほんの数メートル移動させると、戻ってきたハチは、かつて巣の入口のあった場所を探した。そこからもはっきりと見える巣箱に向かって、直接には飛んで来なかったのだ。それをもって彼は、ハチが記憶力を用いたはずはないと推断した。なぜなら彼は、課題を解決するには、巣箱それ自体の外観を記憶するほかないと考えており、その周囲のランドマークを記憶するという方法はまったく頭になかったからだ。

ベーテの研究に対して、ドイツ人の動物学者、フーゴ・フォン・ブッテル＝リーペン（1860～1933）は堂々と異議を唱えた（1900年のことだ！）。その論文のタイトルは、「ハチは反射的に動く機械なのか？」。ベターリッジの見出しの法則によると、疑問符で終わっている見出しの答えはすべて「ノー」だというが、ブッテル＝リーペンの論文もその例に漏れなかった。彼は、ベーテが巣箱移動実験の結果を人間の尺度で判断している点に焦点を当てた。ベーテは明らかに、課題の解決法が必ずしもひとつとは限らない点を見落としている、というのだ。ちなみに、ハチの観点からすれば、ベーテが期待していた反応——つまり、数メートル移動していた巣を見つけてそこに入っていくという行動——は、ひいき目に見ても感心できず、最悪の場合には致命的な結果になる。多くのハチの種は、単独性か社会性かを問わず、互いに近接した場所に多数の巣を作るので、寸分違わぬ位置にある巣に入っていくことが何よりも重要だ。うっかり間違った巣に入ってしまうと、近縁でない母バチの幼虫を養ったり、番兵バチに殺されたりするはめになる。

ブッテル＝リーペンはさらに、ハチが、記憶している付近のランドマークをもとに巣箱の正しい位置を判断していることを示す、説得力のある証拠を多数提示している（その中には、ベーテ自身の研究から導き出されるものも含まれる）。ここから得るべき教訓は、知能が働いているように見える行動をもっとシンプルに説明するものは何かを考える場合には、一見シンプルに見えて、完全に間違った説明の落とし穴に嵌まってはならないということだ。地球は平面だと決めてかかれば最初はシンプルに思えるが、地球平面説を唱える人々はやがて、事実と矛盾する点を説明するために複雑な理屈を考え出さねばならなくなる。

ハチは「本能で」花に引かれるのか？

ブッテル＝リーペンは、訪花活動中のハチを「反射的機械」と考えていいのか、という問いをさらに掘り下げて検討した。いまだに、送粉生態学や花の進化に関する出版物の多くに「花の引力」という考え方が見て取れる。この言葉の裏にはこんな考え方が潜んでいる――目立つ色彩と芳香をもつ花は、飛行中の「反射的機械」を引きつける単純なトリガー刺激であり、花の報酬レベルや経験から得た情報とは関係なく、彼らをその花に立ち寄らせてしまう、と。こうした考え方は、明らかに、１９００年の時点ですでに時代遅れになっていた。ブッテル＝リーペンは、ハチは給餌器が撤去されていても――したがって反射を引き起こす刺激が存在しなくても――以前に給餌された場所に戻ってくることを示す証拠を提示している。ハチをその場所に導いた唯一の情報は、記憶によるものだった。

同様に、ブッテル＝リーペンは、ハチは花のシグナルに出くわしても「無条件に」花にとまるわけではないことを指摘している。蜜を出すのは朝方だけという花もあり、ハチは、無報酬であることがわかっている時間帯には、その花の刺激を無視することに彼は気づいた。にもかかわらず、今日でも、送粉動物は花に対して「無条件」に、反射的に反応するという考えが、「送粉シンドローム」という概念の中に依然として潜んでいる。(17) 送粉シンドロームとは、花の形質（色、形、大きさなど）と送粉者の種類（ハチ、甲虫、ハエなど）とには強い関係があるという考え方だ（たとえば「ハチドリは赤い花だけを訪れ、夜行性のガは白い花だけを訪れる」など。図4・5）。物理学では、原子の構造を単純化して生徒たちに教えるのに便利なツールとして、ボーアの原子模型が用いられているようだが、それと同じように、送粉シンドロームという考え方がいまだ、大学で生態学を学ぶ学生たちに、まるで定説であるかのように教えられている。

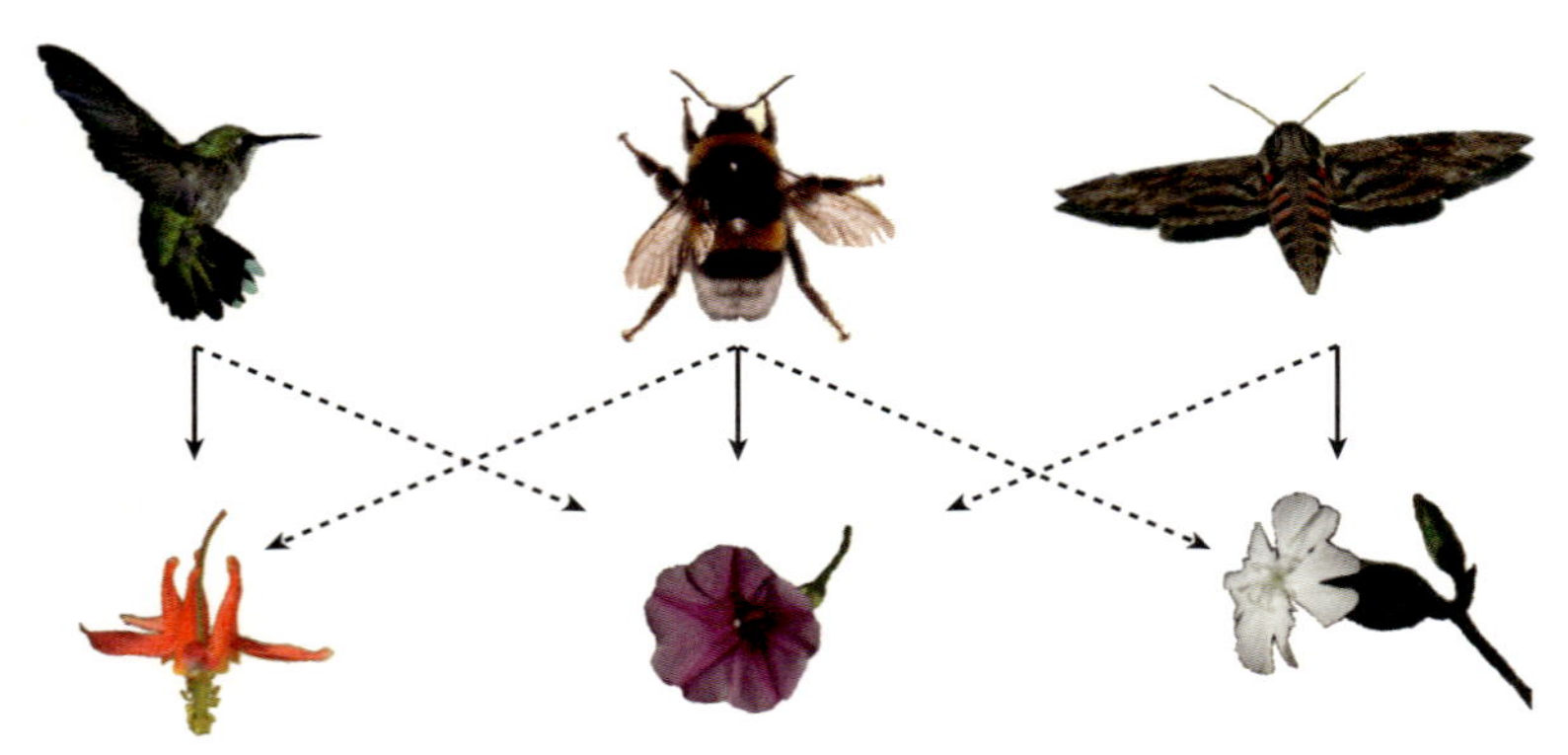

図 4.5　送粉シンドロームという考え方では，送粉者の種類と花の形質とには強い関係があるとされる． たとえば，ハチドリはもっぱら赤い花を好み，マルハナバチは青い花を，夜行性のガは白い花を好むとされる（矢印）．しかし，送粉者のほとんどは，単に特定の花の特徴に引かれるわけではなく，報酬の多寡を学んで訪花しているので，こうしたステレオタイプにそぐわないさまざまな相互作用が存在する（破線）．

重ねて言うが、シンプルな説明には用心しよう。

ベルリンの壁崩壊直後の1990年代初めに、私はベルリンの東方に美しい自然保護区を見つけた。シュトラウスベルクに程近い、ランゲ・ダムヴィーゼン自然保護区である。私はこの場所で3シーズン続けて、花と送粉者の種類の相互関係をできるだけたくさんモニターすることにした。後進の育成は、博士課程に在籍している私の重要な責務でもあったので、私は大勢の学生をこのフィールドに連れていき、何か月間もずっと続けて花畑を観察し、訪花する動物をすべて記録していった。どんな動物が見つかりそうかということは学生には教えなかったので、バイアスの発生を極力抑えてサンプリングを実施することができた。これがまさに、送粉者と植物の相互作用用ネットワークをまるごと定量的に把握しようとする最初の試みだった。その結果は、送粉生態学者のニック・ヴァサー、メアリー・プライス、ニール・ウィリアムズ、ジェフ・オラートンとの共著論文で発表したとおりで、ハチ、ハエ、チョウ、甲虫が訪れる花の色に統計的有意差は認められなかった。送粉者がどの花を選ぶかは生得的選好ではなく、ほとんど個体学習によって決まるのだとすれば、これは当然予想される結果であろう。

学習と本能が手に手を取って進化する

ハチの進化史上、重大な出来事は、特別に作った巣の中でわが子を養うようになったことであり、それによって（本能的な）造巣スキルに加えて、正確な空間記憶が必要とされるようになった。もうひとつ重要なのが、花蜜や花粉を集めるという生活様式（これも本能）をとるようになったことだ。そうなると、提供される報酬の質・量が異なる多種多様な花や、花が発する報酬シグナルについて学習し、どの花を選ぶかを経済的観点から決定することが必要になってくる。こうして、生活様式を定めている本能が学習をさらに促進し、学習がもはや不可欠となるので、もし、学習速度が生得的に他個体より速い個体が現れれば、その個体の適応度は他個体よりも高くなる。[18]

新たな環境の変化について学ぶ能力が、生得的選好の進化を促すこともある。たとえば、蜜を豊富に蓄える花の種が新たに出現し、その花がテレペンチンのにおいを放っていたとしよう。（ハチは、ハチ自身が出す警報フェロモンと報酬を関連づけて記憶できるほど柔軟性に富んでいることを思い出してほしい。したがって「怪しい」においを報酬と結びつけて学習することも不可能ではない。）その地域の送粉者のうち、「従来」の花の香りを無視して、テレペンチンと報酬の関連性をすばやく学習する柔軟性をもった個体だけが、この新たな資源を利用することができ、したがって、他の種の花しか訪れない個体よりも有利になってくる。その後、何世代も経るうちに、迅速で柔軟な学習者の群れのなかで、テレペンチンに対する生得的選好が進化し、そうした花をますます効率よく見つけられるようになるかもしれない。ちなみに、長い年月をかけた進化によるにおい選好の変化も、個体ごとの経験によるにおい選好の変化も、神経系の同一シナプスの調節によって起こりうることが、いくつかの研究から明らかになっている。能力Xが、小さな脳内で本能として「進化しうる」のであれば、同様の神経回路を調整することによって、小さな個々の脳内にそれを「導入」することが不可能だと考える理由はない。

送粉動物のなかには、何種類かのハチも含めて、「生まれつき」特定の種類の花やその他の食料源ばかりを好むように見える種もいる。その利益とリスクは明らかだ。つまり、個体ごとに探索しなくても、遺伝的に受け継いだ情報で食料を見つけることができれば、採餌にかかる時間や労力を大幅に節約することができる。その一方で、狭い範囲の食料に特化していると、その食料が手に入らなくなった場合には大変なことになる。そこで、よく調べてみると、特定の食料との間に存在するとされる関係は、従来考えられていたほど強固でも、排他的でもないことが多い。たとえば、かつては「本能」によって特定の種の花だけを訪れると報告されていた訪花者の多くが、通常の食料が乏しい時期には、別の種の花も利用することがわかっている。

社会性ハナバチ類のほとんどは広食性だが、ボンブス・コンソブリヌスと呼ばれるマルハナバチの一種は、一部の地域では、構造が非常に複雑だが報酬も極めて高いトリカブトの花だけを訪れることが報告されている。狭食性であるこのマルハナバチは、同じ花を利用する広食性種よりも、効率という面では優位に立っている。ボンブス・コンソブリヌスであってもやはり、花の扱い方を学ぶ必要があるが、しかし、まったく未経験の個体でも、他の広食性マルハナバチのどの個体よりも有利なスタートを切ることができる。この場合もやはり、生得的傾向と学習とがインターフェースを形成していることが明らかだ。広食性種はおそらく、報酬をもたらす花がどんなものかという漠然とした概念しかもっておらず、それ以外のことは、試行錯誤学習によって一から探り当てなくてはならない。一方、狭食性種は、何世代にもわたって獲得され蓄積された、好みの食料源の基本的「操作マニュアル」を携えて生まれてくるので、個体学習によって細かな点を学ぶだけでよい。(19)

生得的行動と認知機能はさまざまなレベルで相互に作用を及ぼし合っている。たとえば、ミツバチは、色彩と報酬を結びつけて学習するのが他のほとんどの動物種よりも速いが、それは、ハチが、たとえばネコよりも知能が高いからというわけではない。ネコが生きていくうえで、色彩は、すべての栄養を花から得ている動物ほど重要な意味をもっていないからなのだ。本能は認知機能の発達を促すので、巣作りのように生得的行動に支配されていると考えられていた現象でさえ、単純なものではなく、学習や認知機能を抜きにしては説明できない。

膜翅目では独特の本能行動が極めて多数出現したのに、なぜ、それ以外の昆虫類や節足動物にはそれがあまり見られないのか、その理由はいまだ謎だが、ハチが単純な反射的機械でないことは明らかだ。進化史において、ハチの驚くべき学習能力の発達を特に促したのは、自分が活動する空間を記憶しておく必要性だった。次の2つの章では、中心点採餌者――採餌場所から確実に戻って来なければならない巣をもつ動物――であるハチには、極めて正確な空間記憶が必要とされることを学んでいこう。

5 ハチの知能とコミュニケーションの起源

ミツバチはいったいどのようにして知的能力を獲得したのだろうか？ ある動物種の知的能力の漸進的進化を、自然選択のプロセスとして捉えることは、非常に興味深い課題なので、どれほど大変であっても厭わしく思うことはない。……マルハナバチやミツバチにおいて社会が形成され、それに伴って分業が行なわれるようになると……これらの種を擁する科が完全に分岐していった。

――ヘルマン・ミュラー、1876年(1)

有名なオーストリアの動物行動学者で、ノーベル生理学・医学賞を受賞したコンラート・ローレンツは、森に暮らす霊長類の祖先が複雑な3次元の世界で活動するときに直面した課題が、人類の知能の進化に極めて重要な役割を果たしたと考えた。そして、3次元空間の知的探究――たとえば、隣の木に飛び移ることは可能か、それとも致命的かといった判断――には、あらゆる思考プロセスの主要素が含まれており、言語のような、ヒトのもつ最も高度な能力も例外ではないと主張した。(2)

極めてもっともらしい主張ではあるが、3次元の空間で複雑な活動をしなければならない動物は人類の祖先ばかりとは限らない。実際に、ハチは、自然生息地を飛び回るときだけでなく、独特の精巧な3次元構造をもつ巣を造り上げるときにも、相当高度な空間的課題に直面すること、そして、この造巣活動にはおそらくある種の計画能力が必要とされることを前章で学んだ。本章では、空間学習こそが、ハチの認知能力の進化をもたらした可能性、さらには、他の動物には類例のない空間情報に関する記号的コミュニケーションシステム、すなわちミツバチのダンス「言語」を生み出した可能性について探っていく。

三畳紀のハチの祖先――このうえなく残忍な肉食動物

ハチの心の進化を促すそもそもの原動力は何であったのかを探るためには、時間をさかのぼる必要がある。[3] ハナバチ類、アリ類、カリバチ類を含む膜翅目の昆虫が初めて出現したのは、今からおよそ2億2000万年前の三畳紀のことだ（図2・5）。その頃は、恐竜が地球上を歩き回っており、花を咲かせる植物はまだ登場していなかったと思われる。ハエやチョウといった多くの昆虫と同様に、膜翅目の祖先も単独性で、宿無しだった。つまり、幼虫をかくまう巣もなく、幼虫の食料を用意することもなかった。メスは植物に卵を産みつけ、卵から孵った幼虫は植物を食べて育った。現存する彼らの子孫の多くがこうした生活様式を続けていることから、そうだったであろうことが想像される。

ところが、ジュラ紀の初めに、生活様式の重大な変化が起きた。膜翅目のなかに、植物性の餌から特殊な形態の肉食へと、生活様式を切り換える者が現れたのだ。植物に卵を産みつけるのではなく、生きている動物（たいていは、植物の表面にいたり、内部に隠れていたりする植物食動物）に産卵するようになった。卵から孵った幼虫は、その宿主を生きたまま食べるのである。このような生活様式は、「捕食寄生」と呼ばれ、「寄生」（宿主を必ず殺してしまうわけではない）とはっきり区別される。捕食寄生するカリバチに卵を産みつけられた瞬間、もう生き延びる目は無い――結末は明らかだ。

宿主としては、通常、植物よりも動物のほうがタンパク質が高密度に含まれているので、この生活様式の変化は、新たに誕生した肉食動物にとって有利に作用したはずである。といってもそれは、その動物に優れた感覚能力や神経機能が備わっていて、動き回る（そしてたいてい隠れてしまう）獲物を見つけられる場合に限られる。それには、単に植物の葉に卵を産みつける場合よりも、かなり高い能力が求められる。動物は身を守ったり、隠れたりすることができるからだ。実際、現生する捕食寄生者の多くは、宿主――樹皮の下に隠れていたり、果実の奥深くに潜っていたりする昆虫の幼虫など――を見つけると、産卵管を挿入してその不運な幼虫に命中させ、産卵するという能力に非常に長けている。

捕食寄生する種の多くは、好ましい宿主がいることを示す化学感覚的手がかりや視覚的手がかりの習得に熟達しており、なかには空間学習能力を発揮する種もある。それは、同じ宿主に複数回産卵してしまうのを避けるため、そして、宿主が見つかりやすい場所に移動するためだ。実際、空間学習による驚くべき妙技を見せてくれるのが、捕食寄生性のカリバチ類である。たとえば、ヒメバチ科に属するカリバチ、ヒポソテル・ホルティコラのメスは、自分の周囲で、産卵に適したチョウ宿主の卵がある場所を監視し続ける。カリバチが宿主に卵を産みつけるのは、その宿主が孵化する直前でなくてはならないので、カリバチは標的を見つけてもすぐには産卵せずに、宿主にする卵のある場所を記憶しておいて、数週間にわたって時折戻ってきては状況をモニターし、ぴったり正確な時期に産卵しにやって来るのである。[4] これは、将来のチャンスをうかがうとか、計画を立てるとかいった行為の単純な形だが、それがもうほとんど遺伝子に組み込まれているのだろう。

第2章で視覚の進化について展開したのと同じ論理（ロジック）を用いて、太古のジュラ紀の（ハナバチの祖先を含めた）膜翅目の脳の構造を再現することができる。つまり、現存する動物の脳を調べ、生物の形質は一般に、変化するよりも維持される可能性が高いという単純な論理を用いることによって、その動物の祖先の脳を推測することができるのだ。そのような分析方法を用いて、ウェストバージニア大学のサラ・ファリスとスザンヌ・シュールマイスターが、膜翅目の系統では、ジュラ紀の生活様式が植物食から捕食寄生へと変化したのに伴って、脳の構造に重大な変化が現れたことを発見した。捕食寄生する膜翅目（および、その子孫であるハナバチ類）では、植物食の祖先に比べて、「キノコ体」が劇的に大きくなった（加えて、哺乳類の大脳皮質のような「しわ」も増えた）のである。[5] キノコ体とは、感覚統合、学習、および記憶をつかさどる、昆虫の脳の高次中枢である（第9章参照）。新たな生活様式に変わったことで、追加のコンピュータ装置が必要になったのだ。

当然ながら、甲虫の幼虫のような、動き回る宿主に卵を産みつけたままにしておくことには、大きなリスクが伴う。卵が払い除けられてしまうかもしれないし、宿主が、捕食寄生者の卵や幼虫もろとも、キツツキのような捕食者に食われてしまうかもしれない（あるいは、当時であれば、小型恐竜に食われる可能性もある）。そんなわけで、白亜紀の初め頃に（今から1億4000万年前頃までに）、のちのハナバチの祖先となる捕食寄生者に、もうひとつの重大な変化が起きた。卵をかくまい、幼虫を育てるための巣穴を掘るようになったのである。こうした巣穴に、幼虫の食料として十分なだけの生きた獲物を運び込み、その獲物に麻酔をかけた。それは、捕食寄生者の卵が振り落とされないようにするためであると同時に、その食料が何週間も新鮮に保たれるようにするためだった（第4章で述べたとおり、ジャン＝アンリ・ファーブルがこのことを発見した）。

この中心点採餌という新たな戦略が登場するためには、その前提条件として空間記憶が必要だが、この戦略の出現によって、空間記憶の正確さという新たな要求を突きつけられることになった。これから産卵するのにふさわしいチョウの卵の場所を忘れたヒメバチは、また別の卵を探せばいい。しかし、わが子がいる巣の場所を忘れた親バチを、進化は容赦なくふるい落とす。この生活様式では、間違いは許されないのである。

昆虫の空間学習について最初に研究した人物が、ジャン＝アンリ・ファーブルで、彼はジガバチ属のアナバチが直面するさまざまな課題を取り上げた[6]（このハチは、別々の巣を同時に3か所まで世話することがあり、ひと夏の間にはその数が10か所にも及ぶ）。ファーブルは、ミツバチが巣箱を見つけられることには驚かなかった。巣箱は大きくて、ハチのにおいがするし、入口では絶えずハチが飛び回っているからである。ところが、アナバチは、巣穴を小石や砂で隠して、その存在の痕跡を消し去ってしまう（図5・1）。その場所を見つけるには記憶に頼るしかないが、それは容易なことではない。なぜなら、その付近にはたいてい、同種のハチの巣穴が多数あるからだ。ファーブルは、アナバチの学習は一試行学習でなくてはならない点を強調した。アナバチは、夕方に巣穴を掘って、夜を別の場所で過ごし、翌朝、確実に戻ってくる（巣穴は子ども専用であって、親は使わない）。

以前に、植物食から肉食へと生活様式を切り換えたときに起きた脳の変化が、中心点採餌のためによりいっそう正確な空間記憶が求められた際に役立った可能性がある。（この巣を持つということが――ずっと後になって――社会性の進化を促すことになる。）そして何とも興味深いことに、捕食寄生するカリバチの一系統が、再び完全な植物食に戻り、訪花するハナバチになったのである[7]（およそ1億2000万年前、図2・5）。ぜひ知っておく必要があるのは、現在、捕食寄生するカリバチの成虫の多くも、蜜を求めて花を訪れる、ということだ。だとすれば、太古の昔もそうしていただろうし、その際に意図せずして花粉

図 5.1　小石で巣の入口を隠している単独性のアナバチ． ハナバチは，捕食寄生するカリバチから進化したが，そのようなカリバチの典型が，ここに示したようなアナバチだ．ジガバチ属のアナバチは，同時に多数の巣を世話することがある．わが子と食料を守るために小石や砂で巣穴を塞ぎ，場合によってはさらに，入口を塞いでいる砂を小石で突き固めたりもする．その近辺には同種のハチが作った巣が多数あるので，その中からこうした隠れた巣を見つけるには，かなり優れた空間記憶が必要とされる．

を巣に持ち帰ることもあっただろう。そのようなカリバチのなかに、ついに肉食から花粉食に切り換えて（花粉にもタンパク質が非常に豊富に含まれる）、以後ずっと花粉食にとどまったハチがいたに違いない。ドイツ人生物学者のヘルマン・ミュラー（1829〜1883、本章冒頭の引用参照）は、ダーウィンの説を適用して、植物と送粉者の相互作用の進化を解き明かそうとした。彼は、それまでのように幼虫の食料を用意したり巣を作ったりするだけでなく、構造も形態も極めて複雑な花を扱わなければならなくなったことが、ハチの知能の進化をさらに促す要因となったのではないかと示唆している。

カール・フォン・フリッシュとハチのダンス言語の発見

膜翅目の脳の進化における重大な変化は、社会性が進化する前にすでに起きていたことを前のパラグラフで学んだ。キノコ体の発達に伴って起きた行動上の主要な変化といえば、巣を作るようになったこと（したがって空間記憶が必要になったこと）、そして、さまざまな食料源を探知・識別しなくてはならなくなったことだ。このような課題は、現存する何千種もの単独性ハナバチ類にも、数百種の社会性ハナバチ類にも共通するものだ。しかし、社会性の出現によって、さらにそれを上回る行動能力が必要とされるようになり、その進化が促されていった。その中でも特に注目すべきなのがコミュニケーション能力である。社会性ハナバチ類ではさまざまな情報共有の形態が進化したが、ここでは特に、そのひとつであるミツバチの「ダンス言語」に焦点を当てる。なぜかというと、まずひとつには、この記号的コミュニケーションシステムは、昆虫の心を覗くユニークな窓を提供してくれるものであり、そこから、ハチが周囲の空間をどのように知覚しているかを探ることができるからである。そして、もうひとつの理由としては、このダンス言語の進化と環境適応については、相当詳しい研究がなされているからだ。

第二次世界大戦中、カール・フォン・フリッシュは歴史的な事情によってミツバチの応用研究を余儀なくされていたが、大戦末期には、すでに20年前に気づいていたミツバチの奇妙な現象の研究に復帰した。フォン・フリッシュは、豊富な花蜜や花粉を見つけて戻った探索バチが、巣箱内の垂直な巣板の上で、何とも不思議な行動をとることに気づいていた。それはまるで「ダンス」のようだった。帰巣した探索バチが、ある決まったパターンの反復的な動きを数分間ほど続けると、巣箱内の他のハチが熱心にその「ダンサー」の動きに従った。フォン・フリッシュは１９２０年代にすでに、これらのダンスには、食料源となる花に関する情報を伝える機能があるのではないかと考えていた。ダンスには何種類かのパターンがあることにも気づき、あるタイプのダンスは貴重な花粉源を、別のタイプのダンスは有用な蜜源を発見したことを告げているのではと推測していた（しかしそれは間違いだった）。１９４５年、空襲で破壊されたミュンヘン大学からオーストリアに研究拠点を移したあと、彼は何度かひらめきの瞬間を経験する。戦争終結前後の数か月間にフォン・フリッシュは、ミツバチのダンスに、探索バチが見つけた餌場の方向と距離を示す記号が含まれていることを発見したのだった。[8]空間座標系を表現する昆虫の記号的コミュニケーションシステムという、この還暦間近の生物学者がついに成し遂げた発見に対し、やがてノーベル生理学・医学賞が授与されることになる。

このダンス言語の仕組みを簡単に説明しておこう。餌場から蜜を持ち帰ったハチは、まず、体を左右に震わせながら直進する（尻振り走行）。その後、左にぐるりと半円を描いて元の位置に戻ってくると、最初の道筋に沿って再び尻振り走行を行ない、続いて、今度は右にぐるりと半円を描く（図5・2）。このパターンを何度も繰り返していると、巣箱内で仕事に就いていないハチたちが熱心に付き従うようになる。このようなダンスが始まってほどなく、新たにリクルートされた多数の採餌バチが、その情報をもとに餌場へと飛んでいく。

フォン・フリッシュは、巣板の鉛直上方に対する尻振り走行の角度は、太陽の方位角（方向の水平成分、すなわち、仰角（高度）ではなくコンパス方位）と、巣箱から餌場に向かって飛ぶ方向との角度に等しいことを発見した。

たとえば、餌場が太陽の方位にある場合、ダンサーは、鉛直な巣板の真上に向かって尻振り走行する。餌場が太陽の方位よりも45度右方向にある場合、ダンサーは、鉛直な巣板の真上よりも45度右方向に向かって尻振り走行する（図5・2）。また、ターゲットとなる蜜や花粉が豊富な花畑までの距離は、尻振り走行の継続時間として記号化される。つまり、尻振り走行している時間が長いほど、巣箱から餌場までの距離は遠い。

前述のとおり、巣箱内はたいてい暗いので、他のハチはそのダンスを視覚的に捉えることは不可能だが、同じ動きを何度も繰り返すダンサーに追従しながらその動きを感じとることによって、それに込められた暗号を読み取っているに違いない。フォロワーたちは、ダンスに参加しながら、示された位置情報を学び取ってそれを解読したのち、その情報を受け取った場所とはまったく異なる空間にそれを当てはめているに違いない。実世界での空間的位置を伝えるために、このような記号化された情報（表象）を用いる生物は、（ヒトを除いて）他にはいない。

ダンス言語の進化

このような驚くべきコミュニケーションシステムは、どのようにして進化したのだろう？　カール・フォン・フリッシュの助手をしていたマルティン・リンダウアーは、1954年から1955年にかけての半年間、セイロン（現在のスリランカ）に赴いて、家畜化されたセイヨウミツバチに最も近縁な種、つまり、アピス属の他の数種の調査を行なった。[9] リンダウアーは、現生する近縁種を比較することによって、原始ダンス言語——ミツバチの独特なコミュニケーションシステムの起源——を探り当てようとしたのだ。彼が調査した種の中には、

図 5.2　セイヨウミツバチ（*Apis mellifera*）の尻振り 8 の字ダンスと，アジアの近縁種. 鉛直面をなす巣板の上で行なわれる，「真上」に対して 45 度右方向の尻振り走行（A）は，巣の外の太陽の方位に対して 45 度右方向に餌場がある（B）ことを示す．ダンサーの腹部がぼやけて見えるのは，体を左右に震わせているため．C. ダンスを最初に考案したのは，（系統樹の上段 2 つの現生種のように）その巣が木の枝に付着している種だった可能性がある．そのダンスは，ほぼ水平な巣の上面で行なわれる．その場合，重力方向（鉛直方向）を基準にするのではなく，尻振り走行がそのまま餌場の方向を指す．中段の 3 種では，むきだしの巣が，樹木の太い枝や突き出た岩壁に付着しているが，ダンスは（鉛直な）巣板上で，重力方向を基準にして行なわれる．このダンスが，下段の 6 種のような，閉鎖的な空間（樹洞など）に営巣する種のダンスの前適応となった可能性がある．閉鎖的空間では，重力方向を基準に**せざるをえない**．なぜなら，暗闇の巣内では，太陽を手がかりにして方向を知ることはできないからである．

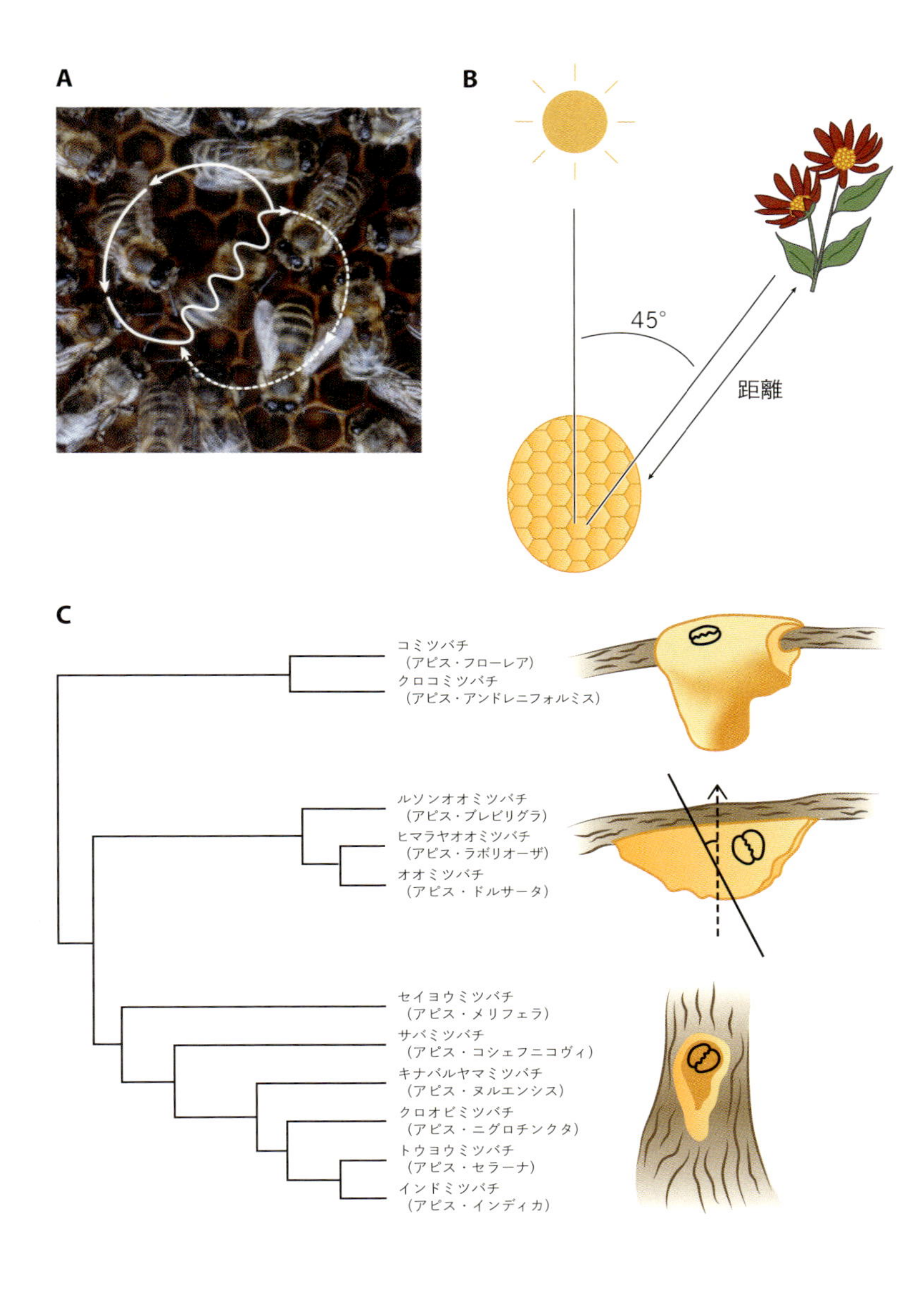
A
B
45°
距離
C
コミツバチ
（アピス・フローレア）
クロコミツバチ
（アピス・アンドレニフォルミス）
ルソンオオミツバチ
（アピス・ブレビリグラ）
ヒマラヤオオミツバチ
（アピス・ラボリオーザ）
オオミツバチ
（アピス・ドルサータ）
セイヨウミツバチ
（アピス・メリフェラ）
サバミツバチ
（アピス・コシェフニコヴィ）
キナバルヤマミツバチ
（アピス・ヌルエンシス）
クロオビミツバチ
（アピス・ニグロチンクタ）
トウヨウミツバチ
（アピス・セラーナ）
インドミツバチ
（アピス・インディカ）

獰猛なアピス・ドルサータや、矮性ミツバチ、アピス・フローレアなどが含まれていた。アピス・ドルサータは、スズメバチほどの大きさの非常に攻撃的なハチで、張り出した崖や木の枝の下に、むきだしの巨大な巣を作る。アピス・フローレアもやはり、樹上のオープンな空間に営巣する。

リンダウアーは、どの種のミツバチもみな、（方向や距離の記号化に若干の「方言」はあるものの）、特徴的な8の字の動きをすることを発見した。どの種でも、餌場の方向は、その時点での太陽の方位との関係で示される。今日、世界に生息するミツバチ全種の共通祖先と最も近縁と考えられている2種（アピス・フローレアとアピス・アンドレニフォルミス）を除くすべての種において、その角度は、（鉛直面上でダンスをするときの）重力方向に対する角度で表現される。[10] オープンな空間に営巣するアピス・フローレアとアピス・アンドレニフォルミスの場合には、ダンサーは水平面でダンスし、重力方向への変換は行なわない。採餌バチは、既知の花畑に飛んでいくときと同様に、太陽の方位との関係でダンスを読み取る。リンダウアーは、これこそがダンスの原型だと考えた。

このダンスは、オープンな空間に営巣するがゆえに、重力方向への変換が無用だったハチの種で出現した、というのは十分に納得のいくシナリオだ。しかし、ダンサーと巣内の補充要員（リクルートされるハチ）との間で起こる緊密な相互作用の起源は、依然として謎のままだった。[11] ダンサーと補充要員は、まず最初に、どうやって連絡をとるようになったのだろう？　オープンな空間に営巣するハチの種において、補充要員がダンサーの動きを目にするうちにそうなったのかもしれない。それでもやはり、謎は残されている。つまり、どちらが先に現れたのか、という問題だ。餌場を見つけたハチが、決まったパターンの動きを繰り返して見せる独特の行動が先なのか、それとも、そこに示された情報を読み取ろうとする補充要員の待機姿勢が先なのか。採餌バチの補充がうまく進むためには、その両方が必要であることは言うまでもない。しかし、少なくとも、このハチは餌場を見つけたのだ、とわかるメッセージがまだ「発明」されていない段階では、そのハチに追従するハチなどいないだろう。また、注意を向けて追従しようとするハチがまだ1匹もいない段階では、餌場を見つけたからといって、ある動きを興奮して繰り返すハチなどいないだろう。(12)

マルティン・リンダウアーはその後、再び熱帯へと赴いた。今度は南アメリカだった。ブラジル人の生物学者、ウォリック・カー（1922〜2018）とチームを組んで、ハリナシハナバチについて調査することにしたのだ。ミツバチの姉妹群〔過去の祖先集団から直接分岐してできた集団同士〕と考えられていたハリナシハナバチについて調べれば、ミツバチのダンス言語のそもそもの始まりについて何かわかるのではないかと考えたのだった。(13)残念ながら、ハリナシハナバチからは、期待する答えは得られなかった。多数いる種のどれにも、ミツバチでダンスと呼ばれているような、決まったパターンの反復的な動きは見られないのである。しかし、餌場から豊富な蜜を持ち帰ると、巣の中を興奮して走り回る種はたしかに多数存在する。もしかすると、こうした動きには、不活発なハチを採餌活動に駆り立てる効果があるのかもしれない。数種のハリナシハナバチは、走り回りながら、胸部の戦闘用の筋肉を使って小さな振動パルスを発生させたりもする。そのなかには、パルス幅が、ミツバチの尻振り走行のように餌場までの距離と関連している種もある。(14)

ハリナシハナバチの採餌要員補充システムには、以上のような共通する特徴に加え、種ごとにはっきりした違いも見られる。臭跡を用いる種もあれば、巣の仲間を直接、餌場に連れていく種もあるようだ。なかには「意図運動」を行なう種もあるらしい。(15)これは、餌場に向かって巣から飛び立つような動作を繰り返すもので、他のハチがこれを、餌場の方向を示す情報として受け取るのかもしれない。オープンな空間に営巣するミツバチの祖先種も、同じような意図運動を行なっており、それが尻振りダンスの方位記号の基礎となった可能性もある。

マルハナバチの行動はダンスの元祖か？

それから数十年後の1990年代後半に、当時、私の研究室の修士課程学生だったアンナ・ドルンハウス（現在アリゾナ大学教授）が、マルハナバチのコミュニケーションについて調査した。マルハナバチは、現在、ハリナシハナバチの姉妹群であることがわかっているが[16]、それまでずっと、餌場情報を伝えるいかなるコミュニケーション手段も持っていないと考えられていた。ところがアンナは、マルハナバチが実は、極めて効率的な採餌要員補充システムをもっていることを発見した[17]。餌場を見つけたハチが、巣の中を不規則なパターンで走り回って（警報フェロモンをまき散らして）、コロニー内の採餌部隊全員の注意を喚起するのだ。ただし、マルハナバチの場合、このコミュニケーションには空間情報がまったく含まれていない。補充要員は、餌場を見つけたハチから高報酬の花の香りを受け取りはするものの、花自体は自分で見つけ出さなくてはならない。

結論として、社会性ハナバチ類（ミツバチ、ハリナシハナバチ、マルハナバチ）の共通祖先は、餌場を見つけると興奮して巣の中で走り回った可能性が高い。しかし、こうした行動は、この3つの集団においてそれぞれ異なる進化の道筋をたどり、極めて多様なコミュニケーションシステムへと進化していった。元祖ミツバチダンスの痕跡をとどめる「行動化石」のようなものは残っていない。ミツバチの祖先はいかにして、ダンス言語という抽象化・記号化されたコミュニケーション形態を一歩ずつ進化させていったのか、それは永遠にわからないだろう。ミツバチの行動とその近縁種の行動とのギャップはあまりにも大きいのである。

なぜミツバチはダンスするのか？

ダンス言語がどうして進化したのか探るもうひとつの方法は、自然の採餌条件下でダンス言語がもたらす適応上の利益を評価することだ。しかし、ダンスしない突然変異ミツバチなどいないので、ダンス言語の情報を攪乱するトリックを用いて、「突然変異」ミツバチを作り出す必要があった。アンナ・ドルンハウスは、博士論文研究の一環として、ミツバチの巣箱〔通常は巣板が垂直に作られる〕の巣板を傾けて水平にし、ミツバチが重力方向を基準として使えないようにする実験を行なった。そのような状況に置かれたアピス・メリフェラは、オープンな空間に営巣する熱帯性の祖先種がおそらくやっていたように、太陽（もしくは実験者が設置した人工光源）を基準として使うだろう。しかし、散乱光しか利用できない場合には、ダンスは方向性を失ってしまい、一度のダンス中にも、尻振り走行が毎回ランダムな方向を指すようになるだろう。補充要員はそれでもダンスに追従するが、方向に関する情報は何も受け取れない。距離情報は受け取れるかもしれないが、しかし、どちらの方向に飛ぶべきかがわからないのでは距離情報はあまり役に立たない。

このような状況を作ったうえで、アンナはヴュルツブルク大学に近い野外実験場で、2つの蜂群（ダンスが方向性を失った蜂群とコミュニケーションが妨害されていない蜂群）の採餌成績を比較した。その結果はどうだったかと言うと、両群に差は認められなかったのだ。これは少々意外だった。ミツバチのダンスは、このうえなく見事な動物間コミュニケーションの例として広く喧伝されており、実際、ノーベル賞級の発見である。にもかかわらず、ハチからそれを奪っても、採餌成績に何の影響もなかったのだ。

おそらく、この実験を実施したバイエルンの農耕地帯では、花資源の空間分布が、ミツバチダンスが進化した自然条件下での分布状況とは違っていたのだろう。アンナは再実験を行なうことにし、今度は実験場として、スペインのエスパダー山地自然保護区を選んだ。手付かずの自然がそのまま残されている、300平方キロメートルを越えるエリアである。ところが何と、そこでも結果は同じだった。ダンサーと補充要員間の情報の流れを妨害しても、コロニーの採餌成績に目に見えるほどの影響は出なかったのだ。

私たちは、この何とも意外な実験結果の執筆に取りかかったのだが、やはり最後にもう一度、もっと別の場所で実験を繰り返す必要があるのではないかと考え直した。セイヨウミツバチ以外のミツバチの種はすべて熱帯アジアに生息しており、その全種がダンス言語をもっている。したがって、このコミュニケーションシステムは熱帯環境のもとで進化したと考えて間違いない。熱帯林では、ミツバチの餌となる花資源の分布が、温帯の生息地とはまるで異なる。温帯では――温帯の自然の花畑を思い浮かべてほしい――花はふつう広い空間に分布しており、したがってハチの餌は密集せず、あちこちに分散している。それに対し、熱帯林では、餌となる花資源の多くが樹木に由来しており、1本の樹木が何千もの花を咲かせるが、開花中の樹木と樹木は1キロメートルくらい離れていたりする。その間にあるのは、緑、緑、緑。人間や草食動物には植物の生い茂る豊かな場所に見えても、花を求めるハチにとっては砂漠でしかない。要するに、熱帯林では、餌となる花資源はたいてい、極めて狭い空間に密集しているのである。

アンナは、実験をもう一度やり直すことにし、その場所を南インドのバンディプール国立公園――かつてマイソール王国のマハラジャの狩猟場だったところ――に設定した。まず最初にぶつかった難題は、餌となる花資源の空間分布を評価して、温帯の生育地よりも本当に密生度が高いかどうかを確認することだった。熱帯林を見たことがある者なら、ひとつの蜂群の採餌範囲（半径が10キロメートルを越えることもある）に近いエリアを、ひとりの人間が確認するのはどう見ても不可能だとわかる。

しかし、ハチ自身のダンス言語を翻訳し、どの餌場が宣伝の価値ありと見なされているかを調べれば、ハチの行動を探ることができるのではないか？　アンナは、ハチの巣箱を花資源を探る「レーダー」として利用して、熱帯環境下のダンスで宣伝される餌場は、温帯生息地の場合と比べてはるかに密集していることを発見した。そして実際に、そのような条件下では、ダンスコミュニケーションを妨げると、採餌成績に非常に大きな差が生じたのだ。採餌に成功する日数が、コミュニケーション機能が十分に保たれている巣箱の7分の1にまで減少したのである。

ということは、空間座標系を正確に表現するコミュニケーションシステムを編み出すよう、ミツバチに働きかける選択圧を生み出したのは、熱帯林における花資源の密生した空間分布だったのだ[18]。ミツバチの一部の種だけが定着している温帯生息地では、ダンスコミュニケーションはもう、熱帯の祖先から受け継いだ進化の名残りにすぎないのかもしれない。しかし、もうひとつの可能性も考えられる。ダンス言語は、分蜂群が新たな住処を探す（第8章で詳述）というまったく異なる行動文脈で進化し、その文脈でこのコミュニケーションシステムが定着すると、花のありかを伝えるのにも使われるようになった、という可能性だ。

ここまで、ハチの知能の進化を促した主な要因は、それに先立つ中心点採餌戦略の進化だったことを学んできた。わが子を養う住まいを持つようになったことにより、正確な空間記憶が必要不可欠になったのである。まだ社会を形成していない単独性ハナバチも、その祖先である捕食寄生カリバチも、自分の巣の場所の正確な空間記憶を必要としたことに変わりはない。昆虫の空間記憶の研究は現在、アリ、ミツバチ、マルハナバチといった社会性種で広く行なわれているが、だからといって、単独性種では空間記憶の重要度が低いというわけではない。次章では、ハチの空間記憶がどれほど複雑かを探るとともに、ミツバチのダンスコミュニケーションから垣間見える、昆虫の空間の心的表象を読み解いていく。

6　空間についての学習

ハチは……眼に映る巣箱の像や、その周辺にあるものの像に導かれて帰路を見つけていることにまったく疑いの余地はない。初飛行に飛び立つハチは、生来の傾向に導かれて自分の巣の位置やその周囲の状況を確認するという限りでは、それを本能と呼ぶことができる。……初めて飛び立ったハチは、くるりと向きを変えて、まずは小さな輪を描き、それからもっと大きな輪を描いて、巣箱の正確な像を捉えようとする。

——ヨハン・ジエルゾン、1900年[1]

ジャン＝アンリ・ファーブルは、さまざまな単独性カリバチやハナバチの種の帰巣実験を行なっている[2]。巣にいるハチを捕らえてペイントでマーキングし、(どこを通ったか見えないよう) 箱に入れたままの状態で、さまざまな方向に4キロメートル先まで運んだ。すると例外なしに、放たれたハチの大多数がちゃんと巣に戻ってきた。場合によっては、翌日戻ってくることもあったが、通常はもっとずっと早く帰巣した。

この実験の報告を読んだチャールズ・ダーウィンは、ファーブルに手紙を書いて、移動中にハチを惑わすさまざまなトリックを使って、ハチが巣を見つける戦略を解き明かしてみてはどうかと持ちかけた。ファーブルはハチにさまざまな実験を試みた。放す場所とは逆方向にいったん移動させる、くるくるとすばやく回転させる、回り道をして運ぶ、丘の向こう側から放す、などである。ところが、そのどれをやってみても、ほとんどのハチがちゃんと巣に戻ってきたのだ。この実験結果を読んだダーウィンは、もしかするとハチは磁気コンパスを利用しているのではないかと考え、ハチの背中に磁針を貼り付けて方向感覚を狂わせてみてはどうかと提案した。ファーブルは、この提案どおりに実験しようとしたのだが、1匹目のハチが必死にもがいて針を外してしまったため（その様子がとても面白く描かれている）、ファーブルは二度とこの実験を試みようとはしなかった。

結局、ダーウィンとファーブルは（後のアルブレヒト・ベーテと同様に——第4章参照）、ハトやハチには、私たち人間にはない、ある特殊な、得体の知れない帰巣感覚が備わっているに違いないということで意見が一致した。不思議なことに、ふたりとも、今日では最も明確な解釈と思われていることは検討しなかった。それはつまり、ハチは巣の周囲の景色を記憶しているので、見馴れた範囲の場所からであれば巣まで飛んで戻って来られるということだ。この後明らかになるが、ハチは自分が飛行する範囲内の空間記憶の豊富なライブラリを構築している。それらをもとに、心的表象のようなもの——認知地図——を形成しているかどうかについては、今もなお議論が続いている。

ハチはランドマークを利用して飛行する

ハチが目印になるもの（ランドマーク）を利用して巣の場所を記憶することを、初めて実験によって証明したのは、アフリカ系アメリカ人の科学者、チャールズ・ターナー（1867〜1923）だった。彼は昆虫の認知機能研究のパイオニアであり、本書のほぼすべての章に彼の研究成果が登場する。アメリカ合衆国で奴隷制度が廃止されてからわずか2年後に生まれたターナーは、25歳で画期的な研究結果を発表し始め、比較的短い生涯の間に70件を越える科学論文を発表した。研究に専念できる大学の教授職に就くことは民族性（エスニシティ）を理由に認めてもらえず、それゆえ、セントルイスにあるアフリカ系アメリカ人の子どもたちの学校の教師として人生の大半を過ごしながら——したがって実験室や図書館も利用できず、研究チームの支援を受けることもなしに——このような業績を残したのだった。[3] 動物にはごく単純な学習能力しかないという考え方が支配的だった時代に、ターナーはさまざまな研究を発表した。その内容は、鳥類や無脊椎動物の脳の解剖学的構造の比較、行動や学習能力の個体差、多種多様な動物の知的問題解決能力等々、多岐にわたっている。残念なことに、ターナーの発見や彼が発展させた概念は、それに見合うだけの評価を得ることができず、やがて、彼の研究成果はほとんど忘れ去られてしまった。

ターナーは、1908年に、あるエレガントな実験でハチの「帰巣感覚」をテストした。巣穴を掘る単独性ハナバチの行動を観察したのだ。その巣の入口のすぐそばに、コカ・コーラの瓶の蓋が捨てられていた。その蓋を、ターナーが掘った人工的な巣穴のすぐそばに移してみたところ、ハチはためらうことなくその巣穴に入っていった。この行動は、ハチが、たとえば巣のにおいをたどるといった本能に導かれたのではなく、ランドマークを記憶していたことをほのめかすものだ。[4] ターナーはその後も研究を重ね、ハナバチやカリバチは、彼が言うところの「記憶画像（メモリー・ピクチャー）」によってナビゲートする、という自らの主張を立証した。ファーブル、ダーウィン、アルブレヒト・ベーテ（第4章参照）といった19世紀の学者たちをひどく困惑させた、膜翅目昆虫の不思議な「帰巣感覚」は、少なくとも部分的には、巣の周囲の景色の記憶を拠り所にしていたのである。

文脈学習

1980年代になると科学者たちは、ハチは単にランドマーク、全景(パノラマ)、飛行の方向と距離(ベクトル)を記憶しているだけでなく、もっと豊かな表象能力を(そしてその情報を伝達する能力も)備えているのではないかと考えるようになった。動物の定位能力研究の第一人者である、イギリス人生物学者トマス・コレットは、当時大学3年だったアルムート・ケルバー(現在は動物の視覚研究を主導している)と協力して、あるエレガントな実験を行ない、ハチが空間記憶を構築する際の文脈学習について調べた。(5)

まず、巣箱から75メートル離れた場所に、間隔を33メートル空けてまったく同じ小屋を設置し、その中に置かれた餌場を訪れるようにミツバチを訓練した。小屋の内部の様子もまったく同じで、どちらにも、青色の円柱2本と黄色の円柱2本が矩形に配置されていた(図6・1)。ただし、一方の小屋では、2本の黄色いランドマークの間に餌が置かれ、もう一方の小屋では、2本の青いランドマークの間に餌が置かれていた。次に、餌を置かずに、ハチがどのような探索行動をとるかを調べると、どちらの小屋に入ったかに応じて——入ったあとの小屋内部の全景はまったく同じでも——黄色い円柱の間、もしくは青い円柱の間を探索した。ということは、ハチは文脈的手がかりをもとに、適切な記憶を引き出したに違いない。この場合の文脈的手がかりとは、小屋に入る前に見た景色、もしくは、自分の飛行行動(どちらの方向に飛んで小屋に入ったかという記憶)である。

それ以来、ミツバチやマルハナバチを対象とした多くの異なる実験パラダイムで、このような文脈学習が確認されてきた。(6) たとえば、マルハナバチは、青色照明と緑色照明のいずれのもとで提示されたかに応じて、黄色の造花と青色の造花のどちらかを訪れるように学習することができる。(7) コレットとケルバーの実験の重要な特徴は、文脈的手がかりは記憶からしか得られなかったこと、つまり、実際に選択する場面

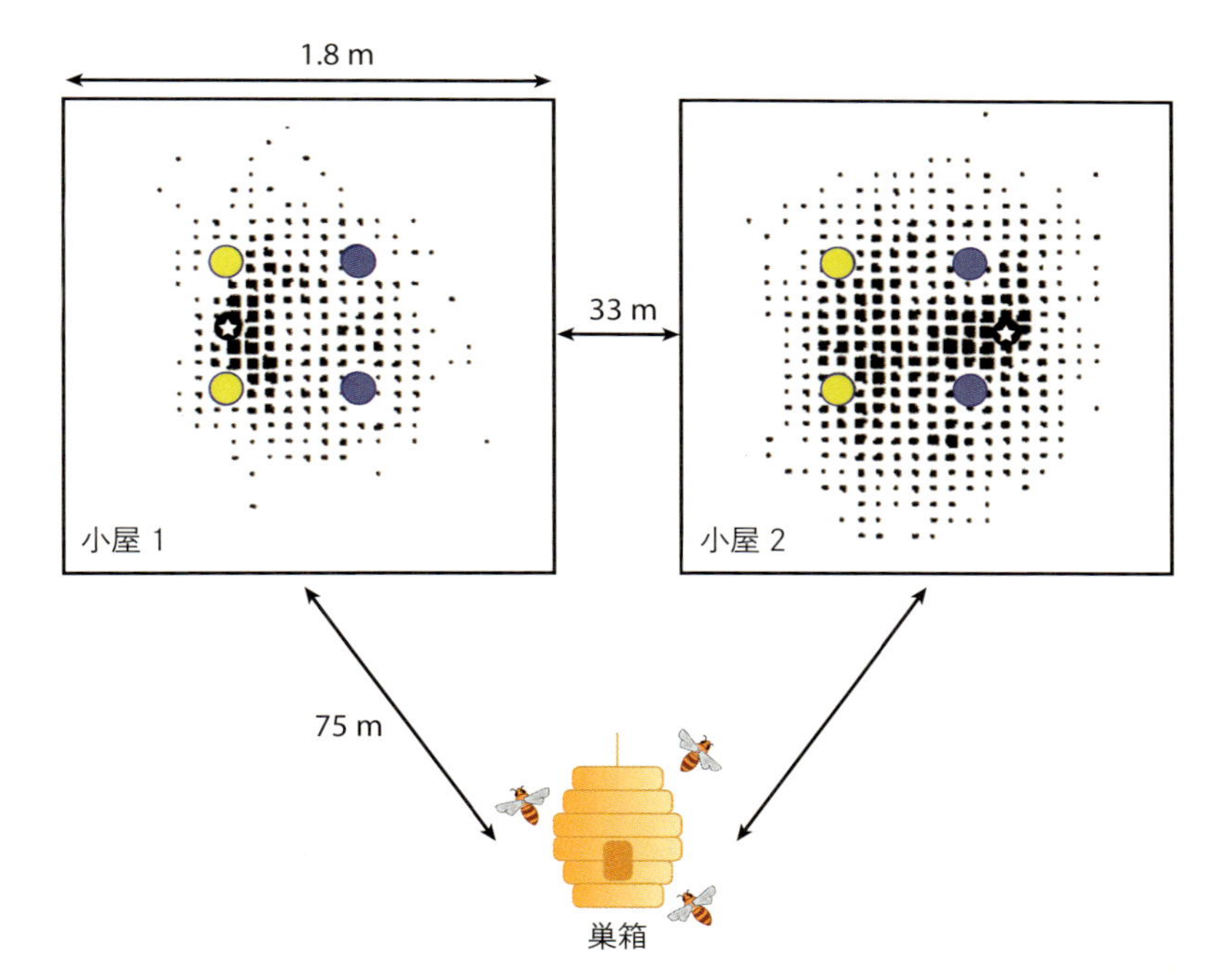

図 6.1　ミツバチの文脈学習. ミツバチは，ランドマークとなる 4 本の円柱が中に立っている全く同じ 2 つの小屋を訪問することを学習した（図は原寸に比例していない）．一方の小屋では，2 本の青い円柱の間に報酬が置かれ，もう一方の小屋では，2 本の黄色い円柱の間に置かれていた（報酬の位置はアスタリスクで示してある）．報酬を撤去してテストを行なったところ，小屋の内部には，どちらの小屋かがわかる手がかりはなかったにもかかわらず，ハチは，報酬が置かれているはずのエリアを重点的に探した（ハチが探した場所を黒い点の密度と大きさで示してある）．ということは，ハチは小屋に入る前の近時記憶に基づいて，探す場所を決めたのである．

で直接には得られなかったことだ。したがってハチは、ひとつの記憶（小屋に入る前に見た景色や自分のとった行動の記憶）を利用しながら、もうひとつの記憶（小屋内の黄色い柱と青い柱のどちらの間にとまるべきか）にアクセスする必要があった。

ハチの心に認知地図はあるか？

ハチの文脈学習に関する実験が行なわれていたのとほぼ同じ頃、プリンストン大学の生物学者、ジェームズ・グールドが、ハチの心の中では空間記憶のさらに高度な表象が形成されているのではないか、との考えを示した。[8] もしかするとハチは、馴染みの空間の心的表象——つまり「認知地図」——を構築しているのではないか、ハチはそれを「思い浮かべる」ことができ、その地図をもとに、ルートを記憶しているだけでは為し得ない空間操作ができるのではないか、というのだ。

マルティン・リンダウアーの研究成果には、ハチが空間記憶のライブラリにかなり柔軟にアクセスできることを示す事例証拠が含まれていた。彼は、空間的位置を知っている何匹かのハチが、正確な位置を示しながら夜間にダンスするのを観察している。[9] つまり、その時点では地平線の彼方にある（見えない）太陽の位置を、ハチが正確に推定していたということだ。しかし、それより何より、こうした観察結果は、ハチは外的刺激がなくても自発的に空間記憶を引き出せることをほのめかしている。これは、入力刺激や内部誘因がない限り記憶は引き出されない、という従来の考え方とは大きな開きがある。（入力刺激とは、たとえば「黄色い花を見るとその報酬を思い出す」など。内部誘因とは、たとえば「蜜胃がいっぱいになると帰巣経路のランドマークを思い出そうとする」など。）

しかし、グールドは、ハチが空間の心的表象を操作する柔軟性について、さらに踏み込んだ見解を示した。つまり、ダンスに追従するハチ（フォロワー）は、伝達された空間内の位置を、自分の心の地図上で「チェック」し、それが妥当かどうかを評価できるのではないかと考えたのだ。たとえば、ダンサーが湖に浮かぶ船上の餌場から戻ってきた場合、フォロワーは自分の心の地図を調べて、示された場所には報酬がないかもしれないと判断し、ダンスを無視するのではないかというのだ。[10] 素晴らしい仮説ではあるが、その後、対照実験を行なってもこの仮説は立証されなかった。

グールドはまた、ハチは、馴染みの餌場と餌場とをつなぐ、まだ通ったことのない新たな近道を見つけられること、そして、それを可能にしているのは心の地図であって、たとえば、単に遠くから目的地を見つけるわけではないことを示す研究（図6・2）も発表した。当時、これらは革新的な主張だった。昆虫の学習といえば、花の色と報酬を結びつけて覚えるような連合学習にとどまると考えられていた。昆虫がまさか、自分を取り巻く世界の内的表象に自由自在にアクセスでき、それをもとに新たな空間ソリューションを生み出せるなどと考える者はほとんどいなかった。

当時、私の修士課程研究の指導者だったランドルフ・メンツェルも、懐疑論者のひとりだった。1989年の夏、彼はジム・グールドの説の真偽を問うべく、修士課程と博士課程の学生全員を引き連れてベルリンを出発し、西ドイツの小さな町にある親戚の家へと向かった。私たちは小さな観察用巣箱を持参したが、2000匹ほどのミツバチワーカーには個体識別番号を記したタグが付けてあった。実験計画はシンプルなものだった。まず、巣箱から500メートルほど離れた餌場Aまで飛行するように、ハチを訓練する。次に、その餌場を、一度に数メートルずつ、巣箱を中心にして弧を描くようにずらしていき、2日間かけて第二の地点Bまで移動させる。

訓練を終えたところで、こんな問いを立てた。餌場はB地点にあることを知っているハチを巣箱から飛

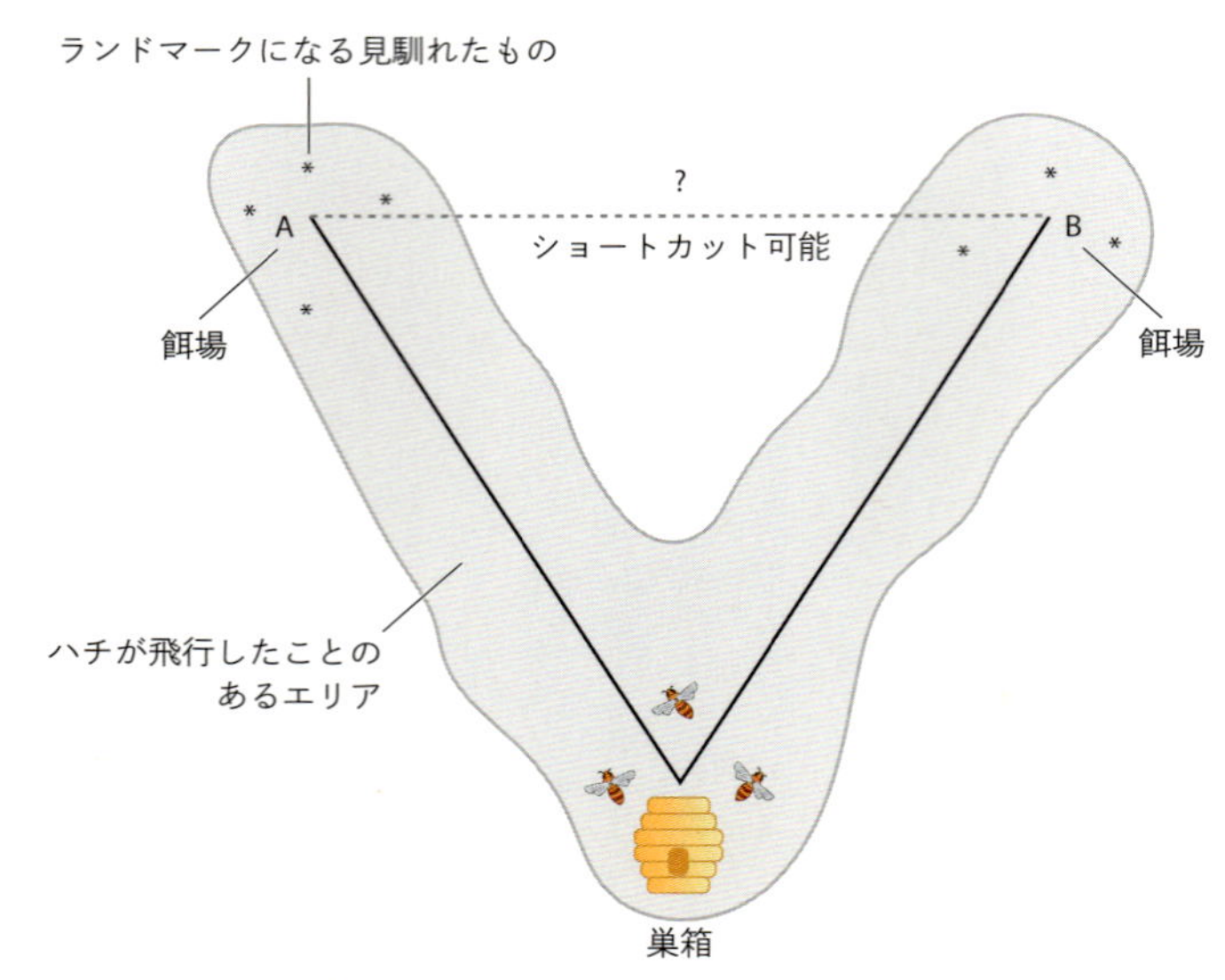

図 6.2　ハチの心に認知地図はあるか？　認知地図をもっていれば，その動物は，目印（ランドマーク）や経路（ルート）を記憶するだけでなく，その記憶をもとに，馴染みの場所の間を近道（ショートカット）するといった，新たな空間ソリューションを生み出すことができる．たとえば，ハチにはすでに，巣箱から A 地点まで飛んだ経験と，巣箱から B 地点まで飛んだ経験があったとする．単純なルート記憶しかないのであれば，A 地点から B 地点まで行くためには巣箱を経由するしかないが，認知地図を利用すれば，A 地点から B 地点までショートカットして飛べるはずだ．

び立ったらすぐに捕獲し、暗い容器に入れてA地点まで移動させ、そこから解き放ったとしたら、そのハチはB地点に向かってショートカットで飛べるだろうか？　ハチには番号タグが付けてあったので、A、B、およびその間の全地点を訪ねたすべての個体を識別することができた。ハチは訓練の間にエリア全体を飛んでいるが、探索したのは巣箱を起点とする扇型のエリア内に限られる。ハチはA地点からB地点までダイレクトに飛んだ経験はなかったはずだが、認知地図があれば、もしかしたらそのように飛べるかもしれない。

ところが結果はどうだったか

と言うと、ハチは解き放たれるなり、巣箱からの移動がなければ向かうはずだった方向に飛び立った。ハチが認知地図をもっていたとしても、この場面では利用しなかったのだ。この実験をはじめ、世界各地で実施されたいくつかの同様の実験によって、ハチの認知地図の問題には決着が付いたように思われた。(11)

この研究は、私が著者として名前を連ねた最初の科学論文となり、何やら釈然としないものを感じたのを覚えている。それにはいくつか理由があった。まずひとつには、動物の認知能力テストで否定的な結果が出たからといって、必ずしも、その動物にその課題を解決する能力がないというわけではない。人間がよくやってしまうナビゲーションエラーがそのよい例だ。行きつけのスーパーマーケットで、それまで店の奥にあった野菜の陳列棚が、ある時、入口を入ってすぐ右側の場所に移されたことがある。野菜を買いたくて店に入った私は、いつものようにどんどん店の奥まで歩いていってから、もうそこには野菜がないことに気づいた。私はただ、周囲の状況に注意を払わずに、いつもどおりの方向と距離（ベクトル）を突き進んだにすぎない。そのようなエラーをしたからといって、私にはいつもと違う場所で見馴れたものを見つける能力がない、というわけではない。それと同じ理屈で、ハチもまず意図した方角に飛び立ち、記憶した距離を飛行し終える間際になってランドマークを見つけたのかもしれない。しかし、混乱のもとになっている事柄がもうひとつあった。これらのテストに使用された景色は、（世界中で行なわれた類似の実験に用いられた景色もそうだが）、あまりにもいろいろなものがあって雑然としているのだ。そのような状況では、ハチが実際にどの局所特徴を利用したかを判断するのはまったく不可能だった。

ハチのナビゲーション実験用のランドスケープをつくる

実験するのであれば、1920年代のエルンスト・ヴォルフの手法（第3章参照）に立ち返り、局所特徴のない景色を用いる必要があるのではないか。しかし、ベルリン周辺でどこを探せばそのような場所があるのだろう（ベルリン滞在中、私はすでに博士課程に進んでいた）。1990年には、たびたび列車でハンブルクまで通っていたのだが、その途中でいつも、同年10月に東西ドイツ統一に至る直前のドイツ民主共和国（GDR）を通過した。GDRでは、社会主義体制下の土地改革によって、それまで多数あった小規模農地が集団化されて巨大な「農業生産協同組合」（LPG）になっており、列車の窓の外には、集団化の結果として生まれた平坦で特徴のない農場が見渡す限り広がっていた。ハチのテストには打ってつけの場所ではないか！

次に必要となるのは、何かランドマークとなる大きな人工物である。実験操作上、設置位置を自由に変えられて、すばやく移動できるものでないといけない。博士課程仲間のカール・ガイガーと酒を飲んで議論しながら、安定性の点で理想的なのは三脚で、それに布を張ったテントのようなものならば、すばやく畳んで運べるだろうということで落ち着いた。このプロジェクトにはこれといった資金援助が一切なかったので、いろいろと工夫が必要だった。つい最近まで社会主義パレード用の横断幕を製作していた東ドイツの企業に相談を持ちかけたところ、大した売上げにはならないのに、新たな顧客が見つかったと喜んで引き受けてくれた。指導教授の奥様、メヒティルト・メンツェルが親切にも、布を縫い合わせて四面体のピラミッド型にしてくれたので、長さ4メートルのアルミニウムのポール3本をその布で覆った（図6・3）。こうして、巨大な可動式の目印（高さおよそ3・5メートル）が出来上がり、ついに、ランドマークがハチのナビゲーションに及ぼす影響を、現実に近い、大規模かつ統制された条件下でテストすることが可能になった。

最後に、私たちにどうしても必要なのは、目印を移動させたり、ハチを数えたり捕まえたりしてくれるマンパワーだった。好奇心旺盛なベルリン自由大学の大学生たちや、私の母や弟が手伝いに来てくれた。私はひいひとり残らず皆さんにお願いした。（当時）82歳だった祖母にもだ。祖母には、遠慮しとくわと言われ、いろいろ話し合った末にようやく私は諦めた。1991年から1993年にかけての夏場に2週間ずつ、意気盛んな科学者の卵やその友人と親類縁者から成る混成チームが、実験場から5キロほど離れたスポーツ競技場の宿舎に泊まり込んで、（地元当局者の話では）GDRの刑務所が廃棄処分したという二段ベッドで眠った。宿泊料金は一泊ひとりあたり1ドイツマルク（0・5ユーロ）。東ドイツが、西ドイツの辣腕実業家の配下に置かれる前、宿泊料金はかなり手頃だったのだ。

図6.3　ハチの計数能力とナビゲーション能力を調べる実験に用いた人工的なランドマーク．目印となる高さ3.5メートルのテントを移動させて，ハチは数を数えられるかどうか，方向と距離を推定するのに目印を用いるかどうかを調べた．餌箱に向かう途中に，訓練時よりも多くの目印が置かれていると，ハチは早めに着地したが，目印の数が少ないと，もっと遠くまで飛行した．

私たちの第一の関心は、太陽コンパスに加えて、ランドマークがどのくらい方向探知に使われるのかということだった。そこで、正四面体のテントを縦一列に四つ、それぞれ巣箱から75、150、225、300メートル離れた位置に設置した（図6・3）。そして、三番目と四番目の目印の間にある餌場を訪れるように、ミツバチを訓練した。その後、目印の列全体の角度を少しずつずらして、学習したコンパス方位とランドマークとの食い違いを徐々に大きくしていった。するとどうなったかと言うと、訓練で習得したコンパス方位と、目印が示す方位との食い違いが大きくなるほど、ハチはずらされた目印を「信用」しなくなり、食い違いが30度になると、太陽コンパスが利用できる場合には目印をまったく無視するようになった。[12] 空一面が厚い雲に覆われ、太陽も天空の偏光パターンも利用できない場合には、目印に従うハチが多くなった。しかしそれでもやはり、目印が示す方位が学習した方位とは著しく異なると、目印を無視するようになった。その場合、ハチは磁気コンパスを用いた可能性がある。

明らかに、晴天であっても曇天であっても、ハチは学習したベクトル（「南に向かって187・5メートル」）に従い、目印は、針路の微調整のためにしか使わなかった。餌箱の独自の目印（色の異なる3つのテント）と、学習した距離との間に、食い違いを生じさせた場合にも、同様の関係が認められた。目印がひどく「針路から逸れて」いる場合、ハチはその目印をほとんど無視したが、記憶している位置に近い場合には、それを信用した。要するに、既知の目的地に向かって飛ぶという「任務を負って」いるハチは、習得した飛行ベクトルを主たる指針とし、目印のほうは、針路を微調整するための補助システムとして利用するのだ。これは、風を受けて針路から逸れたときに起こるような、ナビゲーション中のエラーを修正するのに有効だ。

まったく同じ目印を4つ並べた配置は、ハチは目印の数を数えられるのか、という問いの解明にも役立った。訓練中にハチは、巣箱と餌箱の間にある目印3つを通り過ぎながら飛行していた。もし、記憶している距離と目印の数との間に矛盾が生じたら、どうなるだろう？ たとえば、餌箱に向かって記憶したとおりの距離を飛びきらないうちに、目印が4つも5つも現れたら、ハチはどうするだろうか？ 訓練中の飛行ベクトルの記憶が強く残っている間に、いつもの方向に飛んでいて現れる目印の数が増えると、ハチは早めに着地する傾向があることがわかった。逆に、巣箱といつもの餌箱の間にある目印の数を3つから2つに減らしたところ、多くのハチが、訓練で記憶した距離を越えて、三番目の目印の後で着地した[13]（餌箱は二番目と三番目の目印の間にあるのだが)。1990年代半ばにこの研究結果を発表した時点では、多くの学者が昆虫の計数能力に懐疑的だったが、それ以降、ミツバチや他種のハナバチを対象にした別の実験パラダイムでも、こうした能力を示す実験結果が再現されている[14]。

興味深いことに、昆虫は、ヒトとは異なる方略で数を数えている可能性がある。私たちが少数の物の個数をひと目で把握できるのは、「サビタイジング」という方略を用いているからだ。たとえば、サイコロを振ったとき、1から6のうちのどの目が出たかが瞬間的にわかる。それに対し、ハチの場合には、ヒトが対象物を順に指差しするようなやり方で、ひとつずつ順に「数え上げて」いく必要があるようだ[15](図6・4)。さらに訓練すれば、並列処理によって、少ない個数をもっとすばやく数えることができるようになるのかどうかは、まだわかっていない。

最近の研究で、ハチは極めて高い計数能力をもっている可能性が示唆されており、さらにハチは足し算や引き算ができ、ゼロの概念も理解できるといった主張もなされている。しかし、動物の計数能力に関する他の多くの研究と同様に、現時点ではまだ、ハチがこうした課題を解決するのに、数を用いたのか、それとも何か別の手がかりを用いたのかは、完全には明らかにされていない。なぜかというと、数刺激が他の非数値的手がかりと関連し合っている場合が多いからである。たとえば、加算アイテムに覆われている面積、輪郭線の長さ(加算アイテムの周囲長の合計)、その「凸包」(それらすべてを包含する最小の凸多角形)などだ。実験デザインを工夫して、こうした別の説明可能性をすべて周到に排除していく必要がある。

ハチの経路統合

「経路統合」は「推測航法」とも呼ばれている。経路統合の能力があれば、その動物の行動圏内ならどの地点からでも、まっすぐに帰巣することができる。その地点からは巣が見えなくても、あちこちぐるぐる探索しながらそこにたどり着いた場合でも、まっすぐに帰巣できる。しかしそのためには、回転した角度や移動した距離を統合することによって、巣に対する自分の位置を絶えず更新していく必要がある（心のゴムバンドで自分と巣をつないでおくような感じ）。経路統合の研究は、ずっと以前から砂漠のアリで行なわれてきた。特に、リュディガー・ヴェーナー（第3章参照）やトマス・コレット（前節の「文脈学習」参照）らの研究が有名だ。[16] 砂漠は、こうした課題を試すのに恰好の自然の実験場だ。なぜなら、視覚的なランドマークのまったくない地形が用意されているからである。

1990年代まで、ハチが経路統合を用いることを示す証拠は、間接証拠しかなかった。それは、カール・フォン・フリッシュの研究から得られたものだ。彼は、三角状になった山の急斜面を迂回して巣箱と餌場の間を行き来するようにハチを訓練した（ハチは、山頂を越えて餌場に向かうことはしなかった）。すると、餌場から戻ったハチは、回り道をして飛んできたにもかかわらず、そのダンスでは、山を横切ってきたかのように、崖の向こう側の餌場に向かって一直線に飛ぶルートを示していたのである。[17] どうやらハチは、推測航法を用いる砂漠アリと同じく、個々の区間で飛んだ方向と距離をもとに、餌場までの直接ルートを計算したようだ。しかし、経路統合を示す直接証拠はまだ得られていなかった。

1994年、私はアリゾナ州ツーソンにいる友人のヤン・クンツェ（1968～2021）を訪ねた。当時、彼はそこで修士論文に向けた実験を行なっていた。ツーソンから東に向かって2時間車を走らせる間、車窓の外には、ウィルコックスプラヤという、コチセ郡の砂漠地帯のひたすら単調で平坦な風景が延々と続いていた。ヤンとはすでに、ドイツ北東部で行なった前述の「テント実験」で研究を共にしたことがあり、砂漠のアリに関するヴェーナーやコレットの研究に触発された私たちは、この砂漠でミツバチ

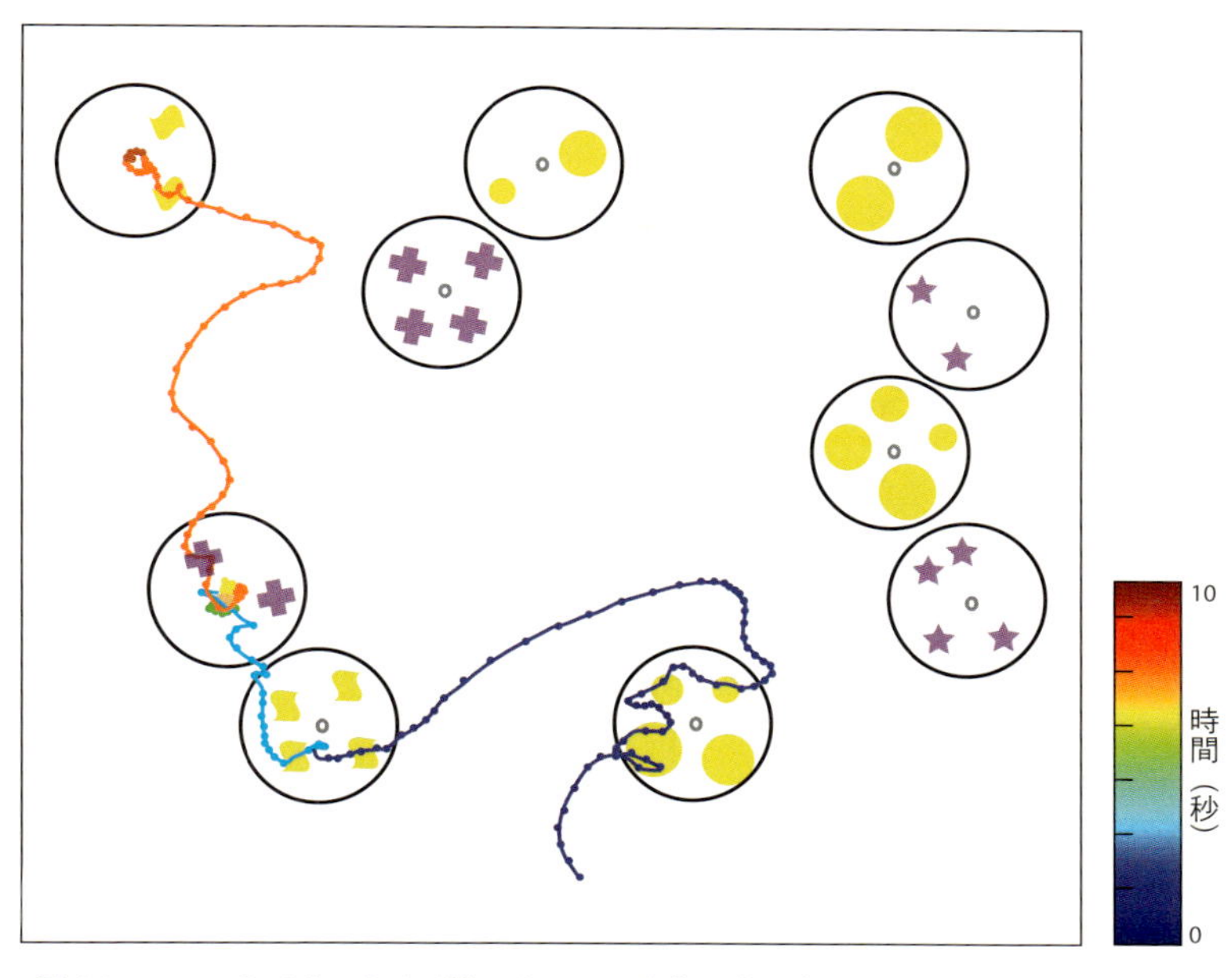

図 6.4　マルハナバチによる可算アイテムの系列タギング． アイテムが 2 個の刺激を選び，4 個の刺激を避けるように訓練されたハチの飛行経路．スキャンして回るハチの行動の最初の 10 秒間を示した．飛行経路がわかるように色分けし，序盤を紫色で，終盤を赤色で示してある．ハチは，アイテムが 4 個含まれる場所を順次調べたが，そのどちらでも，アイテムを 3 個スキャンした時点でそこを離れた．ハチはいったん，（黄色以外のアイテムで報酬を受けたことがないにもかかわらず）紫色の × 印 2 個という，個数の正しい場所を選ぶが，最終的に，黄色の点が 2 個含まれる別の場所を選択する．飛行経路の点の間隔は 33 ミリ秒．

の経路統合実験をやってみることにしたのだ。ミツバチの巣箱と車は、ツーソンのUSDA（アメリカ合衆国農務省）に勤めている友人から借りた。草も木も生えていない、ひたすら単調なこの大地を飛んだことのあるミツバチなどいないはずなのだが、驚いたことに、ハチたちは見事に対応し、巣箱と私たちが設置した餌場の間を巧みに行き来した。(18)

その当時は、ハチの飛行経路を追跡するテクノロジーなど存在しておらず、経路統合は地上を歩く動物でしか研究されていなかった。こうした動物は、採餌行動の全行程を観察しやすいからだ。一方、ハチの研究でできることといえば、いつどこで着地したか、どちらの「方角に消えていったか」を記録することだけだった。それは、ハトの帰巣の研究から借用したテクニックだった。飛び立った地点から、できる限り長い間、ハトを観察し、視界から消えた瞬間にそのコンパス方位を記録する、というものだ。

私たちはまず、巣箱の175メートル北の、ランドマーク（他に何もないのでUSDAの車）のすぐそばの餌場まで飛ぶようにハチを訓練した（図6・5のB）。訓練終了後、いつもの場所から餌箱を撤去し、（巣箱から見て、距離は変えずに方角だけ）左側に30度ずらした位置に、新たな餌箱を設置した（図6・5のD）。ハチたちは初めのうち、以前に餌箱があったあたりを探していたが、やがて、何匹かが新たな餌箱の場所を発見した。初めてこの場所にやってきた採餌バチが、満腹になって帰ろうとするとき、どの方角に消えていったかを記録した。ハチはこの新たな餌箱を目指してまっすぐに飛んできたわけではなく、また、巣箱はハチには見えないほど遠くにあるにもかかわらず、ハチはこの新たな場所から巣箱の方角に向かって一直線に飛んでいった（図のD）。このように、ハチはアリと同様に、巣の方角を教えてくれるランドマークがない場合でも、経路統合を用いて、新たな餌場から巣までまっすぐに戻ってくる。おそらく、移動距離の情報（前方に飛行中に網膜上を流れた眼下の風景、すなわち「オプティカルフロー」で測定

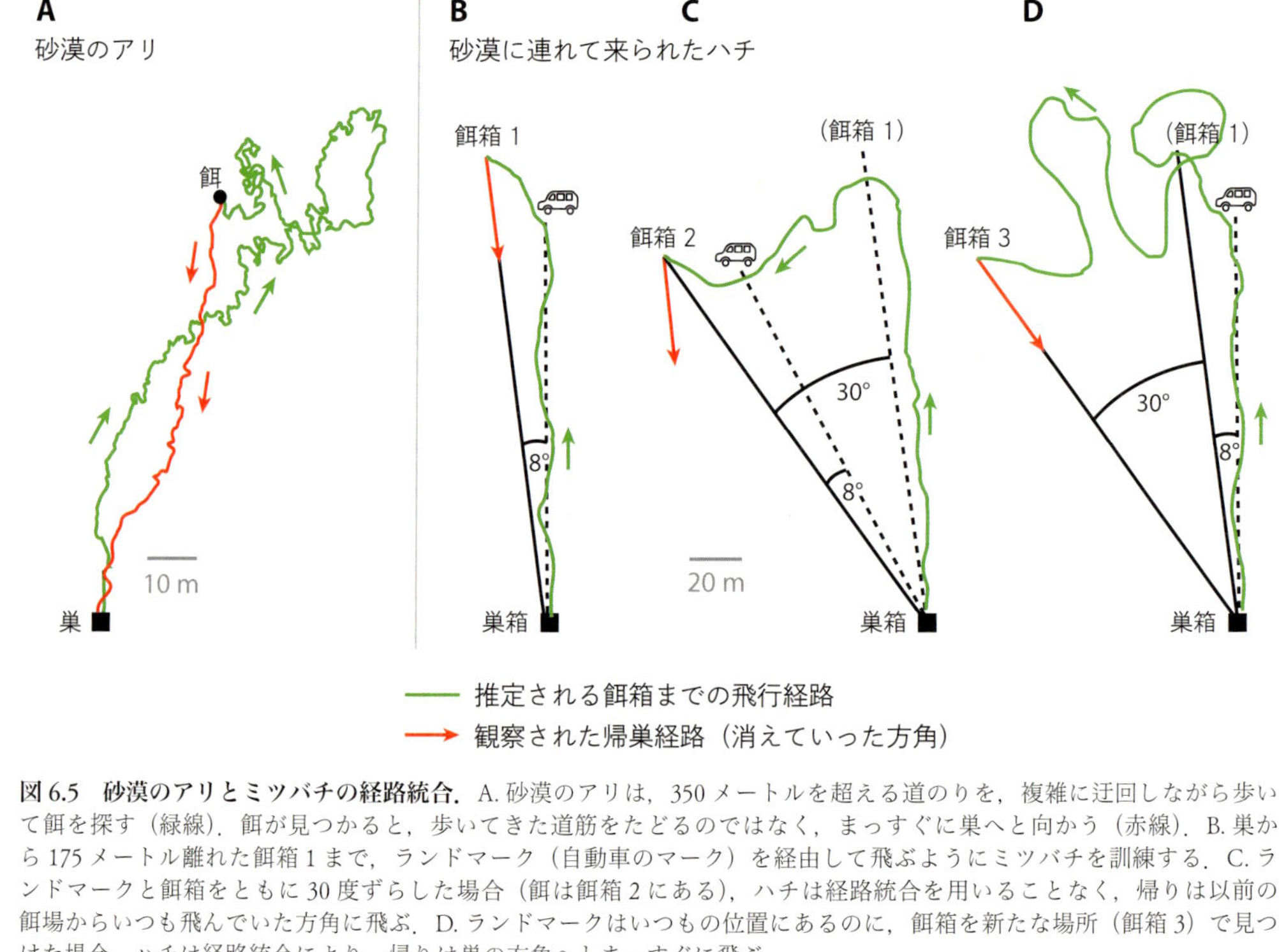

図 6.5　砂漠のアリとミツバチの経路統合． A. 砂漠のアリは，350 メートルを超える道のりを，複雑に迂回しながら歩いて餌を探す（緑線）．餌が見つかると，歩いてきた道筋をたどるのではなく，まっすぐに巣へと向かう（赤線）．B. 巣から 175 メートル離れた餌箱 1 まで，ランドマーク（自動車のマーク）を経由して飛ぶようにミツバチを訓練する．C. ランドマークと餌箱をともに 30 度ずらした場合（餌は餌箱 2 にある），ハチは経路統合を用いることなく，帰りは以前の餌場からいつも飛んでいた方角に飛ぶ．D. ランドマークはいつもの位置にあるのに，餌箱を新たな場所（餌箱 3）で見つけた場合，ハチは経路統合により，帰りは巣の方角へとまっすぐに飛ぶ．

する）と回転角度の情報（太陽コンパスで測定する）を統合するのだと思われる。[19]

興味深いことに、ハチはむやみに経路統合の結果に従うのではなく、理に適っている場合に限ってこれを利用した。ランドマークも餌箱と一緒に、訓練中の位置から左側に30度ずらした場合、ハチは、餌箱の移動などなかったかのように、以前の餌場からいつも飛んでいた方角へと飛び立った（図6・5のC）。このように、餌箱がランドマークとの位置関係で予想どおりの場所にあった場合、ハチはどうやら、遠回りしてたどり着いたのは自分のナビゲーションエラーのせい（あるいは風に飛ばされたせい）だと考えるらしく、経路統合を無視して、移動後の餌箱からもいつもの帰巣ベクトルで飛行した。

ハチのような飛翔性昆虫は、アリのような歩行性昆虫に比べて、経路統合を用いるにあたって、より柔軟な対応力が必要とされるのは当然だろう。ともかくも常に地面と接触している動物は、どちらの方角にどれだけ移動したかを完全に自分が把握している。しかし飛翔性動物の場合にはそうはいかない。風の影響を受けて移動してしまうからだ。それゆえ、自分がどれだけ移動したかを見積もった値よりも、見馴れたランドマークの位置のほうが、正しい帰巣方向の指標として信頼できるのだ。興味深いことに、ハチの経路統合には視覚系の感覚入力が欠かせないようだ。真っ暗闇を餌場に向かって歩いていくハチは、移動距離と方角を正確に測定することができる（内受容感覚に基づく自己手がかりを用いている可能性が高い）が、経路統合によって、新たに見つけた餌場からの正しい帰巣方向を見つけることはできないのである。[20]

近年、経路統合の基礎をなす神経メカニズムが詳しく研究されてきた。昆虫の脳のいわゆる中心複合体には、コンパスニューロン（太陽の位置や偏光状態に基づいて飛行方向を分析する）や、速度符合化ニューロン（オプティカルフローに基づいて飛行距離を計測する）が集まっている（第9章参照）。経路統合によるナビゲーションに不可欠な、あらゆる神経回路がこの構造物に含まれているのである。この知見をもとに、視覚系感覚入力から行動出力までを担う全経路をとらえた、簡潔かつ包括的な神経回路網モデルが考案されてきた。[21] こうしたモデルに基づく予測制御が、（車輪付きの）ロボットでテストされ、昆虫のような経路統合能力を発揮することに成功している。しかし、こうしたモデルやロボット工学はいまだ、飛行するハチに見られるような認知的柔軟性を取り込むことはできていない。つまり、ランドマーク情報から判断して、ベクトル積算した結果が間違っている場合に、経路統合のスイッチを選択的に切ることができないのである。

ハチをレーダーで追跡する

私たちが1990年代に行なったハチの遠距離定位実験には（その数十年前から行なわれてきた実験にも）同じ弱点があった。ハチが、ある観察地点から姿を消したあと、別の地点に現れるまで、どのように行動していたかがまったくわからなかったのだ。移動させられたハチは、どの時点で、自分が予想外の場所にいることに気づいて、探索行動を開始したのか？　どのような探索戦略を用いたのか？　探索しながら、どんな特徴を捉えていつもの景色だと判断したのか？　その後はまっすぐに帰巣したのか？　ハチが飛行ルートの途中で「考え直し」て進路を変更することがあるのか？　こうした疑問のいずれにも、まったく答えることができなかった。なぜなら、ハチに装着できるほど軽い送信器がなかったために、ハチの長距離飛行の追跡が不可能だったからである。

ところが、先ほど紹介した、ハチの定位能力の研究が発表された年（1995年）のわずか1年後に、イギリス・ロザムステッド農業試験場の技師と生物学者のチームが、ハーモニックレーダーという画期的な技術を開発したのだ。[22] この技術を使えば、ハチに電池駆動式の送信器を運ばせる必要はなく、ハチの背

図 6.6　昆虫を追跡するためのハーモニックレーダー技術. 上：ハーモニックレーダーの送信機（下の皿）が，トランスポンダー（右図参照）にマイクロ波信号を送る．トランスポンダーが，その信号を，第二次高調波（周波数がもとの 2 倍の高調波）に変換して，受信機（上の皿）に送り返す．右：トランスポンダーを装着しているマルハナバチのワーカー．

中に、トランスポンダーという重さ15ミリグラムの装置を付けるだけでよい。ハチが運搬可能な花蜜の重さよりもはるかに軽い装置だ。（図6・6）

この技術のおかげで、ハチの一生涯の空間的所在を追うことが可能になった。つまり、初めて巣を飛び立つ瞬間から、巣の周囲を探索する初期飛行を経て、花畑を目指して飛行するようになり、やがて数週間後に死を迎えるまで、どこをどう飛んだかを追跡できるようになったのだ。[23] 私たちの関心は、自然環境下において、ハチは一生涯におけるその飛行経歴を、景色や資源の探索と資源の利用とにどう配分しているのかを突き止めることにあった。

マルハナバチやミツバチの初飛行は、例外なくオリエンテーションフライト（記憶飛行）であり、まずは巣または巣箱の近辺を飛行する。その様子を、先駆的なポーランド人の養蜂家、ヨハン・ジエルゾン（1811〜1906）がすでに20世紀初めに描いている（本章冒頭の引用参照）。まず最初にハチは、コロニーの近くを何度か輪を描くように飛ぶ。たいてい入口のほうを向き、しだいに輪を大きくしながら飛んで、巣の外観や近くのランドマークを記憶するのだ。やがて、巣の付近から離れて、もっと遠くの状況まで探索するようになる。たいてい、巣からさまざまな方向に向かって大きな輪を描きながら、数百メートル離れたところまで飛行する。ミツバチの場合、そのような飛行の唯一の役割は空間情報の獲得であり、初回飛行ではまだ、花を訪問することはないようだ。それに対し、マルハナバチの場合には、初回飛行が2時間以上続くこともあり、その飛行で空間探査を行なうだけでなく、初の花探索に乗り出すことも珍しくない。

あるケースでは、マルハナバチのワーカーの採餌飛行を156回追跡することができたが、巣外での採餌キャリアの13日目、通常の採餌飛行中にレーダーから消えてしまった（図6・7）。おそらく昆虫食の鳥かカニグモに食われたのだろう。こうしたハチの「ライフストーリー」を詳しく調べることには大きな意義がある。なぜなら、動物が一生涯にその空間的行動をどのように変えるかという、これまで得られたことのない知見をもたらしてくれるからだ。

1日目、そのハチは周遊飛行を2回だけ行なった。そのうちの1回目は2時間18分続いた――これは、このハチにとって生涯で最も長時間の飛行となった。ハチは何度か輪を描くように飛び、その間にときおり巣の付近に戻っては、中に入ることなく再び離れていった。輪を描きながら、あちこちさまざまな方向へと飛び、巣の北北西にある森の縁（後に関心の的となる）も訪れた。このオリエンテーションフライトによって、巣の南西側を除く、ほぼすべての方角の広いエリアをカバーした。その翌朝、ハチはもう一度、77分間のオリエンテーションフライトを行ない、1日目には探索しなかった、巣の西側と南西側に向かって輪を描くように飛んだ。

4回目の飛行で、ハチは本格的に採餌活動を開始した――花畑を見つけると、それから6日間にわたって数十回、その場所を訪れたのだ。それから数日間、悪天候が続いたが、9日目に採餌活動を再開した。初めのうちは馴染みの花畑を訪れていたが、10日目に、この花畑に向かって飛行している途中で「考えを変え」て、9日前のオリエンテーションフライト中に一度だけ探索したことのある別の場所へと向かった。このハチはその後、13日目に突然姿を消すまでの間、この花畑ばかりを訪問した。

以上が、比較的単純なハチのライフストーリーである。数時間の探索飛行を終えた後の本格的な採餌活動中に、利用した花畑は2か所だけだったようだ。後述するように、すべてのマルハナバチの一生がこれほど単純だとは限らないが（個体差については第10章参照）、それにしても、このハチの行動には空間探索と資源利用の重要な要素が含まれていて、実に示唆に富んでいる。このハチは、最初の採餌場所を放棄したあと、さらなる探査飛行はせずに、9日前の初飛行時に一度だけ訪ねたことのある別の花畑（巣の北北西）に向かってまっすぐ飛んでいったようだが、これもまた興味深い。残念ながら、その飛行中に一時レーダーから消えているので、どんな経路をたどってこの目的地にまで行き着いたのかは定かでない。とはいえ、ハチが、ある目的地に向かう途中で「考えを変え」て、記憶にある別の目的地を選ぶことがあるという点には興味をそそられる。なぜならそれは、動物は複数の馴染みの目的地を「思い描き」、それらをつなぐ新たな近道を導き出せるという、認知地図の考え方とも関連するからである。しかし、ここまでに報告されたような観察データでは、この問いに決定的な答えを下すことはで

図6.7　1匹のマルハナバチを，その処女飛行から最後の採餌飛行まで追跡した記録． すべての図において，緑色の線は初期の飛行ルートを，黄，橙，赤色と変化するにつれて後になってからのルートを示している．上段：このハチの1回目のオリエンテーションフライトは2時間以上続いた．さまざまな方向に何度も輪を描くように飛び，巣の付近にも数回戻ってきている．中段：2日目の最初にもう一度オリエンテーションフライトを行なったあと，採餌に適した花畑を見つけると，数日間にわたってその花畑を訪問し，数十回の採餌飛行を行なった．下段：一時中断後，以前利用していた花畑にいったん戻ったが，その後，別の花畑を訪れるようになり，姿を消すまで，ずっとそこで採餌活動を行なった．

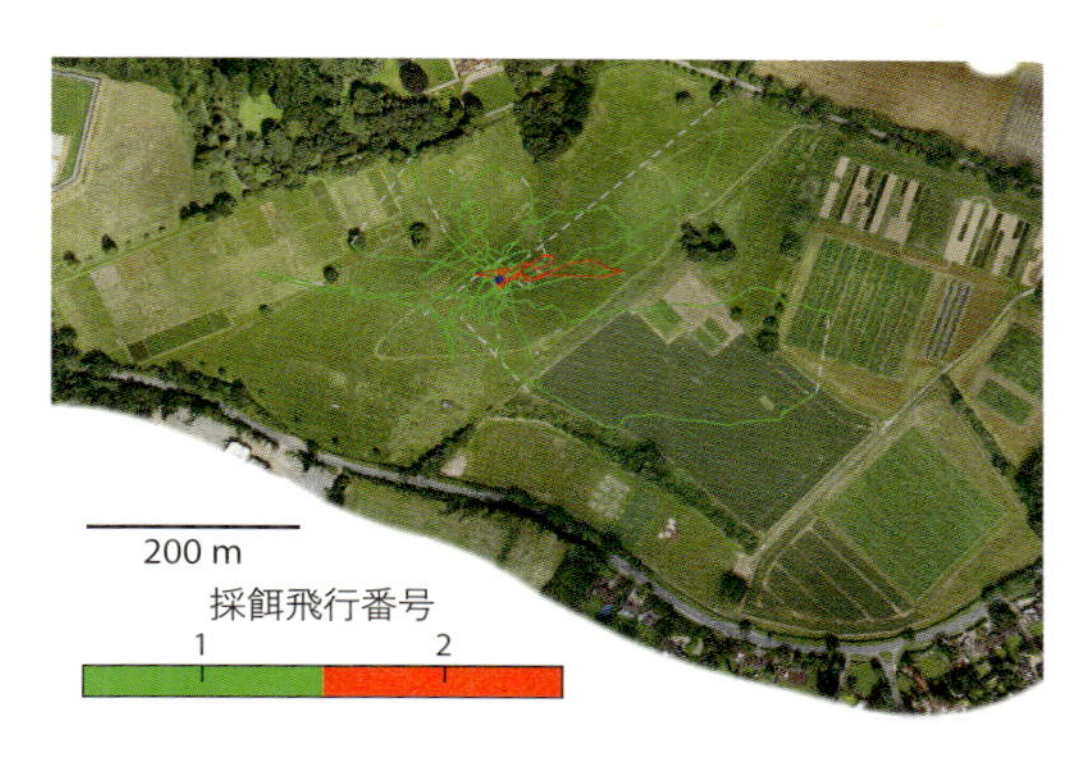
200 m
採餌飛行番号
1
2

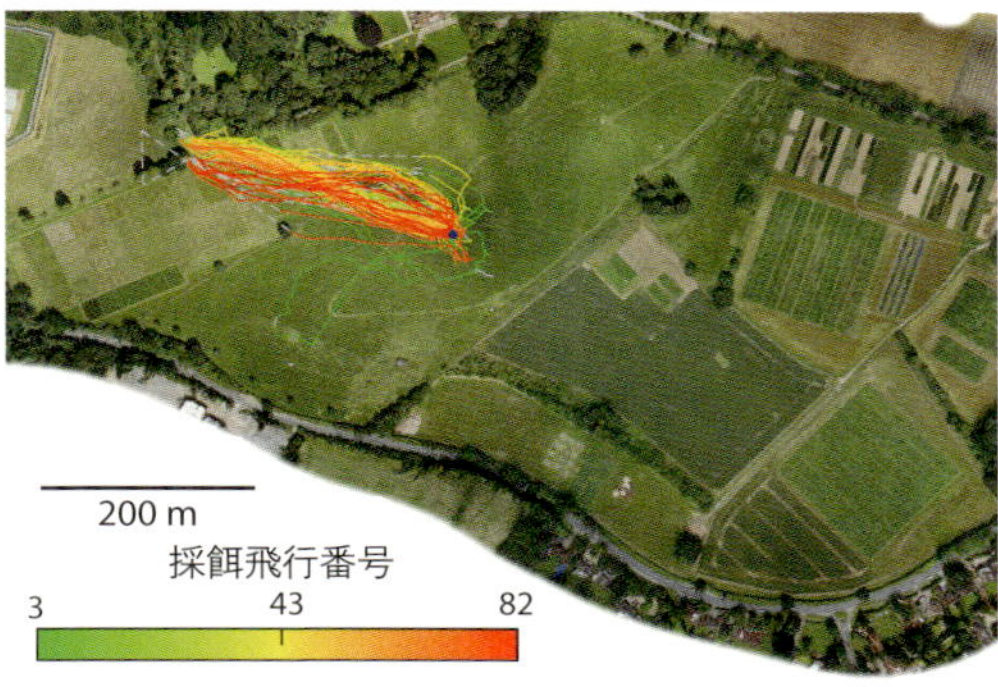
200 m
採餌飛行番号
3
43
82

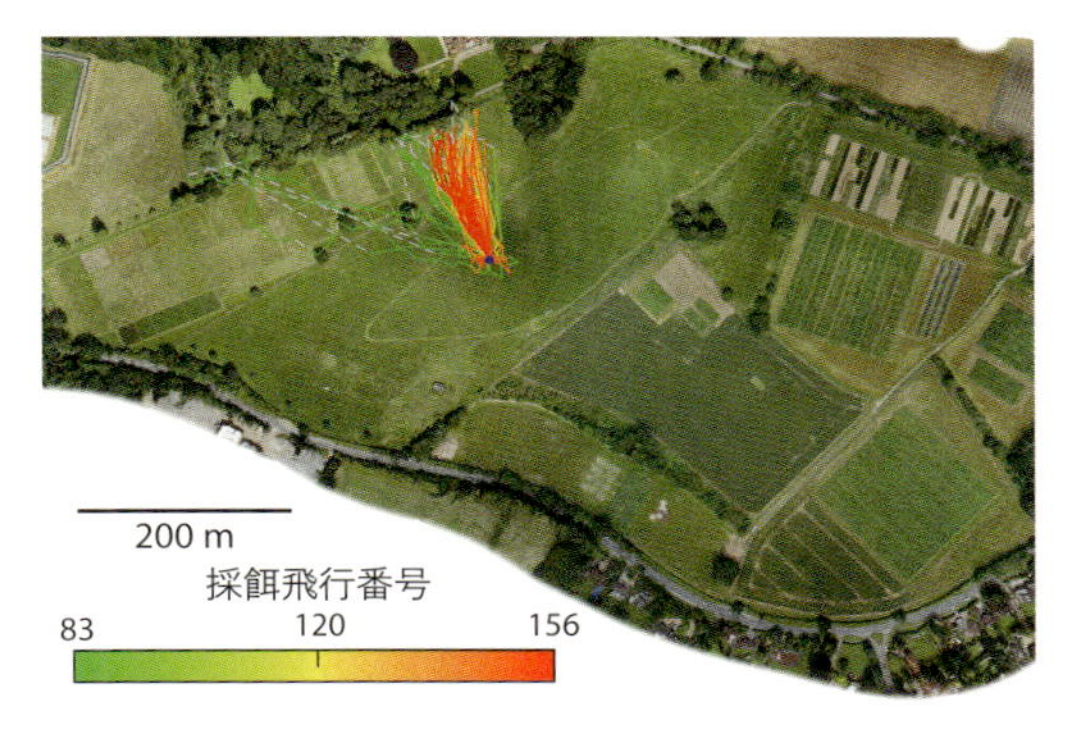
200 m
採餌飛行番号
83
120
156

きない。

時差ぼけにしたミツバチで認知地図を探る

ハーモニックレーダーの利用が可能になったことで、私のかつての指導者、ランドルフ・メンツェルも、ハチが認知地図をもっている可能性はあるのか、という問いの再検討を迫られるはめになった。2000年代には、彼も1990年の頃とはスタンスを変えて、ハチはやはりそのような地図をもっているという主張を含む一連の論文を発表した。[24] それにしても、ハチが認知地図を利用していることを示すには、どんな証拠が必要だろうか？

メンツェルは自分の研究チームを、私たちが十数年前に調査を行なった場所と同じ、ドイツのブランデンブルク地方の広大で平坦な平原に連れて行き、私たちがあの時に考案した正四面体のテントの景色を作り上げた。ハチが、巣が見えないほど遠い場所からでも帰巣できることは、19世紀のファーブルの研究以来よく知られていた。しかし、巣が見えない場所まで移動させられたハチの飛行経路の全容は、ハーモニックレーダーによって初めて可視化された。レーダー追跡によって、ハチは、1920年代にヴォルフが推定したとおり、3つの段階を踏んで飛行することが確認された。餌場から移動させられ、別の場所から放たれたミツバチは、初めのうちは、移動などまったくなかったかのように行動した――つまり、何事もなかったかのように、いつもどおりの距離と方角に飛んだ。記憶した飛行ベクトルの終点近くまでやって来ると、面白いことが起きた。ハチは飛行速度を落とし、輪を描いて飛び始めたのだ。帰路の手がかりとなる見馴れたランドマークを探しているかのようだった。そしてたいていは、こうして数回輪を描くと、探していた特徴的な景色が見つかるらしく、そのあと、巣箱に向かってまっすぐに飛んでいくのだった。

しかし、こうした巣に向かっての直線飛行は、認知地図を形成している証拠になるのだろうか？

別々のルートの記憶を組み合わせて、馴染みの場所の間をショートカットする新ルートを思いつくのであれば、そのような地図が存在することに疑いはない。ただし、本当に新ルートを「思いついた」のだということを証明するには、そのルートが本当にまったく新たなものであることを明らかにする必要がある。以前によく通っていたルートではだめだし、目的地が見えていてもだめだ。しかし、ミツバチの行動を生涯にわたって連続的に追跡したことはなかったので、そのテストしたハチが、以前と同じようなルートを飛んでいないかどうか確認することはできなかった。実際、これまで見てきたように、ハチは1回のオリエンテーションフライトでも、巣箱の東西南北を網羅している。また、1990年代に私たちが行なった研究ですでに、ハチは飛行ベクトルを見馴れたランドマークに結びつけられることがわかっていた。したがって、ハチは探索中に、馴染みのある特徴的な景色を見つけた瞬間から適切な帰巣ベクトルを取り戻した（そこからは心の地図を必要とせずに、巣箱に向かってまっしぐらに飛んだ）という可能性もある。

メンツェルと共同研究者は、帰巣ベクトルを得るのに不可欠な要素を奪う――つまり、太陽コンパスを用いた飛行方向の計算をできなくする――巧妙なトリックを考え出した[25]。ハチが太陽コンパスを用いるには時刻を知る必要があるので、時間の感覚を混乱させれば帰巣ベクトルの計算違いを起こすはずだ。論文著者らは、通常は手術を受ける患者に投与される全身麻酔剤イソフルランを用いて、実験対象のハチを6時間眠らせ、その概日時計を6時間停止させた。要するに、時差ぼけミツバチを作ったのだ。時差ぼけのハチは、太陽が実際はすでに西に傾いているとき（午後）、まだ東にある（午前）と「思って」しまう。

予想されたとおり、これらのハチは、移動後に初めて出発するとき、大幅な、しかし一貫性のある飛行方向のエラーを犯した。太陽コンパスを用いたからだ。しかし、こうした時差ぼけのハチも、いつもの飛行ベクトルの終点近くまで来て、自分が予想外の場所にいることに気づくと、見馴れたランドマークを探して輪を描くように飛んだあと、やはり巣に向かって一直線に飛んでいった（この場合には、太陽との位置関係で記憶している飛行ベクトルを見馴れた景色と結びつけることで、直線飛行するわけにはいかなかったはずだ）。しかし、他の著者らが指摘しているように、ハチは、現在見えている景色と記憶にある景色との食い違いを減らすように飛ぶことで（おそらくそれを何度か繰り返すことによって）巣箱に近づいていった、という可能性もないとは言えない。[26]

というわけで、ハチは認知地図に基づいてナビゲーションを行なうのか、という問いの答えはまだ出ていない。ハチはまったく飛行経験のないルート沿いで新たなショートカットを決断できるのか、という大きな判断基準に立ち返ることも必要だろう。また、帰巣とは切り離して検討することにも価値がありそうだ。巣は、ハチの生活において非常に重要な拠点なので、どの方角からも確実に帰巣できるように、たいてい多大な努力を払ってオリエンテーションフライトを行なう。しかし本当に興味深い空間的課題が生じるのは、あちこちの花畑を訪問するときのように、多数の空間的位置記憶を巧みにさばかなくてはならない場合だ。

においが遠い記憶を呼び戻す

マルセル・プルーストの小説『失われた時を求めて』の第一巻には、主人公が紅茶に浸したマドレーヌを口にした瞬間に、突然、長いこと忘れていた幼少期のことを鮮明に思い出すシーンが描かれている。叔母に、紅茶に浸したマドレーヌをもらって食べた記憶が蘇ってきたのだ。インド系オーストラリア人の生物学者、マンディヤム・スリニヴァサン率いるチームは、この物語を思わせるような独創的な実験を行なって、ハチもやはり、餌のにおいによって記憶が蘇るのかどうかを探った。[27]

視界にはない餌場の記憶にアクセスできるかどうかを探るために、チームはまず、２か所の餌場（一方はバラの香りで、もう一方はレモンの香り）を訪れるようにミツバチを訓練し、どちらの餌場にも飛んで行けるようにしておいた。次に、実験者がいずれか一方の香りを巣箱に吹き込むと、予想されたとおり、ハチはそちらの香りの餌場（テスト中は無香にしてあったが）に飛んできた。プルーストの小説の主人公が、馴染みのあるものを味わった瞬間に遠い記憶を呼び覚まされたように、馴染みのある香りを嗅いだことによって、ハチの空間記憶が誘発されたのだ。このようなスリニヴァサンらの所見は、ハチは巣箱内で——深夜にさえ——自発的に空間記憶を蘇らせることがあるという、あのリンダウアーの観察結果を思い起こさせるものでもある。

ハチと「巡回セールスマン問題」

ハチが記憶しておくべき花のありかの数は、２か所どころではない。なぜなら、ハチは通常、蜜胃を１回満たすだけでも、多数の花畑を訪問する必要があるからだ（しかもそれらはたいてい広域に分布している）。その際にハチは、いわゆる巡回セールスマン問題のような課題に直面する。移動距離と時間を最小にするには、どのような順序で複数の場所を回ればよいか、という問題である。１９９０年代に、私がポスドク研究員としてストーニーブルック大学に来たとき、指導者のジェームズ・トムソンは、マルハナバチがこうした課題にどう対処するのかということに興味をもっており、すでに実験室内と自然の花畑の両方で、ハチがいかにして多数の花畑間のルートを記憶するのかについて、エレガントな研究を行なっていた。[28] 彼の研究に触れたことで、私は以前に関心のあったハチの系列学習に再び興味をもつようになった。[29]

しかも、ハーモニックレーダー技術が開発されたおかげで、次に訪問する花や花畑が今の花からよく見えないとき、ハチが多数の目的地を回るという課題にどう対処するのかを、実際の圃場規模で実験することが可能になっていた。

ロンドンの北方の広々とした平坦な草地に、餌場を5か所設置し、一辺が50メートルの正五角形になるように並べた。巡回セールスマン問題は、訪問すべき場所の数が増えるとどんどん複雑になっていく。たとえば、餌場が3か所であれば、とりうる経路は〔たとえ同じ餌場を重複して訪れないとしても〕6通り（3×2×1）だが、5か所になると、餌場をすべて回るためにとりうる経路は120通り（5×4×3×2×1）にもなる。実のところ、ハチにとってこの課題は、人間のセールスマンの場合よりも難しい。ハチは地図など持たずに出発するからだ。最初から、個体ごとの独自探索によって、1か所ずつ見つけていかなければならない。マルハナバチは果たして、120の選択肢の中から最適解を見つけられるだろうか？

実験の結果、ハチは26回ほど採餌飛行を行なっただけで、最適な順序ですべての餌箱を回る、安定した巡回経路を確立した。その間に試したのは、120通りのうちの20通りだけだった。選択した経路をレーダーで追跡したところ、最初と最後の採餌飛行では距離が1500メートルほど短くなり、飛行距離の合計が80％も短縮されたことが明らかになった。餌箱が撤去されても、しばらくの間、ハチはその場所をチェックするのを止めなかった。あったはずの餌箱が見つからないと、ハチはそのあたりを重点的に探索飛行することもあった。こうしたやり方が、新たな餌場を見つけやすくし、その餌場を新たな最適経路に組み込みやすくしていた[30]。

ハチの漸進的な最適化手法はどうやら、試行錯誤に基づいているようだった。認知地図上で最適経路がひらめいたことをうかがわせるものはなかった。むしろ、新たな経路で餌場を回ってみて、移動距離が少なければそちらに切り換えるという一貫した行動傾向をもっていた。豊富な経験を積んで最適経路をすでに見つけているハチでさえ、ときおり新たなソリューションを試すことをやめなかった。つまり、安定した巡回経路で最適化を図るだけでなく、花の収益性や分布に変化が生じた場合には、新たな餌場の開拓もできるような戦略をとっていたのである(31)。

ここまで、ハチは、多数の餌場の間を移動するナビゲーション能力に非常に優れていることを学んできた。しかしその能力の起源は、今日の社会性ハナバチ類の祖先である残忍な捕食寄生性（かつ単独性）のカリバチ類が、わが子のための巣作りを「発明」したことで、極めて正確な空間記憶と迅速な学習能力の進化を余儀なくされたことにある。このような学習を可能にするために進化した脳の構造が、今度は、食料源の場所を正確に学習する能力をも向上させたはずだ。こうした学習能力は、食料源である花の特徴を記憶するのにも役立った可能性が高い。次章ではそれについて探っていこう。

7 花についての学習

植物にとっては、昆虫ができるだけ長いこと同種の花を訪問してくれることが非常に重要だ。それによって同種他個体の花粉で受精する他家受粉がしやすくなるからである。しかし、昆虫が植物のためにそんなふうに行動しているとは誰も思うまい。それはおそらく、昆虫の仕事のしかたがすばやいからだろう。彼らは花のどこに立つのが最適か、口吻をどの方向に、どの深さまで挿入すればいいかを学んでいる……6台の機関車を製造するために、6台分の車輪や部品を連続して作って時間を節約する職人と同じような働き方をしているのだ。

——チャールズ・ダーウィン、1876年(1)

送粉者(ポリネーター)が飛び回る自然の生息地では、たいてい数十種もの植物が花を咲かせているが、そうした花々は広告の出し方も、含まれる報酬の質や量もそれぞれみな異なっている。前章では、多数の花のありかを覚えておける驚くべきハチの記憶力について見てきたし、それ以前の章では、フォン・フリッシュの研究をもとに、ハチは花の色とその花に含まれる報酬とを結びつけて学習できること、さらに、香りや静電界といった他の感覚的手がかりを利用して採餌の見通しを立てられることを学んだ。本章では、ハチがどのようにして、多数の手がかりから得られる情報を統合し、意味のある手がかりだけに注意を向けるのか、また、どのようにして花のタイプを分類するルールを学び、花の扱い方に関する多数の記憶を巧みにさばいていくのかを明らかにする。

電子機器で作った造花の扱い方を学ぶ

花粉や花蜜に比較的簡単にアクセスできる花もあるが、そのような花は大した報酬を与えてくれないことが多い。一方、キンギョソウ属やトリカブト属の種のように、報酬をたっぷり用意している花は、ハチがかなり高度な技を駆使しない限り、なかなかその恩恵にまで到達できない（図1・4）。言ってみれば、こうした花は、自然界の「スキナー箱」なのである（ちなみにスキナー箱とは、ラットやハトが試行錯誤を繰り返すうちに、特定の行動が報酬（または罰）につながることを学習するという古典的実験に用いられたパズルボックス（課題箱）のことだ）。

博士課程の指導者、ジェームズ・トムソンと共に私は、ハチが花の蜜にアクセスするのに必要な一連の動作を探り当てるのにどれだけの時間がかかるか、また、ハチにはこのような――花の種ごとに異なる――多数の連続動作を覚えていられるだけの記憶力があるのかどうかを調べようとした。学習能力や記憶力を厳密にテストするためには、実験開始前にどんな経験を積んでいるかがわかっている動物で実験を行なう必要がある。ということは、野外で見かけるような、自由に飛び回っているミツバチなどでは実験することができない。しかし、ジェームズ・トムソンはマルハナバチの研究をしており、そのマルハナバチが、捕獲された野生の女王バチの卵からどのように飼育されたかを熟知していた。したがって、実験室内に設けた飛行アリーナでテストを実施すれば、実験前と実験中のマルハナバチの経験をコントロールでき

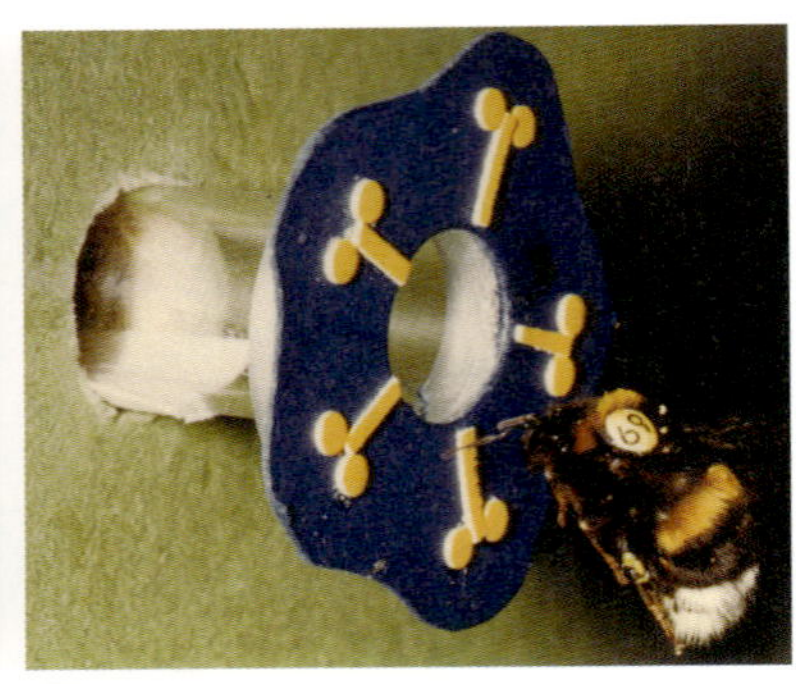

図 7.1　実験用の飛行アリーナと，造花にとまるマルハナバチ． 左：マルハナバチを飼育している巣箱は飛行アリーナに接続されており，飛行アリーナでは，ハチにさまざまなタイプの造花が提供される．ハチはその造花で採餌し，収益性に基づいて造花を弁別する．右：個体識別番号のタグをつけたマルハナバチのワーカーが，造花を調べているところ．こうしたデザインだと，アクリル製チューブで送られるにおいと視覚パターンを組み合わせることができる．

て都合がいいと私たちは考えたのだ（図7・1および図7・2）。

私たちはこんな展開を想定した——働きバチ（ワーカー）には管理・制御しやすい飛行アリーナ内だけで採餌活動を行なってもらう。マルハナバチが大好きな花蜜や花粉が提供される限り、巣と飛行アリーナの間を往復するはずだ。実験者がハチのスタミナについていく気を失わない限り、ハチはその蜜胃を満たすべく、何度もアリーナに戻ってくるだろう。（以前に私は、1匹のハチが16時間にわたって採餌活動を続けるのを観察したことがあるが、16時間を経過した時点で、ハチではなく、私のほうがギブアップしてしまった）。満腹になったワーカーが巣に戻って蜜を吐き戻すと、それから数分後には、さらに餌を集めるために戻ってくる。——これで本格的な実験の下準備は整った。

このような実験を制御された方法で行なうためには、自然の花は使えない。自然の花は、報酬レベルも形態もまちまちだし、訪問したハチが付けていったにおいを消すこともできない。そこで、ジェームズ・トムソンは見事なプラスチック製の花を作製した。それは、ハチが訪れるたびに正確な量のショ糖液が再充塡される仕掛けをもつ小さなT字迷路だった（図7・2）。花の入口は色分けされていた。報酬を見つけるには、青色ならば、花に入ってから右折する必要があり、黄色ならば左折する必要がある。というわけで、2通りの連続動作の難易度は同じだが、動作の方向が逆になっていた。

ハチの動作の正確さと速さを自動的に記録するために、私は花の中に3か所（入口にひとつと、左右のアームにひとつずつ）赤外線センサーを設置した。電子機器のほとんどは、子どもの頃に遊んだフィッシャーテクニック社の組み立て玩具から取ってきた部品を組み合わせて作った。懐かしいレゴブロックも、ハチのコロニー内の花蜜フィーダーとして利用した。ターボパスカルを用いたプログラムを書いて、赤外線センサーと私のパソコンを接続し、マルハナバチがセンサーの前を横切るたびに、音が——センサーごとに異なる音が——鳴るようにした。そのおかげで、電子機器が正確に作動しているかどうかをモニターできただけでなく、多数の赤外線センサーがそれぞれ違った音を発したので、ハチの動きが奏でる何とも面白い音楽が生まれた。

造花の扱い方を学習するマルハナバチは、初めのうち、自然の花を扱う新米のハチのように不器用だった。ショ糖液を吸い出すのに、熟練した採餌バチの5倍から10倍の時間がかかり、場合によっては、花ひとつを利用するのに丸々1分かかることもあった。しかし、たいていは、次に数十回訪問する間に急速に上達していき、その後、効率は一定の水準で落ち着いた。学習速度は、報酬が毎回存在したかどうかではなく、ハチが正しい動きをした回数に依存した。(2)

以前に学習した花と類似した構造をもつ、新たな種類の花の扱い方を学習するときには、「正の学習転移」が起こった。つまり、すでに得ている知識をいくらか転用できたので、新たな種類であっても、まったく未経験の採餌バチのようにもたつくことはなかった(図7・2下)。マルハナバチは、形態の異なる2種類の造花から採餌することを学んだが、1種類の扱い方だけを学んだときに比べると、操作時間はやや長く、エラー率もやや高かった。ハチは、組み立てラインの作業員と同様に、複数の課題をこなせることは間違いない——ただし、複数の課題を交互にこなす場合には効率がやや低下する。花の操作手順をいったん習得すると、いくらかの減衰はあるものの、3週間(ワーカーの一生)以上、その記憶は保持された。ハチが運動性記憶を完全に失うことはないようだ。それはヒトの場合も同じで、何年間もやっていなかった水泳、アイススケート、あるいはスキーをやってみればそれがわかるはずだ。

ハチはどのように花に注意を向けるのか

ほとんどどんな生息環境においても、動物が感覚から得られる情報量は、その脳の情報処理能力を桁違いなまでに超えている。1997年、私が初めて指導する博士課程学生となったヨハネス・スペースは、次のような問いを立てた。ハチは花畑を飛行中に、その感覚システムが、目に映るすべての花から刺激を浴びているとき、どのようにして特定の馴染みの花だけに選択的に注意を向けるのだろうか?

図7.2 T字迷路の「花」と,2種類の花を扱う1匹のマルハナバチの習熟度. 上:ハチが花を扱う手順をどう学ぶかを調べる実験的飛行アリーナ.花の入口が黄色ならば,花に入ってから左折せねばならず,入口が青色ならば右折せねばならないことをハチは学習する必要がある.下:1匹のハチの試行回数(訪問回数)と,T字迷路の花の扱いに要した時間の関係.ハチは,まず(初めの100回の訪問で)青色と右折を関連づけることを学んでから,(次の100回の訪問で)黄色と左折を関連づけることを学び,その後の200回の訪問では,右折か左折かの切り換えが求められた.2日目にも,同様の訪問がさらに200回行なわれた.課題1から課題2に移行する際に,学習の転移が起きている点に注目.課題2のほうが,課題1よりも当初の成績は良かったが,課題2では,課題1よりも低い水準で精度が飽和した.これは干渉(負の学習転移)を示している.2種類の花で右折か左折かの切り換えを強いられると,精度はこの水準にとどまった.夜間における記憶の減衰は認められなかった.

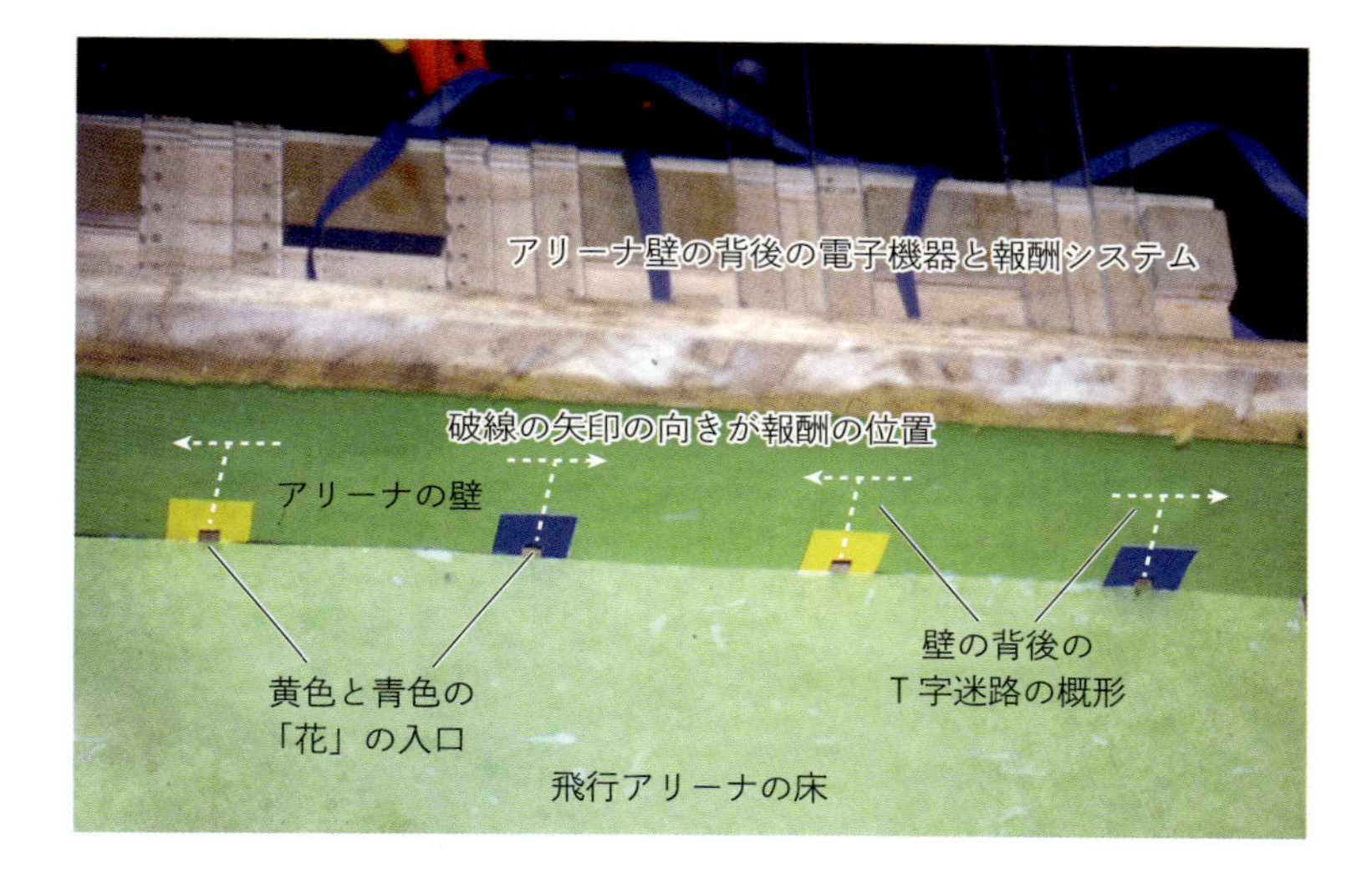

アリーナ壁の背後の電子機器と報酬システム
破線の矢印の向きが報酬の位置
アリーナの壁
黄色と青色の
「花」の入口
壁の背後の
T字迷路の概形
飛行アリーナの床

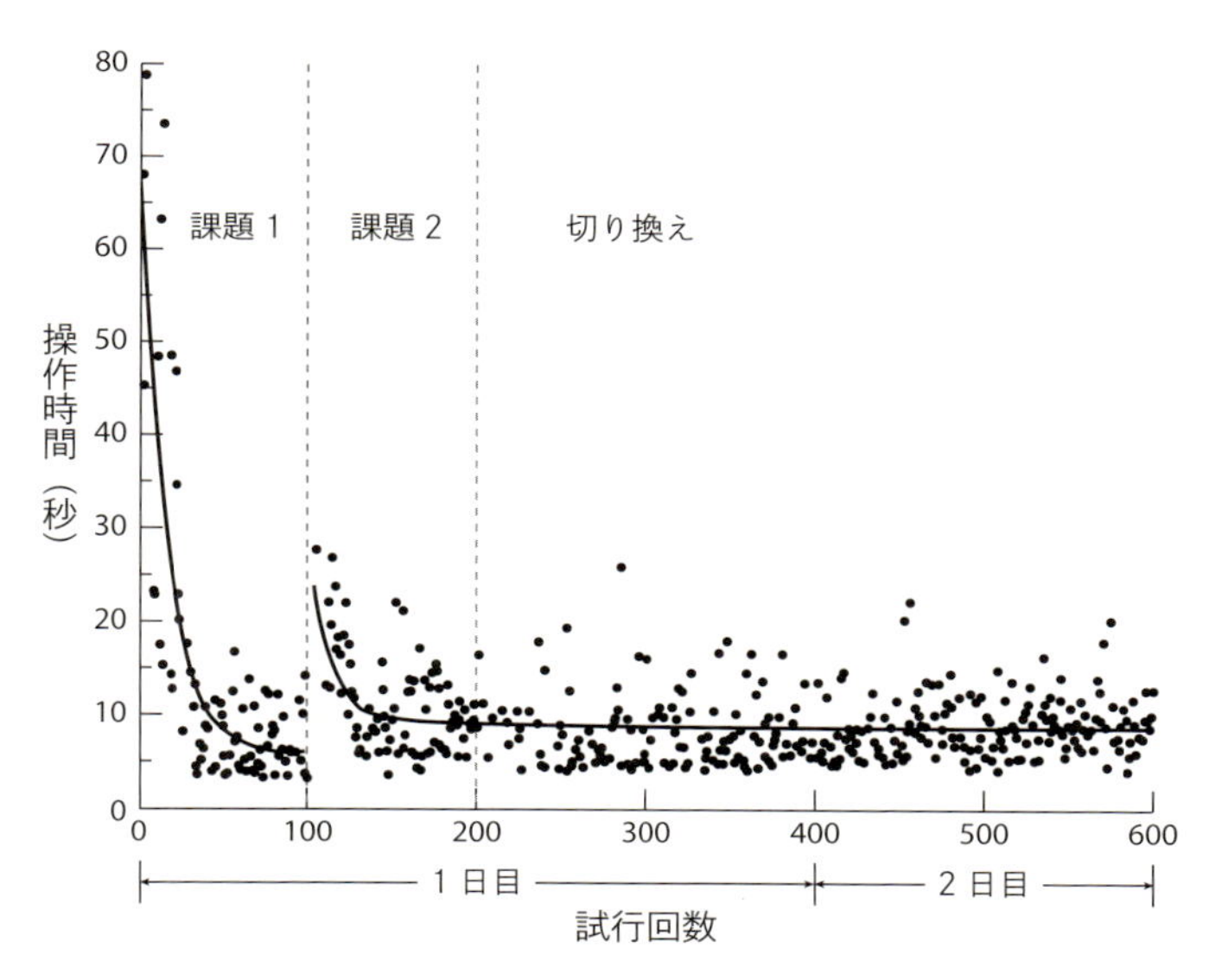

課題 1
課題 2
切り換え
操作時間（秒）
0
10
20
30
40
50
60
70
80
100
200
300
400
500
600
1日目
2日目
試行回数

注意とは、末梢から来るさまざまな感覚情報のどれかひとつだけに焦点を合わせる「内なる眼」のようなものだ。そのわかりやすい例が「カクテルパーティー効果」で、多数の人が談笑している騒々しい部屋の中でも、自分が話している相手の声はきちんと聞きとることができる。また、生まれたばかりの赤ん坊の母親は、騒音にさらされながら眠っているときでも、わが子のごく小さな泣き声で目を覚ます。

それにしてもハチは、注意を向ける、ということをしているのだろうか？[3] これは決して些末な問いではない。なぜなら、何かに注意を向けるということは、裏を返すと、自分が探しているものは何かを知っているということ、つまり、実際に目にする前から、その何かが心の中にあるということだからだ。花を探しながら何かに注意を向ける、ということの意味を理解するためには、ハチの空間視覚について少し掘り下げる必要がある。

ハチの複眼は、「オマティディウム（個眼）」と呼ばれる数千個の機能ユニットで構成されており、個眼のひとつひとつにレンズと光受容体が備わっている。そしてひとつの個眼が、ハチの視覚系のひとつの「ピクセル（画素）」に対応している——したがってハチの網膜に結ばれるのはかなり粗い像でしかない（図1・2）。また、ハチの複眼は湾曲しているので、個眼のひとつひとつがそれぞれ異なる方向を見ている（隣接する個眼と個眼の角度差はおよそ1度）。しかし、ハチの視覚の空間分解能を制約しているのは、隣接する個眼同士の角度だけではなく、それに続く神経系の情報処理プロセスにも原因がある。ハチの脳は、色情報を符合化する神経細胞の受容野が極めて広い。ということは、隣接する数十の個眼からの信号がそこで一緒にされてしまうのだ。その結果、ハチは遠くからだと色がよくわからない。1メートルの距離からだと、花が巨大（直径26センチメートル以上）でなければ、花色を識別することも、色の対比で花を見つけることもできない。[4][5]

しかし、花から遠く離れているとき、ハチは受容野のもっと狭い別の神経チャンネルを使うことができる。少なくとも視野角が5度で花が見えている場合（つまり、花の両端からハチの眼までの2直線が作る角度が5度で、ハチが花に近づくにつれてその角度が大きくなっていく場合）には、ミツバチは花の探知に単色シグナルを利用する。つまり、緑色光受容体からのシグナルの、標的とバックグラウンドの差を利用するのだ。しかし、先ほどの三角法を用いるならば、ハチが直径1センチメートルの花を見つけるためには、花から11・5センチメートルの距離まで近づく必要がある。そのせいで、花を見つけられる速さがひどく制約を受ける。当然ながら、花のサイズが小さくなるにつれて、探索に要する時間は急激に長くなる。

ハチの脳に備わる変速装置

花探知システムとして、このように2通りのチャンネルがあるということは、ひょっとすると、ハチが花畑で花を探すときには、単色チャンネルが必ず最初に作動し（なぜなら遠くからでも花を見つけることができるうえに、反応も8ミリ秒以下と速いので）、実際に色を見分けるのは、花にもっとずっと接近してからなのかもしれない（カラーチャンネルは、解像度が低くて画像の質が粗いだけでなく、反応速度も遅く、3種類のうちで最も遅い紫外線光受容体は、刺激を受けてから反応が認められるまで12ミリ秒以上かかる）。しかし当然ながら、緑色光受容体の単色シグナルは、花を見分ける正確度が三色型色覚よりもはるかに劣る。では、ハチは実際、この2つのチャンネルを受動的に用いているのだろうか？　つまり、花に接近するときは必ず、まず初めに、正確性に欠けるが解像度の高いチャンネルを用い、その後、正確性に優れているが解像度の低いチャンネルを用いるのだろうか？　もしそうだとするとハチは、花などの色のついた物体に接近するとき、近くまで来てから誤った標的であることに気づいて、多くの時間を無駄にしている可能性がある。

ヨハネス・スペースは、マルハナバチが花を探すとき、本当にそのようなシンプルだが、適応性に欠ける場合もある戦略を用いるのかどうかをテストしようと考えた。そこで、飛行アリーナにプラスチックの造花を配置して、ハチが花を探索するときの飛行行動を詳細にモニターした。ちなみに、ハチが満腹になって巣に戻るたびに、アリーナ上の造花の位置をあちこちに移し換えた。

まず、比較的大きな造花（直径28ミリメートル）から実験を開始して、造花のサイズをだんだんと小さくしていった（直径5ミリメートルまで）。花のサイズがまだ大きい最初のうち、ハチは、解像度が高くて反応も速い単色チャンネルからの情報は無視しており、したがって、花を見つけられるかどうかは、緑色のアリーナ床面との色の対比だけで決まった。花のサイズが小さくなるにつれて、ハチは飛行速度を落とすとともに地面に接近して花を見つけようとした。しかし、反応の遅い色検知システムを用いて最小サイズの花を見つけるためには、もはや無益なほど飛行速度を落とすことが必要になってしまう（実際、最大サイズの花を探すときの速度の25分の1にまで落とす必要がある）。そうなると、ハチは、正確性は劣るが反応の速い単色チャンネルに切り換えた。ということはつまり、マルハナバチは花に接近するとき、最初に視覚系に入ってくるシグナルすべてに受動的に反応するのではなく、単色チャンネルからの情報入力は抑制しており、最小サイズの見つけにくい花を探すときにだけそれを利用するのだ。ハチは、注意の向け方の変速装置（ギアボックス）を備えていると言えるだろう。つまり、周囲の状況に応じて、反応が速くて解像度も低いギア（単色入力）を用いるか、それとも、正確性には優れているものの反応が遅くて解像度も低いギア（色情報処理）を用いるかを適宜使い分けられるのである。[6] より一般的に言うならば、ヨハネスの研究によって、ハチが花を探すときのハチの移動速度は、生物物理学的な飛行メカニズムによってではなく、脳の情報処理速度によって制約を受けることが明らかになった。

ハチはどれだけの情報をひと目で処理できるか?

次にヨハネスは、多種の花が咲いている場面で花を探そうとするとき、注意の向け方によってどんな制約が生じるかについて考えた。ある特定の種の花を探している（それ以外は無視する）ハチは、目に入ってくるすべての刺激を、いわゆる並列処理によって処理するのだろうか、それとも逐次処理によって処理するのだろうか？　もし、逐次処理であれば（つまり入力情報を1「ビット」ずつ分析していくのであれば）、目的の花を見つける効率は、その場面に同時にどれだけ別のアイテム（「ディストラクタ」）が存在するかに制約されることになる。しかし、もしそれが並列処理であれば、多種の花を同時に吟味することができる。

ヨハネスは、ミツバチがさまざまな色の中から標的とする色の花を探すときは、完全に逐次処理であることを発見した。つまり、ミツバチが標的を見つける正確さや速さは、標的の付近に同時に提示されているディストラクタの数によって決まったのだ。[7]これがヒトとは対照的な点で、ヒトの場合は、標的とディストラクタとがひとつの刺激次元（色または形）でしか違わなければ、刺激を並列処理で吟味することができる。標的が「飛び出して」見えると考えられており、探索に要する時間や正確性が、その場面に同時に存在するディストラクタに影響されることはない。もし、ミツバチが実際に逐次探索しかできないのであれば、これは、自然条件下での花探索に大きな意味をもつことになる。つまり、ハチが花を見つける効率が、標的の花の特徴（大きさ、色、背景との対比など）だけでなく、そのエリア内で注意を競い合う他の花の特徴によっても制約を受けるからだ。

わがチームのポスドク研究員のヴィヴェック・ニティヤナンダが、のちに、マルハナバチはミツバチよりも効率よくこの課題を解決するものの、やはり注意資源に制約があって、われわれヒトとは異なる注意の向け方をすることを発見した。ヒトは、ある場面をひと目見ただけで、決定的に重要な情報（たとえば、ある動物がいるか否かなど）を引き出すことができる。たとえそれがパソコン画面にほんの一瞬表示されただけでも、ちゃんと読み取ることができる。ところが、ハチは、刺激が画面上に短時間しか提示されないと、ごく単純な弁別課題のほかは、みな失敗してしまう。ハチは、視覚パターンを学習・識別する際に、特徴的なスキャン動作を行なうが、それを行なう機会が奪われると、学習や識別ができなくなってしまうのだ。[8] おそらく昆虫の小さな脳には注意資源に制約があるために、視野全体をいっぺんに取り込むことはできず、その場面を逐次的に走査するという方法でしか標的を探すことができないのだろう。ハチの行動と知覚の間にはこうした緊密なつながりがあり、行動しなければ（眼が移動しないと）形態知覚もほとんど得られないのかもしれない（図7・3）。

花を弁別する速さと正確さのトレードオフ

２０００年代初めに、オーストラリア人の科学者、エイドリアン・ダイアーがうちのラボに加わった。チームメンバーのアンナ・ドルンハウスやフィオラ・ボックとの共同研究で、彼は、２色弁別のような単純な課題でも注意資源を要することを発見した。飛行アリーナのスクリーンにデータプロジェクターで映し出した「バーチャル・フラワー」を用いて実験したところ、マルハナバチは、状況に応じて、速さと正確さのどちらに重きを置くかを調整する柔軟性をもっていることが明らかになった。[9]

それまで、ハチ（およびその他の動物）は、報酬色と無報酬色を弁別するとき、どんな場合でも能力の

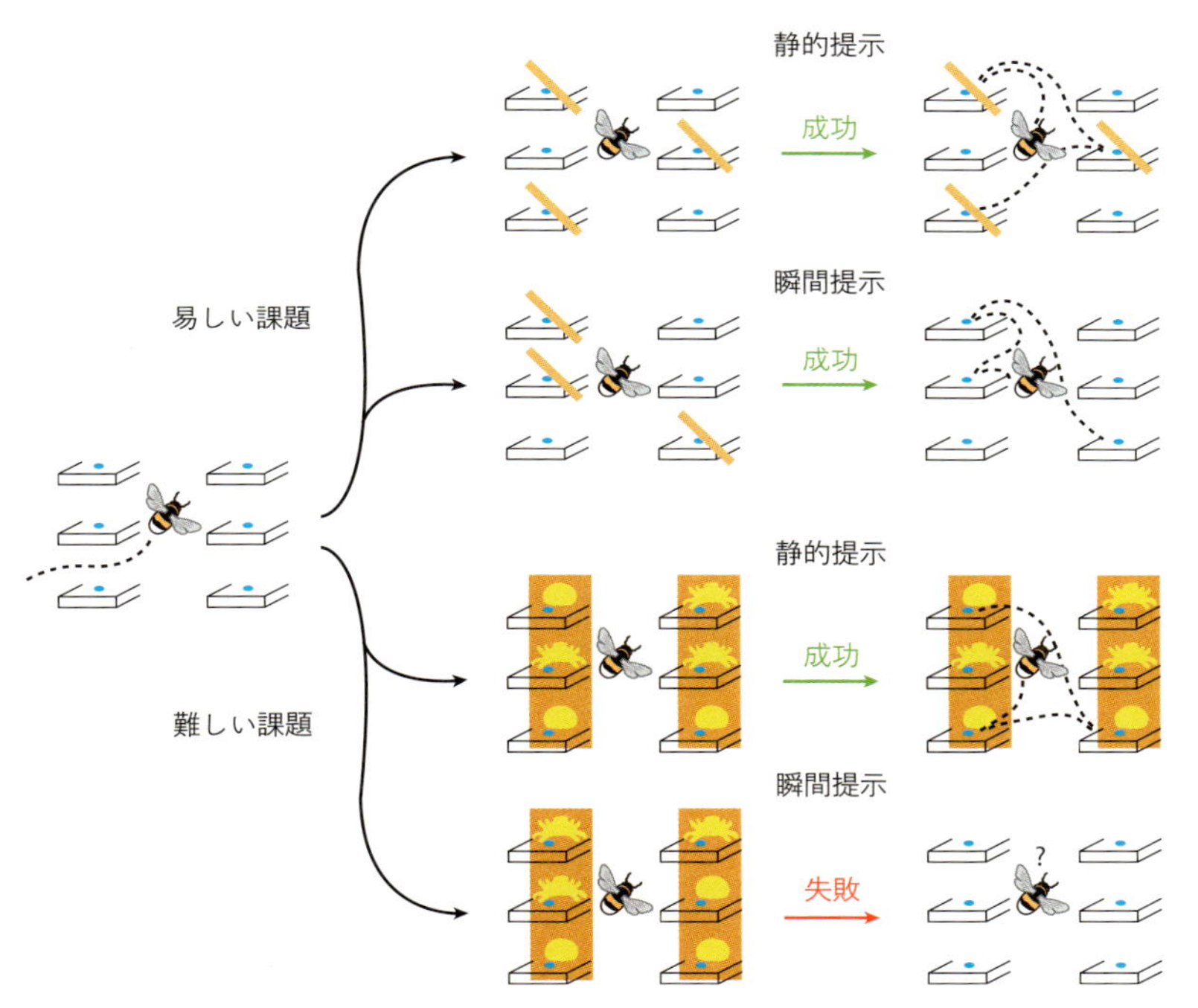

図 7.3　ハチは一目見てわかるか？　刺激を提示する時間をしだいに短くしていくと，ハチの視覚と霊長類の視覚の根本的な違いが明らかになる．霊長類は，目立って見えるものを細部まで瞬時に捉えることができるが，マルハナバチの場合，複雑な視覚パターンを捉えるには，単純なパターンのときよりも長く見ている必要がある．この実験では，パソコン画面の前に置かれた 6 つの台にとまるようにハチを訓練した．そのうちの 3 つにはショ糖液の報酬が，別の 3 つにはハチの嫌いな苦いキニーネ溶液が含まれている．易しい課題（ショ糖液の台の画面には黄色い斜めバーが示される）では，斜めバーの提示時間が長くても短くても（25 ミリ秒），ハチは課題解決に成功した（上図の右）．難しい課題では（ショ糖液の台の画面には丸い花が，それ以外の台の画面にはクモがいる花が示される）では，視覚刺激が静的に提示されたときのみ，ハチは課題を解決することができた（下図の右）．これは，形状を読み取るには動的スキャンが必要であることを示している．

限りを尽くすと思われていた。というのは、色の弁別は、感覚器官に本来備わった性質だけに制約されると考えられていたからだ。ところが、ハチは、色の弁別のしかたについて、かなりの自由度をもっていることが判明した。何しろハチ（あるいはその他の実験動物）は、良い成績を収めて実験者を感心させようなどとは考えていない。できるだけすばやく報酬を得ることだけに関心がある。誤りを犯した場合のペナルティが皆無かごくわずかの場合には、なりふりかまわずに間違えるほうが賢い戦略の可能性もある。

たとえば、多肢選択式テストを考えてみよう。複数の選択肢の中から正解にチェックマークを入れる必要があるが、不正解にチェックを入れてもペナルティはなしとする。その場合、最もすばやく最大の得点を稼ぐ方法は、選択肢の文言などまったく読まずに、すべての選択肢にチェックマークを入れることだ。それと同じく、報酬色と無報酬色が提示されるが、その2色がよく似ていて選択するのにかなり時間がかかる、という場合には、色の弁別などそこそこにして、選択肢をすべて選んでしまったほうが速いし、ともかくも報酬が得られる。マルハナバチはまさに、そのような行動をとることが判明したのだ。ところが、誤った選択肢を選んだ場合にペナルティを導入すると――エイドリアンが（標的の花に砂糖水を満たしたのに対し）それ以外の花には苦いキニーネ溶液を満たすと――ハチの色弁別テストの成績は突如、劇的に向上した。それまで数十年間の研究で、ハチはどんなに単純な課題を与えても――たとえば四角形と三角形の弁別課題であっても――すべてしくじるという主張がなされてきたが、その主張には不備があったのだ。つまり、形状スキャンには時間がかかるので、ハチは手っ取り早い解決策として無差別に反応しただけなのかもしれない。今回の実験では、ペナルティが導入されたとたんに、色弁別の成績がそれまでの実験の10倍に向上した。ただし、難しい課題については、提示された刺激を吟味するのに余分な時間をかけざるを得なくなった。

過去数十年間に行なわれた、動物の知能に関するほぼすべての研究においては、正確性こそが主要な評価パラメータだった。ところが、時間もやはり重要なパラメータであることが明らかになった。動物は、状況に応じて、速さと正確さのいずれかに重きを置いている可能性がある。つまり、間違ってもコストがかからなければ、速さを優先して正確さを犠牲にするが、間違いにペナルティが科される場合には、時間をかけて慎重に正解を選ぶのだ。この実験が行なわれて以降、ハチ以外のさまざまな動物種の意思決定においても、このような速さと正確さのトレードオフの関係が確認されてきた。刺激と報酬を結びつけて記憶する連合学習は、従来考えられていたような単純なプロセスをはるかに超えている。ハチをはじめとする動物種においては、注意その他の認知プロセスがそこに関与しているのである。

ヒトの顔の形をした奇妙な花

近年の驚くべき一連の発見によって、ハチは、ほとんどどんな感覚入力による学習についても、とてつもない柔軟性を示すことが明らかになった。たとえば、エイドリアン・ダイアーは、ヒトの顔は通常、ハチの生活にほとんど何の役割も果たしていないにもかかわらず、訓練すれば、ヒトの顔の画像を識別できるようになることを発見した。[10] その当時（やはり2000年代初め）、ヒトについて研究している心理学者の間では、顔認識は脳内の顔認識専用モジュールを必要とする特殊能力なのかどうかをめぐって議論が交わされていた。[11] 特殊能力だとされる場合が多いが、しかし、顔認識は、ヒトでも他の動物でも、経験を重ねて磨かれた高度なスキルにすぎないという可能性もある。もしそうだとすれば、ハチが花を識別するのに用いるような、顔専用ではないパターン認識システムでも顔の識別ができるはずだ。

エイドリアンらは、相貌失認と呼ばれる障害（見馴れた人の顔を識別できなくなる、いわゆる「失顔症」）

を診断する標準テスト用の、一連の白黒写真を利用して実験を行なった。ある顔を砂糖水の報酬と結びつけて覚え、それ以外の顔は苦いキニーネ溶液と結びつけて覚えるようにハチを訓練した。すると、ハチは、脳の紡錘状回顔領域に障害がある人々にはこなせない課題を驚くほどうまくやってのけたのだ。この実験結果から、顔認識は専用の回路が備わっていなくても理屈上は可能であることが明らかになった。言うまでもなく、ハチの脳にはヒトの顔を記憶するモジュールなどないので、おそらく花を識別するのに用いるのと同じ脳回路が使用されているのだろう。

しかし、顔認識が重要な社会性動物の場合——たとえばヒト、あるいは巣の仲間の顔を識別する一部のカリバチ類（第9章の「異なる生活様式、よく似た脳」参照）の場合[12]——には、進化の過程で、パターン認識全般を担う脳回路にさらに調整が加えられて、生まれながらの顔認識エキスパートになっていった可能性がある。ミツバチにとって、砂糖水報酬と結びつけて覚えたヒトの顔の画像は「奇妙な花」にすぎなかったのだろうが、この発見は間違いなく、ハチの学習能力の多面性と柔軟性を例証するものだった。

花弁の肌理についての学習

花の特徴を学習するハチの柔軟性について、さらに多くの発見をしたイギリス人の科学者、ベヴァリー・グラヴァーとヘザー・ホイットニーはいずれも植物学者であって、動物学者でも感覚生理学者でもない。自然環境下で、ある動物にとって大きな意味をもつものを調べるとたいてい、その動物の感覚世界の特徴を推定できるが、ハチの場合、それは花、である。2004年、私は、花の進化に関心のあるベヴァリーから共同研究の打診を受けた。彼女は当時、ユニークな研究をしていた。野生型のキンギョソウとは微妙な点がいろいろ異なる、一連の突然変異型キンギョソウの研究である。キンギョソウの場合、ひとつ

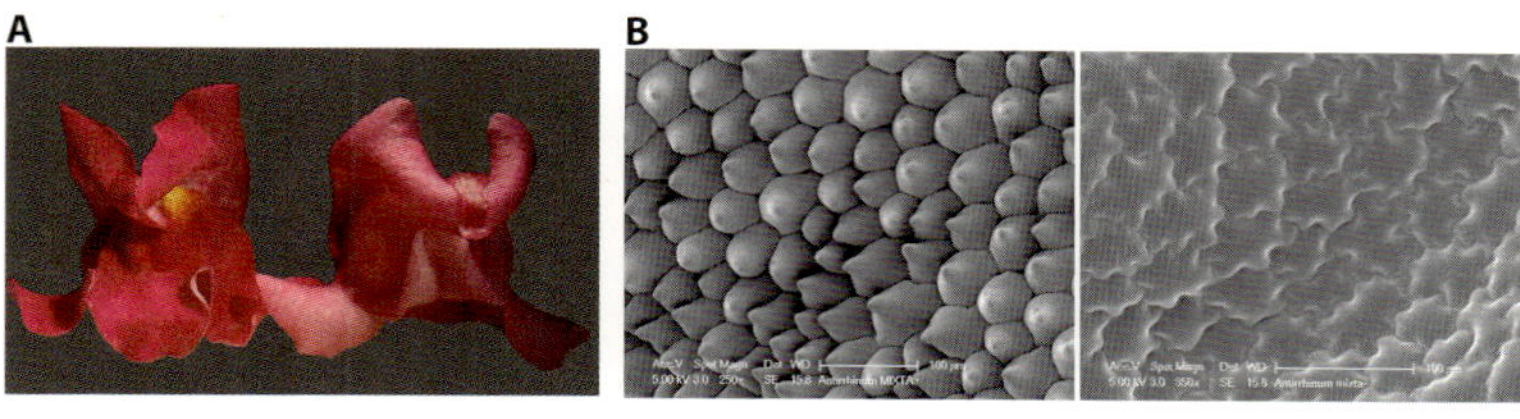

図 7.4　野生型と突然変異型のキンギョソウの花，およびその表皮（花の表面）の構造. A. 野生型キンギョソウ（*Antirrhinum majus*）の花は，濃い鮮やかな色をしている（左）のに対し，「ミクスタ」と呼ばれる突然変異体の花は，含有する色素は同じでも，くすんだ色に見える（右）. B. 突然変異が唯一直接に作用しているのは，表皮細胞の形状の変化であり，野生型の花ではこれが円錐形であるのに対し（左），ミクスタ突然変異型では平坦な形をしている（右）. この形状は，ハチが花の表面をがっちり捉えられるかどうかにに影響するだけでなく，花の温度や色調にも間接的に影響を及ぼす. なぜなら，円錐状細胞は，色素が含まれる液胞に光を集めるレンズとして作用するからである.

の遺伝子突然変異が原因で、花弁の肌理も見た目も違ってくる。野生型の花弁の肌理は、送粉者（ポリネーター）との相互作用にどんな役割を果たしているのだろうか？　また、突然変異型ではこうした相互作用が阻害されることがあるのだろうか？

　ベヴァリーの突然変異型キンギョソウは、ある重要な点が野生型の花とは異なっている。野生型キンギョソウの花は（実は他の多くの花もそうだが）、花弁の表皮が円錐状の細胞でできており、たとえば葉の細胞が平坦なのとは違っている（図7・4）。ところが、突然変異型では、花弁も葉と同じく平坦な細胞でできているのだ。ポスドクのヘザー・ホイットニーとともに私たちはまず、「ざらついた」花弁表面（微細な円錐状細胞が多数並んでいるため）が、ハチが花にとまるときに脚で花を摑んだり、報酬を得やすいよう花の構造を操作したりするのに役立っていることを明らかにした[13]。しかしそれに加えて、円錐状細胞の突起は、光を、細胞内の色素が集積する区画に向けるレンズの働きもするため、野生型のほうが花の色が濃く、鮮やかに見えると同時に、花の温度が2～3度高くなる。この温度の差が、送粉者であるハチに何か影響を及ぼすことはあるのだろうか？

温血動物であるハチは花の温度をいかにして学ぶか

地球上の温血動物は哺乳類と鳥類だけだと一般には思われているが、実はハチも（少なくとも大方の時間は）温血動物である。飛行するためには胸部の温度が摂氏30度を下回ってはならず、飛行中の正常体温は摂氏40度にも達する。ちなみに、比較的耐寒性のあるマルハナバチの場合、体温が周囲の温度よりも30度高くなるときもある。気温が低いときには、飛翔筋を震わせることによって、体温をこのレベルまで上げることができるのだ[14]（図7・5）。したがって、花蜜に含まれる炭水化物は一部、飛翔用エンジンを動かし続けるのにも使われるわけで、手っ取り早く必要な熱を獲得するには、温かい蜜を出してくれる花を見つければいい。

色覚研究者と植物学者からなる私たち共同研究チームは、ハチは例外なく、温かい蜜を出す花のほうを（温度差がわずか摂氏4度であっても）好むことを発見した[15]。私たち人間が寒い日に温かい飲物を飲むようなものだ。（身体を温める必要がある場合、蓄えているエネルギーを一部使って自前で熱を発することもできるが、温かいものを飲めば、その分エネルギーを節約することができる。）しかし、ハチは、花の温度を遠方から感じとることはできなかった。まず実際に触れて花の温度を試す必要があり、そのうえで花色と温度とを関連づけて学習し、花の温度を予測できるようになる。こうしてマルハナバチは、温かい飲物を当てにできる花色を好むようになったのだ。このような、直接の物理的接触で試す必要のある2種類の報酬刺激（花蜜および温度）と、それに関連する遠距離からの視覚信号（色調）との3次交互作用について、詳細が明らかになったのはこれが初めてだった。

図 7.5　ハチの体はとても温かい．赤外線サーモグラフィカメラで撮影したマルハナバチのワーカーの体表面温度分布．画像の色は，低温から高温になるにつれて，青，赤，黄，白の順で表示される．最も温度が高い胸部は摂氏 38 度．

虹色の花に眩惑されるか

感覚手がかりと報酬を結びつけて学習するハチの柔軟性には、ほとんど限界がないように思われる。感知できる感覚シグナルがあれば、ハチはそれを学習できるようだ。ヘザー・ホイットニーとベヴァリー・グラヴァーは、かすかに遊色効果（イリデッセンス）を示す花――つまり、見る角度によって花弁の同じ部分が違った色に見える花――があることに気づいていた。しかし、花の色は、信頼のおける種特異的な識別子のはずなのに、そのような遊色効果（虹の7色のどれにでも見える）があっては、ハチをひどく惑わせることになりはしないか？

研究チームは、ケンブリッジ大学物理学部の専門家らと協力して、そのような花の表面のナノ構造は、回折格子の形状を呈している（多数の細かい溝が1〜30マイクロメートルの等間隔で平行に刻まれている）ことを突き止めた。そこで、まず、歯型を取る歯科用ワックスで、かすかな遊色効果を示す生花の型を取り、次に、エポキシ樹脂にそれを刻印する、という方法で造花を製作した。生花よりも遊色効果の強い造花を作るには、歯科用ワックスで型取りするときに、回折格子フィルムを利用した。こうすることで、さまざまな着色度（樹脂に顔料を添加）と遊色度を組み合わせた花盤を用意することができた。これらの造花を用いて実験を行なった結果、マルハナバチは花色の変化に惑わされるどころか、まさにその変化を手がかりにして、遊色効果をもつ花と、着色度の等しい非遊色花を区別できることが明らかになった[16]。遊色効果には、ハチが最初に花を見つけるのを容易にする効果もあった[17]。

ヘザーはその後も、造花を用いたエレガントな実験によって、ハチは花を見つけるためにどこまで柔軟に多数の感覚手がかりを統合できるか、その限界を探り続けた。たとえば、カール・フォン・フリッシュが発見したハチの偏光感受性は、従来、（太陽コンパスの補強として）ナビゲーションに利用されるだけだと考えられていた。ところが、ヘザーは、ブリストル大学の共同研究者とともに、マルハナバチは実際、標的とする花が示す偏光パターンを学習できることを突き止めたのだ[18]（花に当たって反射した光は偏光している）。ただしそれは、ハチが花に下から近づいて、複眼の背側で花を見ることができる場合に限られる。なぜなら、偏光感受性があるのは、複眼の背側（通常は空を見ている側）だけだからだ。こうした例からも明らかなように、ハチにおいては、さまざまな種類の感覚入力が、特定のルーティン行動と固定的に結びついているわけではないのだ。どんな感覚刺激でも、報酬と関連づけて提示すれば、ハチはたちどころにこの結びつきを学習する（ただし、学習のすばやさは、それが自然界で関連して起こる頻度によって違ってくる可能性がある）。

ハチはいかにして規則性（ルール）を学ぶのか

1990年代初めに、私がまだベルリンで博士論文の研究をしていた頃、アルゼンチン人の若手科学者、マーティン・ジウルファがポスドク研究員として、ランドルフ・メンツェルのチームに加わった。私たちはまず、ミツバチの生得的な色選好性について共同研究を始めたが、ミツバチは特に青色を好むという、ジョン・ラボックの19世紀の所見を確認する以上の成果はほとんど得られなかった[19]。それからほどなくしてマーティンはミツバチの認知能力について、歴史に残る一連の研究を、まずランドルフ・メンツェルと共同で、その後トゥールーズ大学で行なうようになり、やがてそこに独自の研究センターを設立した。

これらの研究は、ハチの心はどのようにして、共通する特性によって別個の物体を分類するのか、また、一生の間に経験する別々の事柄の規則性を見つけ、概念を形成するのか、という問いに初めて挑むものだった。マーティンは、ミツバチが視覚パターンを対称か非対称かによって分類できるかどうかに興味をもち、それを試す実験を行なった。「対称群」のハチに対しては、左右対称（垂直正中線で折り返すと重なる）という点だけが共通する、さまざまな白黒パターンで報酬を与えた。この訓練中に、報酬にはつながらないさまざまな非対称のパターンにも遭遇させた。さてここで、ハチが、訓練中に提示された報酬ありのパターンをすべて記憶していれば、カテゴリー形成をしていなくてもこの課題を解けるはずだ。しかし、いわゆる転移テストをやってみれば、つまり、見たことはないが、訓練のターゲット特性と共通する特性をもつパターンを提示してみれば、その可能性を排除できる。

実験の結果、ハチは実際に、対称パターンというカテゴリーを形成したことが実証された[20]。非対称のパターンを避ける一方で、左右対称のパターンをすべて報酬ありに分類したのである。逆に、訓練中に非対称パターンで報酬を得ていたハチは、転移テストを行なうと、新たに遭遇する非対称パターンを選好した。脳の小さな動物の場合には、(花が示すパターンのような) 多数の報酬パターンに共通する特性を学習することは、確かに、記憶の保存スペースを節約する戦略になる可能性がある。報酬パターンを個々に記憶するよりも、それらすべてに共通する重要な特性だけを記憶するほうが効率がいいからである。

マーティンは続いて、国際共同研究チームと共に、ミツバチは同一・相違 (一致・不一致) のルールを学習できるかどうかを探った。まず、ハチをいわゆる「遅延見本合わせ」課題で訓練した。同一の概念を学ばせる場合には、ミツバチに、まず見本の視覚パターンAを提示したあと、AまたはBという選択肢を与え、Aを選んだ場合に報酬を与える (図7・6)。ハチはここで、最初に提示されたパターンをワーキングメモリに保持しておく必要がある (ワーキングメモリとは、ヒトを例にとると、電話番号を聞いてから書き留めるまでのごく短い時間だけ覚えておく容量の少ない記憶のことだ)。ハチは、最初に見たパターンをワーキングメモリに保持したまま、迷路へと入っていく。迷路内では2通りのパターンが提示され、そのうちの一方が、前に見たパターンと同じもの (一致刺激(マッチング)) になっている。つまり、それまで見たのような訓練を繰り返していくと、ハチはついに汎用性の高いルールを学習した。さまざまな刺激を用いてこのないまったく新たな刺激セットであっても (たとえば、パターンCを提示されたあとで、CかDのどちらかを選ぶような場合でも)、「同じものを選ぶ」ようになったのだ。[21] ミツバチは、「違うものを選ぶ」という、正反対の概念を学ぶこともできた。必ず見本と同じではないパターンを選ぶこと、つまり「不一致」のルールを学習したのである。

前述のとおり、こうした課題の遂行には、いわゆるワーキングメモリが必要とされる (ハチやその他の動物では、ワーキングメモリは数秒間しか保持されない一時的な記憶で、その容量も長期記憶に比べて小さ

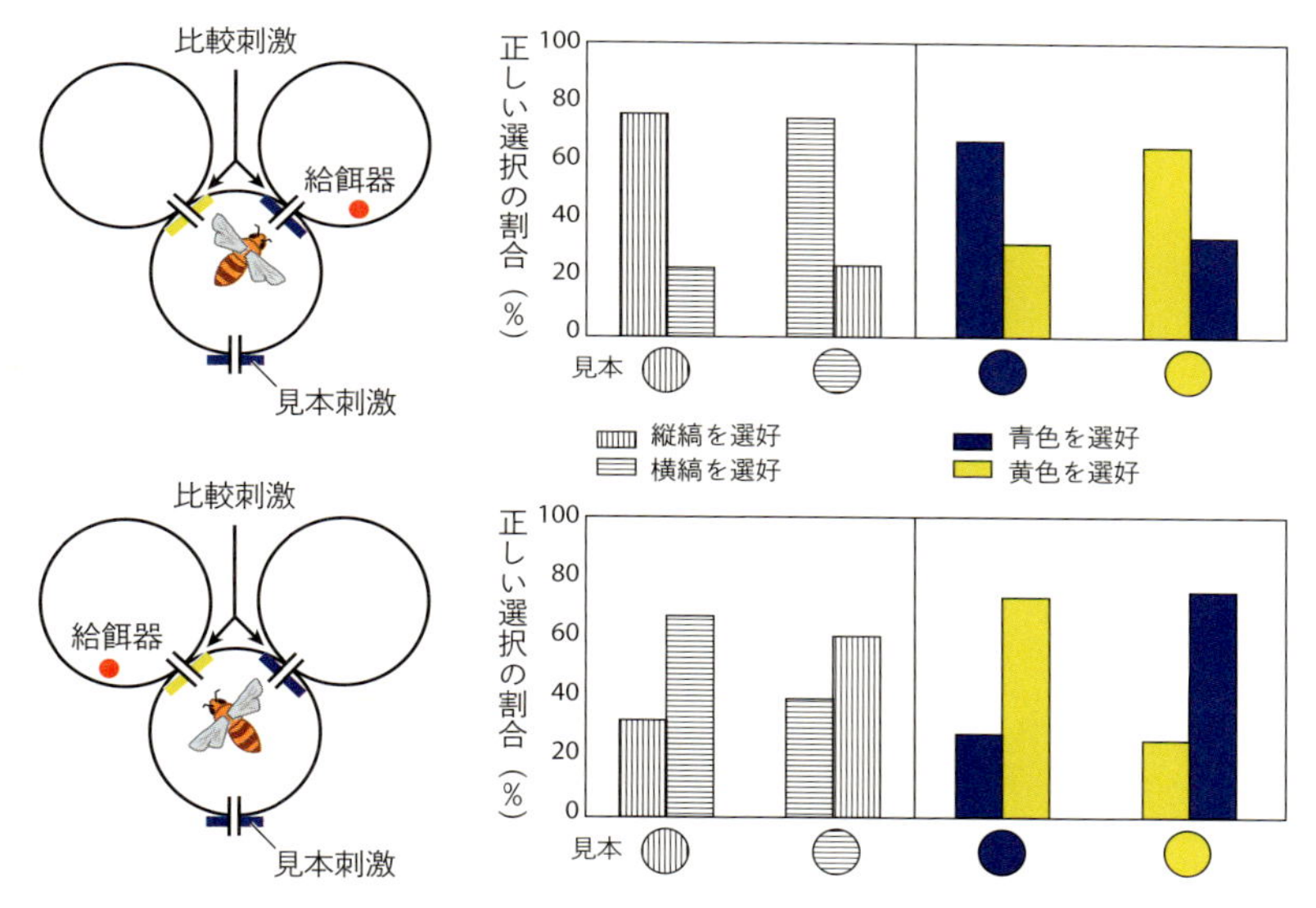

図7.6　同一・相違（一致・不一致）の概念を学習するミツバチ． 上の列：同一（一致）ルールの学習．遅延見本合わせ課題でハチを訓練した．まずY字迷路に入るときに，ハチに見本視覚刺激（たとえば黄色）を提示する．選択地点で，ハチに2通りの刺激（ここでは黄色と青色）を提示するが，そのうちの一方だけがすでに見たものと一致しており，それが砂糖水報酬のある部屋の入口になっている．訓練を終えたハチは，前に見たものと同じ刺激を確実に選べるようになるだけでなく，刺激がどんなものあっても，つまり黄色と青色であっても，縦縞と横縞であっても，「必ず同じものを選ぶ」というルールを学習する．下の列：相違（不一致）ルールの学習（遅延非見本合わせ）．同じ装置を用いて，ハチに「必ず違うものを選ぶ」ことを学習させるには，見本刺激をいったん記憶したあと，それとは異なる刺激を選ぶようにさせる．

い)。この場合、ハチに課せられているのは、ワーキングメモリの内容を吟味し(「たった今どんな刺激を見たか?」)、新たに入って来る刺激とそれを比較すること。そして、「同一ルール課題」であれば、ワーキングメモリにあるものと一致するものを選び、「相違ルール課題」であれば、短期記憶のバッファにはないものを選ぶことだった。この実験で極めて印象的なのはたぶん、ハチが「同一」と「相違」の概念を感覚モダリティ間で転移学習できたこと、たとえば、嗅覚刺激で訓練を受けた場合でも、それを視覚刺激に応用できたことだろう。

ハチのように脳の小さな動物がルールを学習できることを示したこの研究は、極めて広い範囲にまで影響を及ぼし、アメリカ人の神経科学者で、ヒトの意識の神経基盤の研究で有名なクリストフ・コッホの注意を引いた。コッホは『サイエンティフィック・アメリカン』誌に掲載された論文の中で、「ハチは驚くべきさまざまな能力を発揮する。それは、イヌのような哺乳類であれば、意識と関連づけられるような能力である」と述べている[22]。意識の問題は、のちほど第11章で詳しく取り上げる。ところで、訪花活動について(そして意識について)考えるうえでもうひとつ重要なのが、時間に関する学習である。

花はいつ蜜を出すかを学習する

19世紀末のブッテル＝リーペンの研究(第4章参照)以降、ハチは、花の種類ごとに蜜を出す時間帯を記憶できることが知られるようになった。マルティン・リンダウアーは、ダンスするミツバチがそのような記憶を真夜中に「オフライン」で引き出せることを発見した(第6章参照)。しかし、花のスーパーマーケットは複雑なので、ハチは、さまざまな時間間隔で起こる多数の事柄に絶えず注意を向けている必要がある。特定の時間帯にしか蜜を出さない花もあるが、訪花者が空にした後にしばらくして補充される花もあり、その再補充が1時間以内のこともあるが、花の種類が違えばその速さも異なる。

カナダ人の科学者、マイケル・ボアヴェールとデイヴィッド・シェリーは、ハチが2種類の花が出す報酬の間隔を学習できるか、また、その間待つことができるか――つまり舌を出すのを控えられるか――を直接評価した。ちなみに、そのような自己制御機能は、ヒトを含めた脳の大きい脊椎動物においては、優れた知能をもっている証だと見なされることが多い。ふたりはマルハナバチを4群に分け、各群にそれぞれ6秒、12秒、24秒、36秒の間隔で報酬を与えて訓練を行なった。すると、予想したとおり、どの群のハチも、学習した時間が過ぎるまで反応を抑えることができるようになったのだ。[23][24] それぞれ異なる時間間隔に合わせて報酬を期待する行動を示した、ということはつまり、ボアヴェールとシェリーのハチは未来を予測していたことになる。この能力は、マルハナバチが、蜜の補充速度がわかっている多種類の花の訪問ルートを決めるのに役立つはずであり、したがって、それをよく知っている常連の採餌バチのほうが、たまたまその花畑を訪れたハチよりも有利になることが示唆された。[25]

空間概念を学習する

マーティン・ジウルファの弟子、オーロール・アヴァルゲス＝ウェーバーは、ミツバチが、霊長類では空間概念学習と考えられている課題を解けることを発見した。それは「上」と「下」の概念である。オーロールは、Y字迷路の左右の腕に、2組の視覚刺激を提示する実験を行なった。一方の腕では、「基準」となる図形（たとえば横線）の上に別の幾何学図形を表示し、もう一方の腕では、基準図形の下に幾何学図形を表示した（図7・7）。「上という概念」を学ぶハチは、その幾何学図形が何であれ、Y字迷路の左右の腕のうち、それが基準図形の上にあるほうを選ばなくてはならない。一方、「下という概念」を学ぶハチは、その図形が基準図形の下にあるほうを選ばなくてはならない。ハチはたちまちこの課題を習得し、さらに転移テストもやってのけた。つまり、見たことのない幾何学図形であっても、それが見馴れた基準図形の正しい側に提示されたほうを選ぶようになったのだ。[26] オーロールは、ハチは霊長類よりも迅速にこうした課題を学習すると述べている。霊長類は同じような課題をマスターするのに、何百回もしくは何千回も試行を重ねる必要があるのに対し、ハチはわずか数十回で習得してしまう。ヒトは、脳内に約1千億個ものニューロンがあるが、生後6か月になるまで、このようなテストをこなせない。ところが、次のセクションで述べるとおり、ミツバチは簡便な方法で——霊長類がいつもやっているのとはまったく異なる方法で——課題を解決するのである。

概念学習課題を単純化によって速断

ハチはこのような空間概念の学習課題をどのようにして解くのだろう、その戦略は霊長類が用いるものと同じなのだろうか？　ハチは視覚パターンを学習するとき、遠くからひと目で把握することはできず、順に動的にスキャンしていくことをすでに学んだ。わがチームの博士課程の学生ふたり、マリー・ギローとマーク・ローパーは、ミツバチがいかにして上／下課題を解くのかを探るために、Y字迷路内での飛行軌跡を分析した。ハチの選択戦略をハイスピードカメラで撮影した映像を、何百時間分も詳細に分析したのだ。その結果、課題解決に成功したハチのほとんどは、ターゲットを間近で調べていたが、パターンの下半分を調べただけで、給餌器にとまる決断をしていたことが判明した。組になった2つの図形の一方しか見ないで、この課題を解決できたのはどうしてなのか？　その理由を細かく探ってみる必要がある。なぜなら、それを探っていくと、動物は認知課題を解決するために、ヒトとはまるで異なる戦略——なかな

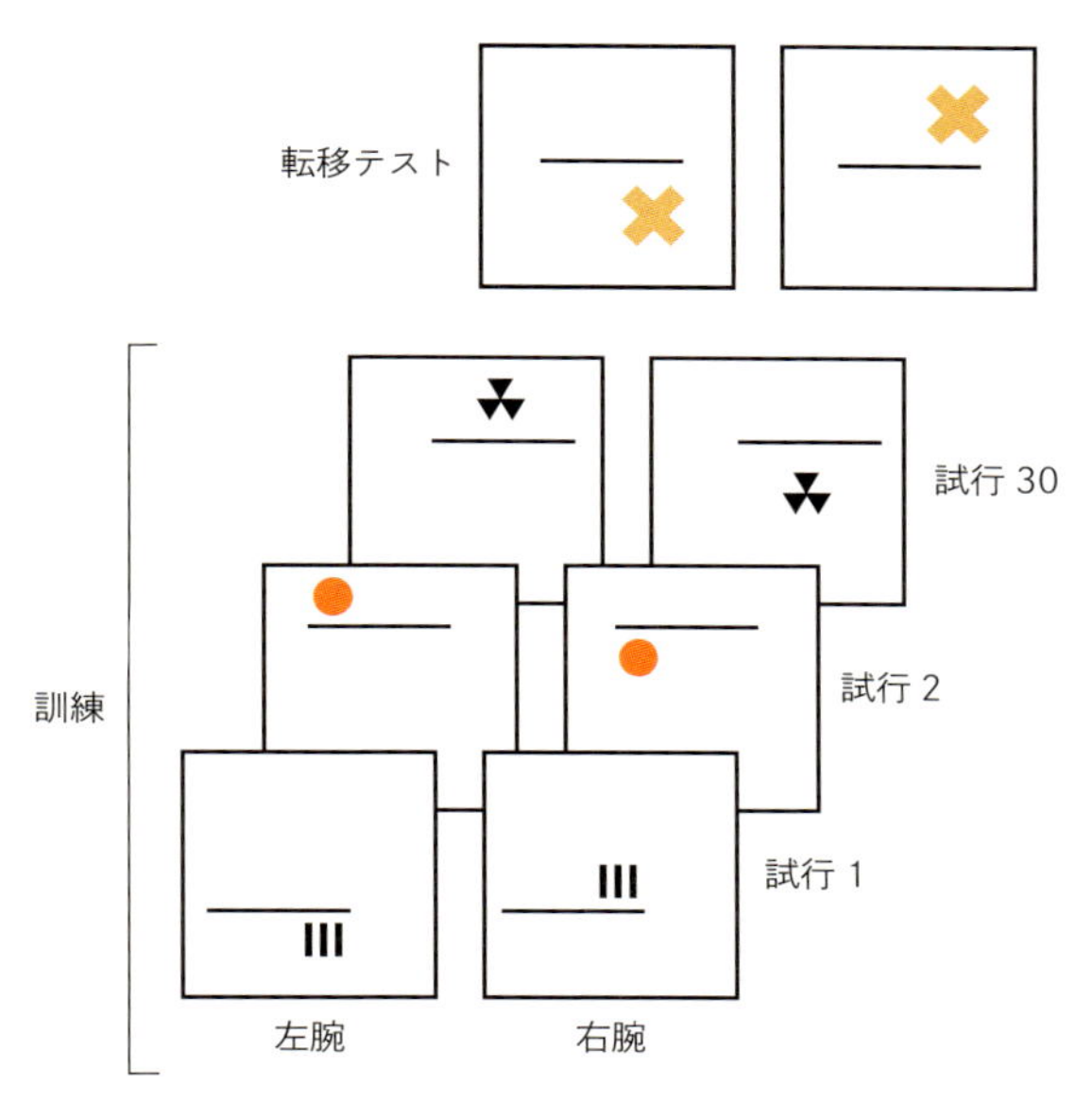

図 7.7　ミツバチが「上」の概念を学習するための訓練計画. 図に示すのは，Y 字迷路の後壁でハチに順次提示される対刺激．迷路の腕の一方でショ糖液を集めるようにハチを訓練した．Y 字迷路で同時に提示されるパターン対のどちらにも，同じ視覚刺激が含まれており，異なるのは単に，その「ターゲット」が，いつも同じ「基準図形」(横棒)の下にあるか，上にあるかという点だけだった．ハチは，訓練中，次々と異なるターゲットを提示され，ターゲットが基準の上にある組み合わせを選んだ場合にだけ報酬が与えられた．(もう一方のグループのハチは，ターゲットが基準の下にある組み合わせを選んだ場合にだけ報酬が与えられた)．ぜひ自分でこの課題を解いてみてほしい——ハチがどんな課題に直面しているか，理解しやすくなるからだ．Y 字迷路の腕の後壁に提示されるターゲットと基準図形の絶対位置を変化させることで，ハチが固定された配置を学んでしまわないようにした．(正解は順に，右，左，左，右．)

かどうして気の利いた戦略——を編み出していることが明らかになるからだ。

テストを受けるハチにはしばしば、Y字迷路の左右の腕のいずれか一方を好む癖があったが、そうでなければランダムにいずれかを選んだ。次に起きたことを見ていくために、まずは、「上」課題の訓練を受けたハチに焦点を当てよう。ターゲットと基準図形が示されている迷路後壁に到達するなり（図7・7）、ハチはとにかく下側にあるものに向かって飛んでいった。もしそれが基準図形（図7・7の横棒）だったら、ハチはもうそれで、自分が正しい方に飛んで来たとわかる。基準図形の上側にあるものをさらに調べる必要はない。基準図形が下側にありさえすれば、みな正しいのだ。下側にあるものが基準図形でなかった場合にも、ハチはやはり、上側にあるものを調べる必要はない。Y字迷路の間違った腕に来ているとわかるので、もう一方の腕へと飛んでいって報酬を集めればいい。

「下」課題のハチは、これとは逆の戦略を用いた。もし、最初に選んだY字迷路の腕で、基準図形が下側にあれば、間違った方に来たとわかるので、もう一方の腕へと飛んでいく（上側にあるものをさらに調べる必要はない）。もし、最初に選んだ腕で、基準図形以外のものが下側にあれば、自分が正しい方に飛んで来たとわかる。これはつまり、科学者が概念学習の課題だと考えていた課題を、ハチはあくまでも、概念学習がまったく不要な戦略によって解いたということだ。[27] もちろん、だからといって、ヒトが（少なくとも実験心理学者が）期待するようなやり方で、ハチがそれを解く可能性まで否定されたわけではない。さらに訓練すれば、それができるようになるハチが現れるかもしれない。

本章では、訪花活動をめぐるハチの心理を探ってきた。報酬花を見つけたハチが単に、その種類の花の「視覚イメージを保存」しているだけでないことは明らかだ。ハチは、感覚器官すべてからの入力情報を利用した豊かな感覚経験を記憶しているし、多種類の花を探索した経験を融合させて、共通する特性を抽出することもできる。ハチの知能はずば抜けているが、ヒトを含む他の動物の知能とはまた別のものであることも学んだ。

ハチがどんな解決策を考えついたにせよ、間違いなく言えるのは、最近まで脊椎動物の領分だと思われていた認知能力を、脳のはるかに小さなハチが発揮して見せる、ということだ。知的行動には大きな脳が不可欠、とまでは言わずとも、両者には密接な関連があるという広く普及している見方に照らすと、これは意外なことかもしれない。しかし、こうした見方を固持している文献をよく読んでみると、著者はたいてい、動物の認知能力を直感に基づいて「単純」から「高度」までランク付けしており、実際にこうした能力に必要とされる脳の情報処理機能を分析しているわけではないことがわかる。ハチの脳に焦点を当てる第9章でこの問題を取り上げるが、難しそうに見える学習課題の多くが、実は、ごく少数のニューロンで達成可能だということが明らかになる。

では、すでに学んだことを振り返ろう。(色を報酬と結びつけるなど)「単純な連合学習」のように見えるプロセスも決して単純ではなく、その成績は文脈、動機、注意の向け方によって変わってくる。その一方で、ハチは(そしてその他の動物もだいたい)、複雑な「概念」学習課題のように見える課題を、比較的単純な便法を用いて解決することができる。それと同じことが、カテゴリー形成についても言える(カテゴリー形成とは、多数の個別の刺激を、相称花 対 非相称花といった共通する特性に基づいて分類すること)。カテゴリー形成には、花のパターンをひとつひとつ記憶するよりも高度な認知機能が必要だと思われている方が多いのではないだろうか。確かにそうかもしれないが、ただしそれは、記憶保存スペースに制約がない場合だ。大きな脳をもつ余裕のない、昆虫のような小動物の場合には、記憶容量に物理的限界があるがために、カテゴリー形成のような巧みな情報蓄積様式に正の選択圧が作用する可能性がある。

総合的に考えると、このような研究結果は、認知能力には大きな脳が不可欠という考えに疑問を投げかけるだけではない。別々の生物種のまったく異なる戦略によって、同じ認知能力がもたらされる可能性があり、したがって、その基礎をなす神経回路や情報処理機構もそれぞれ異なる可能性があることがわかる。したがって、ある認知作用を神経回路の機能として理解するまでは、それを安易に「低次」だの「高次」だのと分類すべきではない。

ここまでの章では、個体としてのハチの学習能力について探ってきた。しかし、これまで検討した種はほとんどが社会性なので、次章では、社会性ハナバチ類の相互学習を可能にしている驚くべき方法の数々について見ていく。その方法とは、独特の記号的コミュニケーションシステムや、民主的な意思決定方式、そして、お互いのやり方をまねて単純な「道具使用」課題を解決する能力、などである。

8　社会的学習と「群知能」

1857年の夏、私は、ある昆虫が、異なる属の昆虫の複雑な行動をまねているように思える、さらに興味深いケースを目にした……ある日、数匹のマルハナバチが大顎を使って〔インゲンマメの花の〕萼の下側を切り開き、そこから蜜を吸っていた……するとその翌日、すべてのミツバチが1匹残らず、マルハナバチが開けた穴から蜜を吸っていたのだ……これは、ミツバチがマルハナバチを見て……何をやっているのか理解した……でなければ単にマルハナバチのやり方をまねたと考えるほかない……

これが立証されたなら、私が思うに、昆虫が知識を習得することを示す極めて興味深いケースとなるだろう。ある属のサルが別の属のサルを見て〔その採餌行動を〕採用したら、私たちは驚くはずだ……もし、本能が圧倒的に勝る昆虫類でそれが認められたら、どれほど驚かされることだろう。なにしろ、本能は知性に反すると一般には思われているのだから！

――チャールズ・ダーウィン、1884および1841年(1)

社会的学習とは、他者（必ずではないがたいていは同種個体）を観察することによって、あるいは他者の影響や指導を受けて学習することだが、こうした社会的学習能力は、人類の文化の基本構成要素のひとつと考えられている。だとしたら、ハチのような脳の小さい動物で、そのような学習が成立する可能性は低いのだろうか？　特殊な形態の社会的学習であるミツバチダンスについては、すでに第5章で学んだ。しかし、ダーウィンが指摘しているように、野原で他のハチの行動を観察することによって学び合うこともあるのだろうか？

どの花を訪ねるべきかを他のハチから学ぶ

花粉媒介昆虫には、社会的学習について調査するもっともな理由がある。彼らは、植物から提供される花蜜や花粉を比較して、最も好条件の植物種を選ぶ必要に迫られているからだ。どの種の花や花畑が優れているか、確かな情報を得るためには、たいてい広範なサンプリングが必要だし、すでに見てきたように、花の形態が複雑な種の場合には、花蜜にアクセスする特殊な操作法を習得するまでに、何十回も試行錯誤を重ねることになる。花畑ではたいてい、多数の（そして通常、多種の）花粉媒介者（ポリネーター）が同時に活動しているので、他個体から情報を得る機会には事欠かない。さらに、社会性昆虫は、数十匹から数千匹の近縁個体を擁するコロニーで生活している。こうした「超個体」では、個体同士が積極的に情報を共有して学び合う必要があり、その必要性は、脊椎動物の世界とは比較にならないほど高いかもしれない。

経験の浅いハチの行動範囲には通常、さまざまな種類の花が咲いており、提供される栄養分の質も量も、花の種類によってそれぞれ異なる。初心者（ルーキー）は、咲いている花を片っ端から試してもいいが、もうひとつの方法として、他のポリネーターの採餌行動に注意を向けることもできる。高収益の花資源を手っとり早く見つけるには、他の訪花者が盛んに活動している場所で採餌を始めるのがいいかもしれない。特に、自分と同種のハチが活動している場所ならば、必要な栄養分や花との身体的適合性が共通しているので、ますます有益だろう。

私の研究室の博士課程学生、エロイーズ・リードビーターは、マルハナバチがこの重要な情報源になりうるものを利用するかどうかを調べるために、シンプルな「花畑」を作り、そこに報酬の等しい2種類の造花（一方は青色で、もう一方は黄色）を配置してみた。すると、訪花経験のない新米のハチは、経験を積んだハチがとまっている花のほうを強く選好した。初心者はその後も、最初に誘導された種類の花ばかりを訪問した。初心者が花の種類を切り換えたのは、ほぼ例外なく、同種個体が別種の花にとまっているのを見かけた場合に限られていた。ただし、こうした初心者はどんな場合でも仲間のマルハナバチに引き寄せられる、というわけではなかった。熟練採餌バチのもとに来るのは、新たなタイプの報酬が見込める場合に限られていた。[2]

他のハチを遠くから観察して学習する

アリゾナ大学（ツーソン）のブラッドリー・ウォーデンとダニエル・パパイも、エロイーズ・リードビーターの研究に類する研究を行なって、未経験のマルハナバチは、ただ仲間のハチに引き寄せられるのでないことを発見した。[3] その研究では、ガラススクリーンを用いて、未経験のハチを「実演者（デモンストレーター）」から隔てておいた。そして、熟練採餌バチが2種類の色の花の一方にばかりとまる様子を遠くから観察させ、その後、1匹だけで、2種類の花と共に置いてみた。すると、仲間が訪問する様子を以前に見た色の花のほうに、強い選好を示したのである。

この研究結果の注目すべき点は、採餌バチを観察している間、ガラススクリーンで隔てられているハチは報酬をまったく得ていない――つまり採餌バチの行動を遠くから見ることしかしていない――という点だ。それでも、どちらの色の花に価値があるかを学習したのである。観察していたハチは、ダーウィンが言うように、自分が見たことを「理解」したのだろうか？　私たちは、その時点で、それより簡潔で明快と思われる説明を試みた。それは、古典的な連合学習による説明、ただし2段階を踏んだ連合学習による説明である。「二次条件づけ」と（パブロフの研究以降）呼ばれているプロセスが作用しているのではないかと考えたのだ。刺激Ａと報酬が結びついていることを学習した個体に対して、刺激Ａと刺激Ｂを対提示すると、やがてその個体は、刺激Ｂも報酬と結びついていると予測するようになるのが二次条件づけである。

もうひとりの博士課程学生、エリカ・ドーソンとオーロール・アヴァルゲス＝ウェーバーがチームに加わって、マルハナバチは高報酬の花の見分け方を仲間から学ぶ際に、そのような二次条件づけを示すかどうかを探っていった。まず、ハチが、仲間のハチ（刺激Ａ）を、報酬の存在と関連づけて学習できるかどうかを確かめた。次に、そのように訓練されたハチが、特定の色の花（刺激Ｂ）に仲間のハチがとまっているのを見たときに、（Ａは報酬を予測するとわかっていて、ＡとＢを対提示されたことで）Ｂも報酬をもたらすに違いないと「結論づける」かどうか（図８・１）。実験の結果、こうした二次条件づけの形成が示唆されたが、それと同時に、花にとまっている同種個体を見ることによって、逆の条件づけがなされることも示唆された。[4]　つまり、他のマルハナバチの存在を、苦いキニーネと関連づけるようになった場合には、ハチはその後、デモンストレーターが訪問していない色の花のほうを選ぶようになるのだ。

すでに第6章で、ハチは、報酬がなくても観察するだけで、重要な情報を習得できることを見てきた。たとえば、オリエンテーションフライト中に、巣箱の周囲のランドマークに関する情報を獲得する場合などがそうだ。以上のような研究結果から、２つの刺激の一方に報酬が伴うことがわかっていれば、ハチは

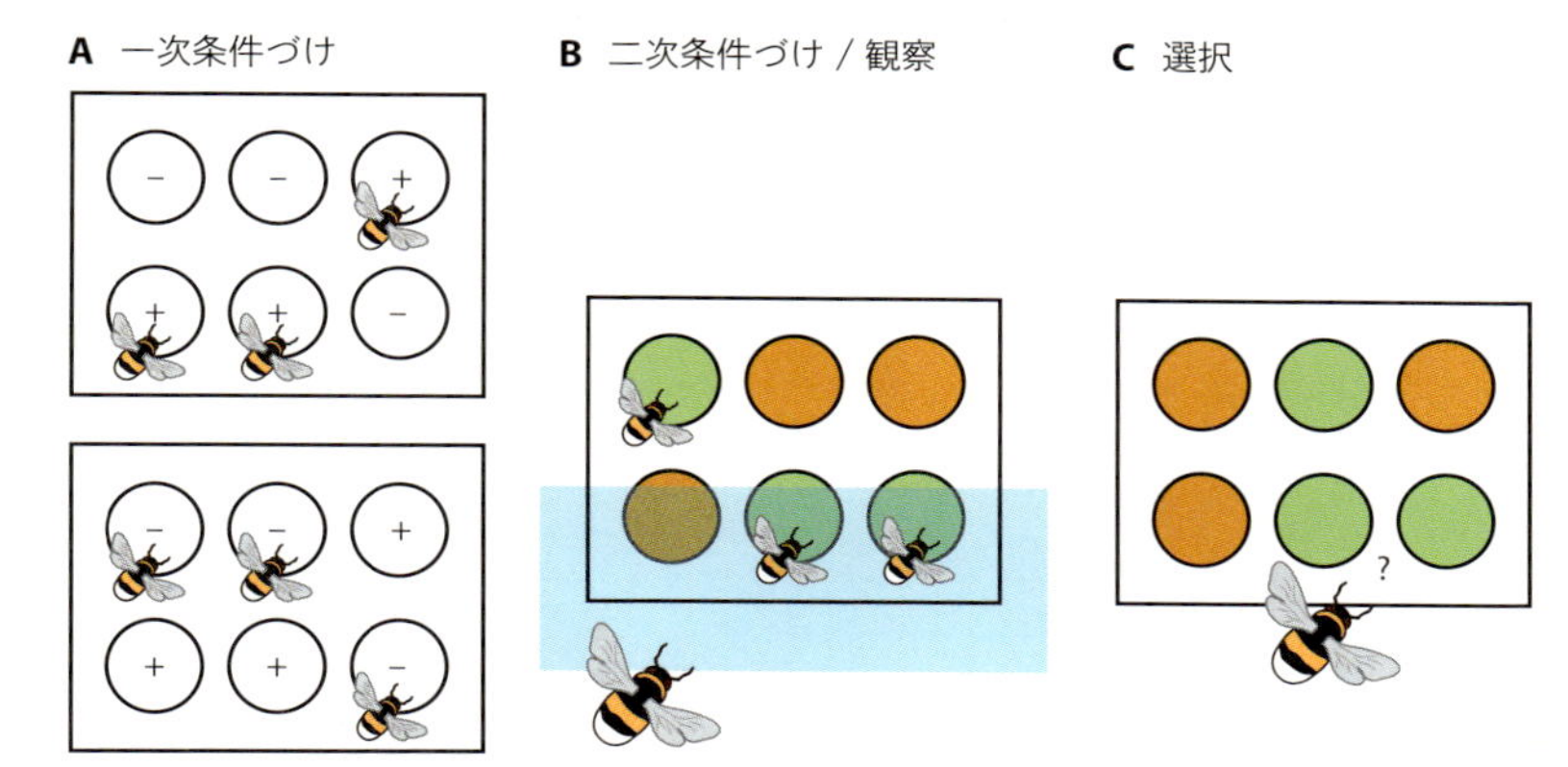

図 8.1　マルハナバチの観察による社会的学習を，二次条件づけによって説明できるか？　複雑に見える行動（仲間のハチの花選択をまねる行動）が，連合学習によって出現する可能性がある．採餌バチが同種個体の姿を，ショ糖液報酬（図 A 上の＋），または苦いキニーネ溶液（図 A 下の－）を予測するものとして利用するのである．そのように訓練されたハチが，その後，緑色の花を訪問している同種個体をガラススクリーン越しに見ると（図 B），同種個体の存在を，以前に学んだ意味（図 A）と結びつけるようになる．観察していたハチに，デモンストレーター不在の場面で選択肢を与えると，第一段階の訓練で，同種個体の存在が報酬を意味すると学習している場合には緑色を選び，それが苦い味を意味すると学習している場合には橙色を選ぶようになる．

遠くから眺めただけでも、2つの刺激を関連づけられることが明らかになった。エリカ・ドーソンがエロイーズ・リードビーターとの共同研究で発見したことは、このような連合学習の柔軟性をさらに強調するものだった。ミツバチが巣を侵略する捕食者に対して集団で攻撃をしかけるときには通常、警報フェロモンが放出されるが、この警報フェロモンと任意の刺激（着色光）を対提示することによって、ミツバチがその刺激を脅威の指標と見て反応するようになったのである[5]。ハチは、「光警報」が警報フェロモンと同じ社会的シグナルなのだ、ということを本質的に学びとっていた。

異なる種から学習する

エリカはさらに、種の異なる花粉媒介者（ポリネーター）同士が互いに「まね」し合うというダーウィンの指摘を、実験によって裏づけた。実験の結果、ミツバチの存在が報酬を予測することをすでに学習している場合には、マルハナバチはミツバチの花選択をまねることが明らかになった。[6] 他種のメンバーからの学習は、有益な戦略になる可能性がある。同種個体間の競争は、特に相手が同じコロニーの成員の場合、同じ資源の採りすぎや競争の激化につながるおそれがある。それに対し、食料源が似ていて、同じような場所に生息している他種個体の餌選択を観察すれば、もっと利益が見込める、新たな資源のありかに導いてもらえる可能性がある。また、自分と異なる種は、警戒レベルも、知覚力も、情報収集方法も自分とは違っていたりする。したがって、他種個体を観察すれば、個別に採餌したり、同種個体を観察したりするだけではなかなか得られない情報にもアクセスできる可能性がある。しかも、必要なものが部分的にしか重ならない種の間では、競争もそれほど激しくならずにすむかもしれない。

アピス・メリフェラ（セイヨウミツバチ）とアピス・セラーナ（トウヨウミツバチ）という、種の異なるミツバチを同じ巣箱に入れて行なった研究で、ハチは他種のハチのダンス言語（第5章参照）を解読できるようになることが明らかになった。[7] この2種は「距離コード」が異なるので、同じ食料源の位置を示すダンスが、両者で微妙に異なっている。しかし、同じ巣箱内で「互いに話して」いると、アピス・セラーナがアピス・メリフェラのダンスの「方言」を解読できるようになるのだ。おそらく試行錯誤によって学ぶのだろう。アピス・セラーナの採餌バチは初めのうち、自分がダンス情報の読み取りを誤ったせいで、無報酬の場所に行ってしまったことに気づく。その後再び探索に出て、報酬のある場所にたどり着けると、距離コードの解読法が補正されて、その後は「方言」を正しく読み取れるようになるのだと思われる。ハリナシハナバチの一種、トリゴナ・スピニペスは、他種のハチが餌場まで付けていった臭跡をたどって、豊富な食料源の場所を学習する。[8] その後、最初にその食料源を見つけて利用していたハチを追い払ったり、殺したりして、その食料源を乗っ取ってしまう。

観察によって盗みの技を学習する

ダーウィン（本章冒頭の引用参照）は、ハチが、花の中にある報酬にアクセスする特殊テクニックを互いに学習し合う可能性を示唆している。彼がここで報告しているのは、現在、盗蜜と呼ばれている行動で、舌の短いハチが花筒の長い花を利用するのに用いる狡猾なテクニックだ。花の受粉には関与せずに、萼に穴を開けて花蜜を「盗む」のである。エロイーズ・リードビーターは、ハチに花筒の長い花を提示する実験を行なった。ハチは（花筒にもぐり込んで）「正当」に利用することもできれば、大顎で花筒の根元に穴を開けて利用することもできる（図8・2）。こうした状況下では、ほとんどのマルハナバチが花蜜への「長距離ルート」をとった。蜜を蓄えている距に穴を開けることを自ら「発明」したのは、ごく一部のハチだけだった。ところが、何匹かのハチが花筒の根元に穴を開け始めると、盗蜜に切り換えるハチがどんどん増えていった。初めは、他のハチが開けた穴を利用していたが、この花蜜への近道をひとたび経験すると、各々が自分で花の根元に穴を開ける傾向が高まっていった。[9] このような社会的学習に注目すると、群れに特異的な行動がどのようにして「発明者」からその群れの他個体に広まっていくのかを探る機会が得られる。

イギリスの保全生物学者、デイヴ・グールソンは、「黄色いガラガラ」という野生の花における、アルペン・マルハナバチ（*Bombus alpinus*）の盗蜜行動を観察した（「黄色いガラガラ」は、乾燥した実の中に種子がガラガラ入っていることから付けられた名前）。花筒の長いその花には、蜜腺の近くに脆弱な部分が2か所（両側に1か所ずつ）あるのだが、舌の短いハチは、たちまちこの弱い部分を見つけると、花の左右ど、ちらか一方を噛んで穴を開ける。グールソンらは、右から開けるか、左から開けるかというローカルな「伝統」があるらしいことを発見した。つまり、花畑ごとに、どちらか一方のやり方で盗蜜される傾向があり、開花期を通して畑特有の偏りがさらに増大していったのだ。[10] このことから想像すると、それぞれの花畑で最初に盗蜜を始めたハチはすぐに、右アプローチか左アプローチのどちらかに特化するのだろう。するとそれを見ていたハチが、そのテクニックをまねたり、すでに開いている穴を見つけて利用したりするようになるのだと思われる。

ハチの文化と伝統?

ハチの行動には伝統が存在するようだと指摘したのは、私たちマルハナバチ研究者が最初ではなかった。1980年代初めにマルティン・リンダウアー（第3章）が、ミツバチの文化的伝統の諸要素について探っている。[11] 最後に行なった実験的研究のひとつで、彼はこんな問題を取り上げた。ミツバチコロニーの概日リズムは、採餌可能な時間帯に応じて形成されるが、そのような環境条件を直接経験していない新参者の採餌バチにまで、どのようにしてそれが「伝統」として伝えられていくのか。

リンダウアーは、採餌バチの集団に、採餌可能なのは1日に1時間だけであることを教えた（一方の集団は朝の5時から6時まで、もう一方の集団は夜の8時から9時まで）。すると、それぞれの集団のハチは、採餌可能な時間帯に活動パターンを合わせることを学習した。その後、蜂児の巣房を各コロニーから切り離し、幼虫や蛹が成虫になるまで、コロニー内の年長の仲間とは接触させずにインキュベーターで育てた。羽化後、これらのハチは、母コロニーの極めて特異な活動パターンと一致するパターンを好んだ。つまり、「早朝作業員」か「深夜作業員」のいずれかになったのだ。生まれたばかりの子どもが、コロニーの活動

図 8.2　マルハナバチによる盗蜜．画像は，蜜ポンプに接続されているマメの花．上：マルハナバチの採餌者が「ちゃんと」花の中に入って，花の生殖器に触れながら蜜を吸っている．下：「盗蜜者」が，送粉サービスを行なわずに，花の根元に開けた穴から蜜を吸っている．経験の浅いマルハナバチは，熟練盗蜜者を観察することによって，このテクニックを習得する．

時間帯を身につけているのはなぜか、そのメカニズムはまだよくわかっていない。採餌要員が補充される時間帯には、ダンスによって巣板の振動が激しくなるのを、巣房内の幼虫や蛹が感じとったのではないかとリンダウアーは考えた。

これまでのパラグラフで見てきた社会的学習は、ハチの生まれながらの生理に基づいた採餌行動での学習が中心であり、訪花者が日々遭遇する評価や操作の課題に焦点が当てられている。しかし、ヒトの文化的伝統の特徴は、ヒトが生得的傾向をもつ事柄とは明らかにかけ離れたものも含まれるという点だ。ハチの間でこうした非自然的行動——自然界では通常見られない行動——が広まっていくのを観察することは可能だろうか？

2008年、私はロンドン大学クイーン・メアリー校に心理研究センターを創設し、ヒト以外の脊椎動物のうちで最も賢いと言われる、カラス科の鳥やチンパンジーなどの認知機能を研究している科学者数人を採用することができた。脊椎動物の知能の研究では、自然界では遭遇しえない課題を与える実験がよく行なわれる。その一例が、報酬にアクセスするには紐を摑んで引き寄せる必要がある、という紐引き課題だ。ある会議の席上で、鳥類研究者のひとりが、数羽のオウムにこの課題をやらせてみたがだめだったという報告をしたときのことを今でも思い出す。「うちのマルハナバチにはきっとできますよ！」私は力を込めて言った。

会議室にいた全員から「まさか、ありえない」という反応が返ってきた。

ポスドク研究員のふたり、シルヴァン・アレムとクウィン・ソルヴィはそんな反応をものともせずに、進行中のプロジェクトをいったん中断して、マルハナバチが、こうした自然界にはない物体操作の課題を学習できるかどうかを探る研究に取りかかった。つまり、透明アクリル板の下にある造花の報酬にアクセスするために、紐を引けるようになるかどうかを調べたのだ（図8・3）。確かに引けるようにはなったが、ただし、ほとんどのハチは、最初は「花」に自由にアクセスできるようにしておいて、試行を重ねるごとに徐々に「花」をアクリル板の下に入れていく、という段階的訓練が必要だった。１００匹を超えるハチに実験を行なったが、自ら「発明」してアクリル板の下から花を引き出したのは2匹だけだった。しかし、未経験のハチでも、熟練デモンストレーターを見習うことによって（デモンストレーターとの直接的なやりとりによって、もしくは、紐を引くデモンストレーターから7センチメートル離れた透明な観察ボックスから眺めることによって）課題を学習することができた[12]。

そこで終わりではなかった。こうした社会的学習は、紛れもない文化伝播へとつながっていった。つまり、ヒト社会において、新たなイノベーションが普及して、集団内の大多数に急速に拡散していくときに見られるような現象を引き起こしたのだ。実際、この新たな紐引きテクニックは、それを習得した1匹のハチからコロニー内の大多数のハチへとたちまち拡散していった。学習内容がいくつかのグループごとに順次伝達されていく（学習者の「世代」がある）ことが明らかになった。つまり、未経験の観察者がまず、習熟した個体の影響を受けてそのテクニックを習得すると、今度はその個体自身が、次「世代」学習者にとってのデモンストレーターになるのだ。こうした方法をとると、そのテクニックが、個体群のなかで、それを覚えた個々のハチの寿命よりも長く継承されていく可能性がある（図8・3）。

マルハナバチの紐引きテクニックの研究をしている当時、私たちは、この実験でハチがやって見せたことに特に新しいものはないと考えていた。同種他個体への誘引、連合学習（同種個体の存在と報酬を結びつける）、そして試行錯誤学習（紐引きテクニックを実際に習得する）を組み合わせれば、この実験結果を説明することができるので、採餌テクニックの文化伝播には、この組み合わせだけで十分だろうと考えていたのだ。他のハチが課題を解決するのを見ているハチが、「そのハチが何をしているかを理解した」（ダーウィンの言）とか、観察した行動をまねようとしたとか、そういったことをはっきり示すものはなかった。おそらく、社会的学習についても、学習の場での同種他個体の存在についても、特別なものは何もない。つまり、仲間のハチは、報酬や脅威といくらか関連のある身の周りのアイテムのようなもの……果たしてそうなのだろうか？

実はそんな単純なものではない。どんな動物にとっても、同種他個体ははっきりと際立つ存在であり、それを識別することは、単独性種にとってさえ、繁殖相手を見つけるうえで極めて重要だ。造巣、食料の確保、防衛のために相互に依存し合っている社会性種にとっては、なおのことそれが重要になる。そして、どの資源を利用すべきかという情報に関しては、別の種のメンバーから学習できる場合でも、ハチは同種他個体のほうを「信用」することが判明している。これは理に適ったことだ。なぜなら、同種の個体はふつう、必要な栄養が等しいだけでなく、花蜜や花粉を集めるための形態学的適応（舌の長さや大顎の強さなど）も同じだからである。

同種他個体を積み木のような無生命の手がかりに置き換えて、花の報酬の質に関する情報を伝える実験を行なうと、社会的学習における同種他個体の特異性が明らかになる。新参者のハチは明らかに、模型のハチやその他の物体よりも、花にとまっている生きたハチのほうを信用する。子ども時代のフィッシャーテクニック社の組み立て玩具で作った装置を用いて、造花にとまっている模型のマルハナバチを動かす実験を行なったところ、見ているハチの注意をその花に向けるには、生きているデモンストレーターの動きが不可欠であることが明らかになった。[13]

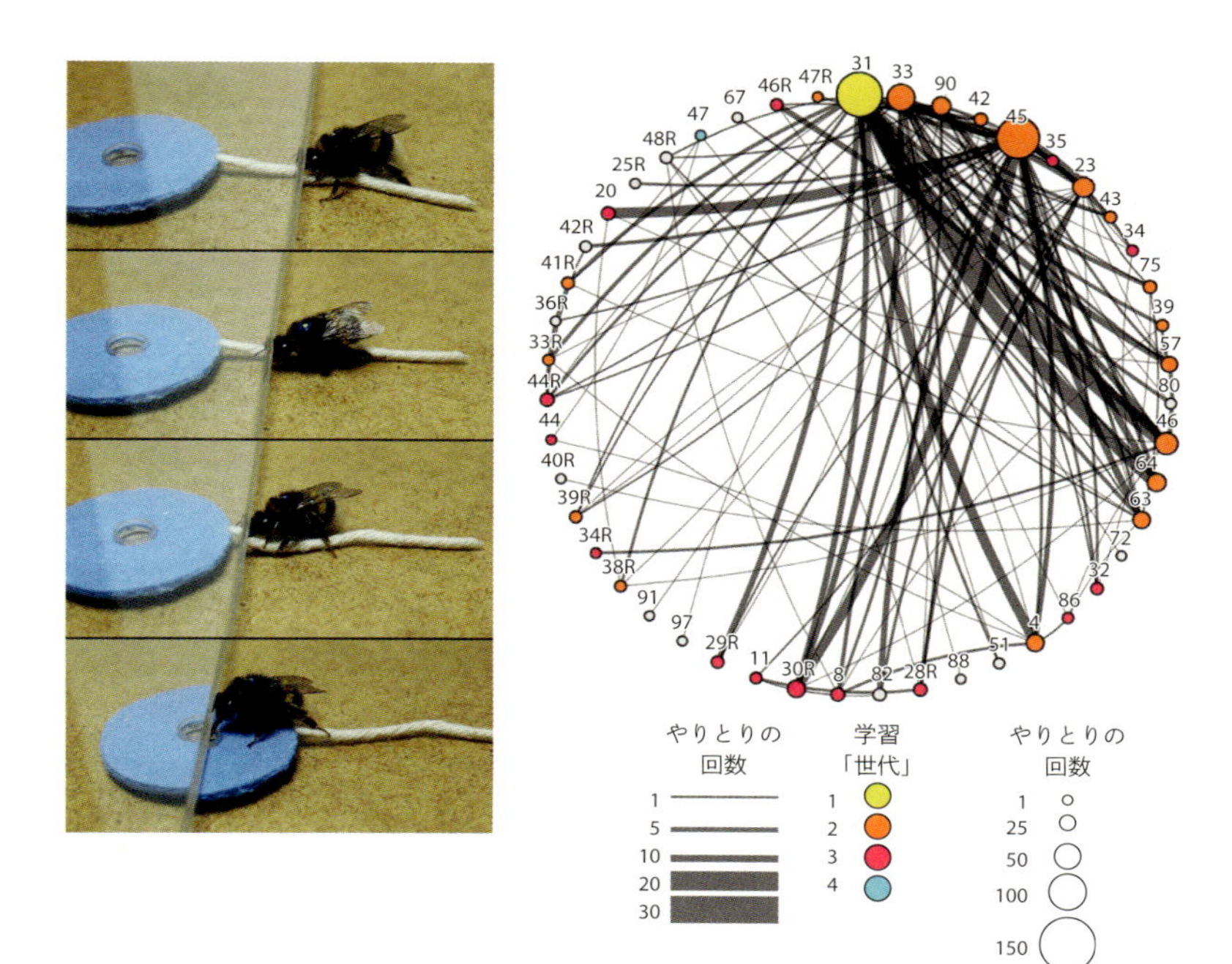

図 8.3　マルハナバチの紐引き実験. 左：一連の画像は，透明アクリル板の下にある青い造花にアクセスするために紐を引くマルハナバチ．花の中心部にショ糖液が 1 滴含まれている．右：マルハナバチのコロニーにおける紐引き行動の拡散．番号を振ったノードは，個々のハチを表している．それらを結ぶ線は，2 匹のハチが少なくとも 1 回はやりとりしたことを示す．線の太さは，2 匹のハチの間でのやりとりの回数．ノードの大きさは，そのハチが他のハチとやりとりした回数．ノードの色は，そのハチの学習「世代」．紐引きテクニックを最初に発明したハチは，最上部に黄色で表示してある．紐引きテクニックを「黄色のハチ」から学んで覚えた一次学習者はオレンジ色で，そのテクニックを一次学習者とのやりとりで学んだ二次学習者はピンク色で，二次学習者とのやりとりで学んだ三次学習者は青緑色で表示．灰色で表示したノードは，観察時間内にはこのテクニックを習得しなかったハチ．

観察によって道具の使い方を学習する

　ハチは他個体がやっていることを見て、単にそれをまねるだけでなく、期待される結果をある程度理解しているのではないか、というダーウィンの指摘について検討する一連の実験を行なった。この研究を行なうにあたり、クウィン・ソルヴィは、フィンランド人のポスドク研究員、オリ・ロウコラとチームを組んだ。この研究でマルハナバチに課したのは、球を円形アリーナの中心まで動かして報酬にアクセスするという、道具使用の課題である。本物のハチや人工のハチがこのテクニックを実演するのを見たハチのほうが、「幽霊」実演（台の下の磁石でボールを動かす）を見たハチや、実演を見ていないハチよりも、効率よくこの課題を学習した。

　実演を見ていたハチが、この課題で期待される結果を理解したかどうかを確かめるため、熟練デモンストレーターの実演時にちょっとした仕掛けを施した。3個の球を、アリーナの中心からそれぞれ異なる距離に置いたのだ。この課題の最適解は明らかに、一番近い球を中心まで動かすことだ（図8・4）。しかし、中心に近い2個の球は床に接着してあり、デモンストレーターは、観察者とペアを組む前に、一番遠い球しか動かせないことを学習していた。そして、観察者が熟練デモンストレーターのいるアリーナに入ってきたときも、こうした状態になっていた。デモンストレーターは、観察者が見ている前で3回、一番遠い球をゴールへと運んだ。その後でこの2匹とも、蜜胃を満たすのに十分なほどのショ糖液を報酬として与えられた。

　ここで確認しておくと、観察者自身は、球を転がす直接経験はしておらず、そのやり方を3回、その場で見たにすぎない。こうして観察させた後、そのハチを1匹だけにしてテストを行なった（この時点で、球を3個とも自由に転がせるようにしておく）。すると、ほとんどの試行において、ハチは自発的に、中心

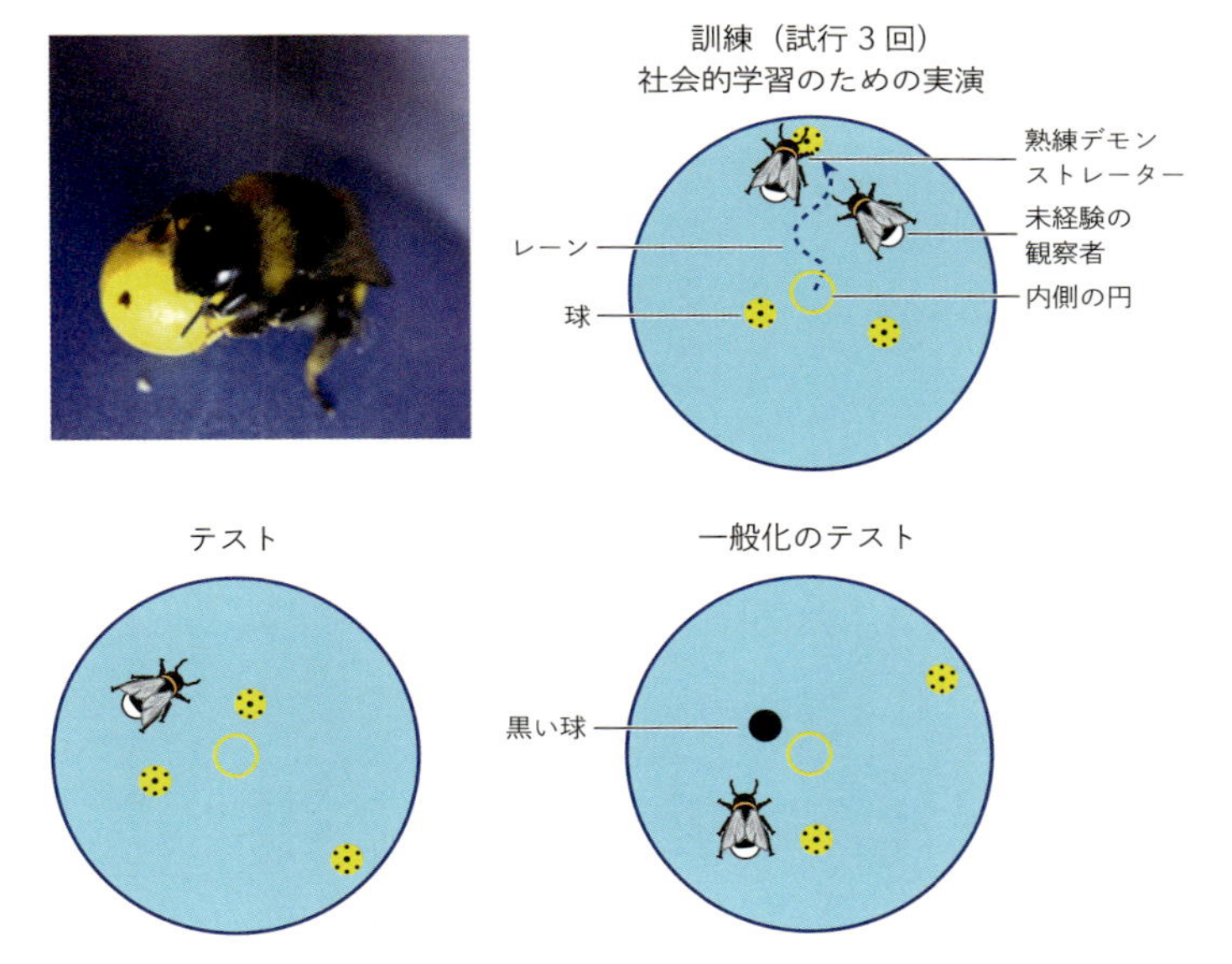

図 8.4　マルハナバチに見られる道具使用の社会的学習． 上左：マルハナバチのワーカーが，前脚で球をつかんだまま後方に歩いて，球を動かす．上右：課題は，黄色い球を青い円形アリーナの中心（黄色で示した内側の円）まで動かすこと．熟練ワーカー（デモンストレーター）は，3 個のうちの一番遠い球しか動かせないことを学習している（他の 2 個は接着されている）．未経験のハチがその様子を観察する．下左：続いて，観察していたハチに，3 個とも動かせる球が選択肢として与えられる．するとそのハチは，一番遠い球（デモンストレーターが動かすのを見た球）は選ばずに，中心に一番近い球（この課題を解決するのに優れているほう）を選ぶ．下右：ハチは，新たな黒い球に直面してもやはり，報酬を得るのに慣れている球（途中にある黄色い球）ではなく，中心に一番近い球という最適解を選ぶ．

に一番近い球を利用したのだ。[14] これは、ハチが単に、同種他個体のいた場所に引き寄せられたわけではないことを示している。観察者は単にデモンストレーターをまねるのではなく、標的に一番近い球を利用することで、同じ目的をより効率的に達成した（実演時とは球の色が違っていても同様の結果が得られた）。たいてい初回の試行でそうすることができ、試行錯誤学習の必要はなかった。デモンストレーターが示した戦略を自発的に改善したということの事実は、ハチがこの課題で期待される成果をある程度理解しており、それに合わせて行動を変化させた、ということを物語っていた。どうやらハチは、デモンストレーターのテクニックや、動かされるのを見た球の感覚刺激（色）ではなく、行動の目的に注目してそれをまねたようだった。昆虫その他の動物に、こうした「結果についての認識」が認められることを、100年以上前に初めて示唆したのがチャールズ・ターナーだった。[15] たとえば彼は、狭い島状地に閉じ込められたアリが、さまざまな素材を利用して近くの本土に橋をかけようとする様子を観察している。

球をどこに置けば餌を採れるかを理解するといった、自然界ではほとんど、あるいはまったく必要とされない認知機能の進化に、自然選択が有利に作用するのはいったいなぜなのか？　問題に臨機応変に対応できる汎用型知能を備えていれば、予測不能な状況に遭遇してもそれに対処することができよう。球転がし研究が発表された後、一般市民の方から電子メールで寄せられた情報によると、1匹のマルハナバチが、この研究でハチが用いたのと同じテクニックで、巣に迷い込んだ小さなナメクジを引きずり出すのを目撃したという。蜂児や貯蔵食料にアクセスできなくなりそうな場合、こうした稀にしか起こらない課題を解決する能力が生死を分ける可能性もある。

本書全体を通じてこれまで、生得的傾向と学習とが密接に関わりながらハチの行動を形成するのを見てきた。同種他個体への生得的な関心が、その個体の食料源利用戦略に注意を向けさせ、そのような注意がひいては、その個体からの学習を促進する。しかも、見たままをそっくりまねるのではなく、自発的に改善を加えながら学習するのである。また、マルハナバチにとっては、同種のハチこそが最も信頼できる師匠なのかもしれないが、だからと言って、そのやり方しか受け入れないというわけではない。ここにもまたハチの柔軟性が見てとれる。他種のメンバーが確実に報酬を得ているとわかれば、そのやり方も手本として受け入れるのである。

新たな住処を求めて移動する分蜂

生得的なルーティン行動と社会的学習との興味深い相互作用は、ハチ同士のコミュニケーションの文脈でも起こる。本書ではすでに、ミツバチのダンスコミュニケーションでの例を見てきた。距離と方向を象徴する記号はほとんど生得的に備わっているものだが、巣内にいる「ダンス・フォロワー」はその情報を学習したのち、巣外を飛行するときにそれを応用するのだ。

生得的なコミュニケーション行動と学習行動の相互作用は、ミツバチのコロニーが分裂するとき、つまり分蜂時にも見られる[16]。分蜂の際には、コロニーの働きバチ（ワーカー）の相当数（1万匹ほど）が旧女王を伴って巣を離れ、適切な営巣場所を求めて移動する。それに備えて、女王バチはワーカーたちからしきりと「手荒な扱い」を受け（噛まれたり、押されたり、揺さぶられたりする）、その結果、女王バチの腹は空を飛べるほどスリムになる（少なくとも前年の夏以降、ずっと巣の中にいて飛ぶことはなかったのだが）。分蜂が間近に迫ると、活発なワーカーたちは、腰の重いワーカーたちを揺すって刺激し、最後には「ブンブン走行（バズラン）」で不活発なワーカーの塊に割って入って説得する。

ノーベル文学賞受賞者のモーリス・メーテルリンク（1862〜1949）は、実際の分蜂の様子をかなり詩的な言葉で描いている。彼が、ハチを理解するのは容易ではないと考えていたことは、第1章のエピグラフに綴られているとおりだ。裕福で風変わりなところのあるメーテルリンクは、愛人（既婚者）で小説家、女優、歌手のジョルジェット・ルブラン（1869〜1941）とともに、廃墟の大修道院で生活し、広大な大修道院の中をローラースケートで移動した。世界の選りすぐりの変人たちの多くと同様に、彼はハチにすっかり魅せられ、1901年に『蜜蜂の生活』と題する名作を執筆した。そこには、ミツバチの分蜂の様子が次のように綴られている。「この出発の合図が発せられると、たちまち街の扉という扉が異常な圧力で一斉に開け放たれたようになる。そして真っ黒な一団が……まっすぐにぴんと張られた流れとなって、振動しながら絶え間なく噴き出してきたかと思うと、たちまち空中にはじけ、拡がってゆく……その様子はまるで数千の興奮した指が半透明の絹織物を織ったり破ったりしているようだ。」[17]

メーテルリンクはちょっと興奮しすぎではないかと思われるならば、いつか自分の目で見てほしい。かつて私の研究室のポスドク研究員だったジェームズ・メイキンソンは、この壮大な光景を一度見ただけで、生物学者になりたくなったという。ブッテル＝リーペン（1900）は、分蜂時のハチの精神状態を、攻撃性の低下と光誘引性の亢進を伴う一種の熱狂状態であると述べたうえで、遊び行動に本来備わっているような、ある種の快楽を伴うのだろうか、と自問している。[18]

そもそもどのようにしてこの分蜂が始まるのか、そして実際に、誰が巣を離れ、誰が巣に留まるかをどのようにして決めているのかについて、多くの謎が残されている。それに加えて注目すべきなのは、ハチが何か月にもわたる労働の成果（作り上げた巣、そこで育っている蜂児、そこに蓄えた花蜜や花粉）を後に残して巣を離れ、どんなに条件が良くても確実にゼロから始めなくてはならないまったく未知の世界に向かって飛び立つ、という決断を下す点である。

木の枝にぶらさがっている分蜂蜂球がその後どうなるか、詳しい調査がなされている。ハチは営巣に適した新たな場所を見つける必要があるが、そのリスクは高い。セイヨウミツバチの自然巣は樹洞に作られるが、どんな樹洞でもいいというわけではない。十分な大きさを必要とするが、大きすぎたり、湿りすぎていてはだめだし、厳しい天候などから巣が守られるように、入口は適度に小さくなくてはならない。そして、そのような場所に移動する際には、単に候補地を見つけるだけでなく、群れ全体として候補地を1か所に絞ることが重要な課題となる。意見が食い違っていてはだめだ。ワーカーたちは、自身の寿命は長くないし、大きな群れでも女王なしには長く生きられないので、食料が尽きてしまう前に、あるいは天候が厳しくならないうちに、合意に達する必要がある。新たな巣はなるべく、花資源をふんだんに利用できる場所の真ん中に位置していてほしい。なぜなら、新たな営巣場所にハニカム構造を作って、そこに越冬できるだけの資源を蓄える必要があるからだ。しかしそれがなかなか難しく、選択を誤ったハチが寒候期に餓死したり凍死したりすることは珍しくない。

メーテルリンクは、意思決定がなされるまでのプロセスを次のように綴っている。

分蜂群は……枝にぶら下がったままで、ワーカーたちの帰りを待つ。分蜂が始まった時点で、ワーカたちは空飛ぶ探索隊として、巣の候補地を探すべく四方八方に散っていった。やがて、その探索バチが1匹ずつ戻ってきてミッションの報告をするのだが、私たちにはミツバチの思考を推し測ることなど到底不可能なので、彼らが繰り広げるスペクタクルを人間流に解釈するしかない。ならば、さまざまな探索バチの報告に注意を向けるのが良さそうだ。あるハチは、自分が見つけた樹洞を強く推しているようだ。また別のハチは、崩れた壁の裂け目、洞穴の窪み、あるいは棄てられた巣穴を候補に推している。会議をいったん休止して、翌朝まで持ち越しとなることも珍しくない。しかしようやく選択がなされると、全員がそれに合意する。そしていよいよその時が来ると、分蜂群全体が波打つように動き出し、やがて猛烈な勢いで一気に飛び立つと、もはやそれを妨げるものは何もなく、垣根や麦畑を越え、干し草の山や湖を越え、川も村も越えて、自ら決定を下した遥か遠い目的地に向かって一直線に飛んでいく。この段階までくると、人間が分蜂群を追跡できる可能性はほとんどなくなる。群れは自然に帰り、それがどうなったかはもはや知る由もない。[19]

当時は、ミツバチの偵察隊の存在やその活動についても、また、ハチのコミュニケーション方法についても、ほとんど何も知られていなかったことを考えると、メーテルリンクがほぼ正確に推測していることに驚かされる。とはいえ、当時すでに、それ以前の報告をもとに、分蜂群のハチは、いったん集まった場所から飛び立つ前に決断を下していると考えられていたようだ。何とも長々しい名前のバロン・アウグスト・シティヒ・オイゲン・ハインリヒ・フォン・ベルレプシュ（1815〜1877）（通称ハチ男爵）は、1852年に、屋敷内のライムの木にとまっている分蜂群を見守ったときのことを詳しく述べている。ハチはまず四方八方に飛び立って、曲線を描きながら記憶飛行を行なっていた。翌朝になってもまだ分蜂群が留まっていたので、ハチ男爵は馬小屋の少年に、目的地に向かう分蜂群を追跡するための準備を命じた。2頭の馬に鞍をつけて、屋敷の門をすべて開け、ハチが飛び立ったらすぐに追いかけられるように準備させたのだ。

そのうちに、多数のハチが南に向かってまっしぐらに飛び立つのが見えた。かと思うと、少し間をおいて分蜂群全体が南に向かって飛び立った。群れは「先頭にはっきりと見える小隊長たち」に先導されながら、地面から「1〜3メートル」ほどのところを移動していったので、ふたりは馬に跨がってそれを追いかけた。初めの15分間は、速歩(トロット)でも群れを追うことができたが、やがてハチが速度を上げると、襲歩(ギャロップ)に切り換えないとついていけなくなった。ハチ男爵はこう報告している。「45分ほどで隣の村に着くと、分蜂群は農家の庭に降り立った。猟犬を伴う狩猟のときのように、私は馬に跨がったまま柵を跳び越えて、分蜂群の真ん中に入り、ハチが梨の樹洞に入っていくのを確認した。あっという間に移動が完了したので、この分蜂群は飛び立つ前からすでに、探索バチの情報を通じてこの場所を選択していたのだと確信した。[19]」

ダンスコミュニケーションで新居を見つけ出す

その100年後、マルティン・リンダウアーが、探索バチはどのようにして候補地を分蜂群に伝えるのかを発見した。1949年の春、リンダウアーが低木にとまっているミツバチの分蜂群を見ていると、驚いたことに、多くのワーカーが尻振りダンスを始めたのだ（尻振りダンスは、食料源の位置情報を伝えることが知られているコミュニケーションシステム、第5章参照）。最初は、どこか高収益の花畑のありかを示しているのかもしれない、適切な候補地が見つかるまで分蜂群に栄養補給が必要なのだろう、と考えていたのだが、そのうちに彼は奇妙なことに気づいた。ダンスしている数匹のハチの体が黒い粉にまみれているようなのだが、それはケシの花の黒い花粉ではなかった。リンダウアーがそのハチをつかまえて鼻に近づけてみると、煤のにおいがした。それでリンダウアーはピンと来た。この「煤けたダンサーたち」は、戦争で破壊されたミュンヘンの煙突から戻ってきたのだ――ということは、花を探すのではなく、新たな巣の候補地を探してきたのだ、と。リンダウアーは、ミツバチが花のありかを伝えるのに使われるのと同じ「言語」が、分蜂群が新たな巣を探すときにも使われることを発見したのである。[20]

この発見の物語は、注意深く観察することで、データの自動記録だけではなかなか得がたい洞察がもたらされることを示す興味深い事例だ。自動記録方式の例として、たとえば「エソミクス」では、マルチカメラシステムやモーションキャプチャ、そして人工知能を用いて、動物の行動レパートリー全体を分類しようとする。[21] しかし、黒い粉にまみれたダンサーを不可解に思う探究心に加え、そのにおいを嗅いで、ハチが（何のための）どんな場所を指し示しているのかを言い当てる直感力まで備えた人工知能というものはなかなか考えにくい（そのための複雑なプログラムが組み込まれていれば別だが）。人間の好奇心に、科学者としての注意深い観察眼や洞察力が合わさると、人工知能はもはや太刀打ちできない。それができる人工知能を作るのに比べれば、チェスの得意なコンピュータを作るほうがまだ容易い。

リンダウアーは、多数の探索バチが70平方キロメートルほどの範囲を調べて分蜂群に戻ってくると、自分が見つけた営巣向きの樹洞までの距離と方向を、ダンス「言語」を用いて伝えるのだということに気づいた（図8・5）。ダンスのフォロワーたちは、示された空間情報を解読して記憶すると、その場所を自ら視察するために飛び立っていく――これは極めて特殊なタイプの社会的学習だ。分蜂群では、情報がいろいろと錯綜している。というのも、さまざまな探索バチが、それぞれ質の異なる別々の候補地の情報を持ち帰ってくるからである。しかし、数時間から数日のうちに合意が形成されていき、最終的に、分蜂群のダンサー全員の意見が一致するようだ。この時点で、分蜂群は飛び立ち、合意済みの新たな住まいに向かって移

図 8.5　ミツバチの分蜂群． 上：木の枝にぶら下がっているミツバチの小さな分蜂群．このような一時待機の状態は 3 日以上続くこともあり，その間に，探索バチが新たな巣の候補地を探してきて，その結果を分蜂群の垂直面でダンスによって伝える．下：ひとつ目の巣の候補地が示されてから最終的に飛び立つまでの，ミツバチ分蜂群における意思決定プロセス．3 日間にわたる観察結果を 2 時間ごとに区切って示してある．中心点のある円は（待機中の）分蜂群の位置．矢印は，巣の候補地の方向と距離を表している．矢印の幅は，各々の時間帯に，その候補地に支持を表明したダンスバチの数を表している．シーリーら（1999）の許可を得て再掲．

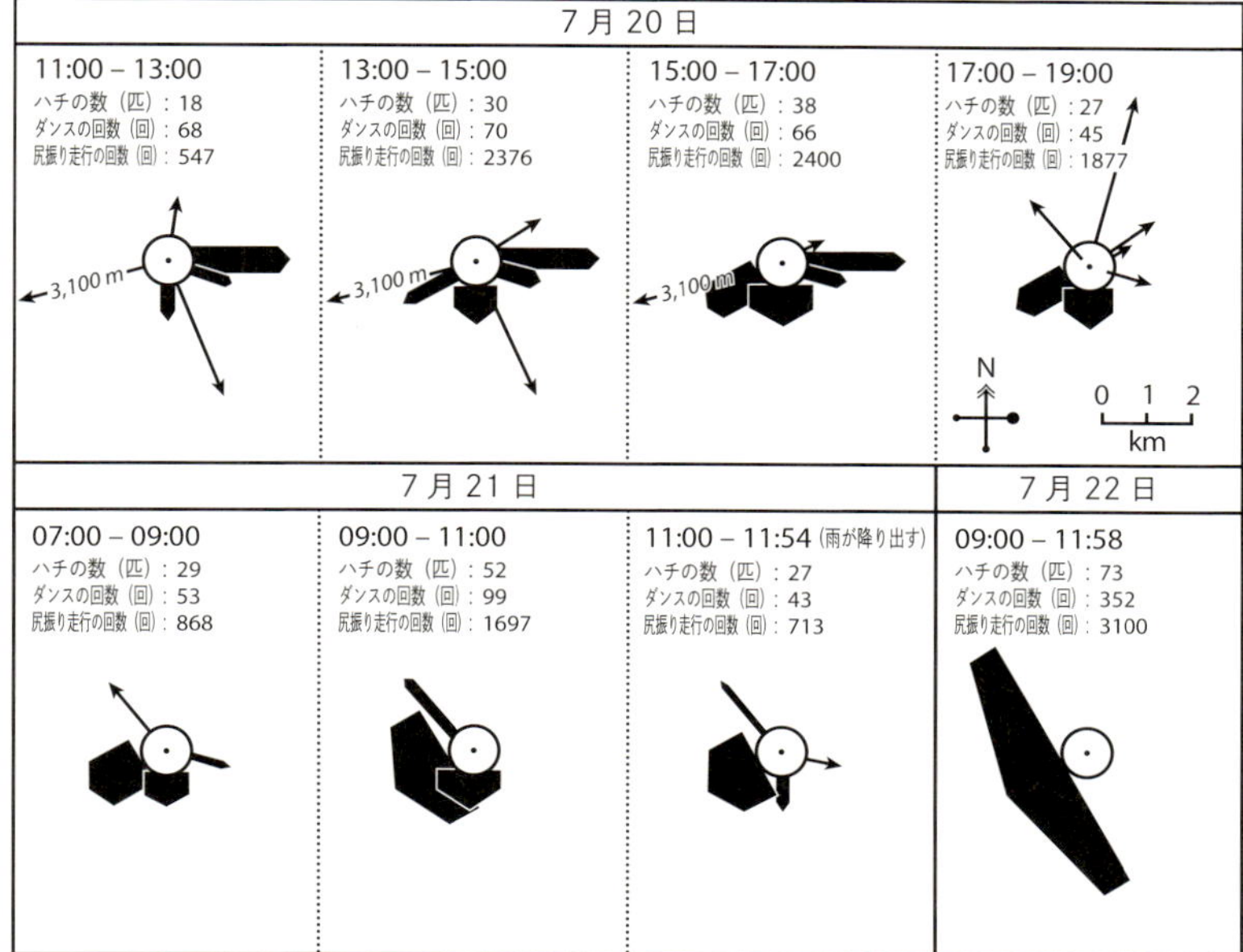

7月20日
11:00 – 13:00
ハチの数（匹）：18
ダンスの回数（回）：68
尻振り走行の回数（回）：547
3,100 m
13:00 – 15:00
ハチの数（匹）：30
ダンスの回数（回）：70
尻振り走行の回数（回）：2376
3,100 m
15:00 – 17:00
ハチの数（匹）：38
ダンスの回数（回）：66
尻振り走行の回数（回）：2400
3,100 m
17:00 – 19:00
ハチの数（匹）：27
ダンスの回数（回）：45
尻振り走行の回数（回）：1877
N
0 1 2
km
7月21日
07:00 – 09:00
ハチの数（匹）：29
ダンスの回数（回）：53
尻振り走行の回数（回）：868
09:00 – 11:00
ハチの数（匹）：52
ダンスの回数（回）：99
尻振り走行の回数（回）：1697
11:00 – 11:54（雨が降り出す）
ハチの数（匹）：27
ダンスの回数（回）：43
尻振り走行の回数（回）：713
7月22日
09:00 – 11:58
ハチの数（匹）：73
ダンスの回数（回）：352
尻振り走行の回数（回）：3100

動を開始する。新居は数キロメートル離れていることもある。リンダウアーがこのような観察結果を、指導者のカール・フォン・フリッシュに最初に報告すると、フォン・フリッシュは感嘆の声を上げた。「おめでとう！　きみは理想の議会討論を目の当たりにしたのだ。別の探索バチが、もっと好条件の候補地があることを知らせたら、きみのハチはきっと行き先を変更するに違いない。[22]」

ミツバチ分蜂群の民主的意思決定

その次の世代のトーマス・シーリーが、分蜂時のハチの行動に関する研究を引き継いだ。そして、新居が決まるまでのプロセスの解明に、数十年にわたる研究人生を捧げたのだ[23]（その成果が『ミツバチの会議——なぜ常に最良の意思決定ができるのか』と題する本に記されている）。注目すべき点として、彼は、合意形成のメカニズムが完全に分散型であることを発見した。つまり、示されたさまざまな候補地に対する賛成票を数える者はおらず、リーダーも不在で、命令に同期応答することもない。また、ダンスで示される、営巣候補地の位置情報や質の良さに関する情報を、個々のハチが比較することもない。しかし、質の良い候補地ほど、そこを示すダンスの継続時間が長いので、単なる確率過程によって、分蜂群上でランダムに動いているワーカーが、より良い情報をもっているダンサーにぶつかる確率が高まっていく。こうして、より多くのハチが、より長いダンスで示される、より優れた候補地を視察するようになり、その個体が分蜂群に戻ってくると、今度は自らダンスでその候補地を示すようになり——最終的に、雪だるま効果によって、ますます多くの個体が最良の選択肢に集中するようになっていく。

一方、別々の候補地を推すダンサー間では阻害的な相互作用が働く。つまり、ぶつかった相手が別の候補地を示していることが（たぶん体に付いているその場所のにおいによって）わかると、「停止シグナル」

（頭突きや約350ヘルツの羽音）を発して相手のダンスを阻止しようとするのだ。[24] こうしたダンサーのグループ間の相互抑制には、意思決定の膠着状態を打開して合意形成を加速させる効果がある。

ところで、分蜂群が飛び立つ際の最終的な意思決定は、分蜂群自体でなされるのではなく、探索バチの数が最初に定足数に達した候補地でなされる。巣作り候補地のどこか1か所に、20〜30匹の探索バチが同時に居合わせると、その探索バチが分蜂群に戻ってきて出発を発議するのだ。どうするのかと言うと、他のワーカーを揺する、ブンブン走行で不活発なワーカーの塊に割って入るなど、最初に分蜂群を刺激して巣から飛び立たせたときと同じような行動をとるのである。

ひとたび分蜂群が移動を始めると、目的地をすでに調査済みの探索バチが「ストリーカー」となって、分蜂群を正しい方角に導いてゆく。どうするのかと言うと、群れの先頭近くに来て、目につきやすい高速飛行を行なったあと、今度はゆっくりと目立たないように群れの中に戻っていき、その後また、正しい方角に向かって一定区間を高速飛行するのだ。興味深いことに、ヒトの群集もやはり、情報をもつ限られた人々によって同じように誘導される可能性がある。このような群集行動では、それぞれの個体が一番近くにいる個体か、最も動きの目立つ個体に合わせて動くだけでよく（ある方角に向かう個体の数を数える必要はない）——その結果として、意図された動きがたちまち「群れ」の全構成員に広がっていくのだ。

知的群集内の心（マインドレス）をもたぬ個体、なのか？

各個体が集団のための情報収集や案内の役割を担う、こうした集団意思決定のプロセスでは、シナジー効果が生み出される結果、群れはその個々の成員の総和よりも「賢い」ように見える。また、ハチの分蜂群（あるいは、うまく機能している社会性昆虫コロニー）の行動は、緊密に統合され調和が保たれているので、一個の生物のような様相を呈することもある。これを「超個体」として捉えた場合、社会性昆虫コロニー内で各業務を担当するハチは、一個の多細胞動物の細胞や器官に見立てられる。こうした観点に立つと、トーマス・シーリーが著書『ミツバチの会議』で強調しているとおり、分蜂群の個々の探索バチの役割は、動物の脳内で外界の情報を収集・処理している感覚器官や神経細胞の機能にとてもよく似ている。社会性ハナバチ類がこの点に関して特別なのは、コロニー内の個体間血縁度が高いからである。すべてのワーカーが、同じ母親から生まれた娘たちなのだ。血縁度が高いということはつまり、各個体がもつ情報を共有化してコロニー全体に役立てれば、各々が非常に大きな適応上の利益を得られるわけで、その結果として、これまで見てきたような、他に類のないさまざまなコミュニケーション形態の進化が促されてきたのである。

こうした見解に基づいて、社会性昆虫の各個体は、心をもたぬ機械（マインドレス・マシン）であって、知的な行動は、集団の機能としての自己組織化現象によって現れるにすぎないという認識が広まっている。それがもとで、群知能は、個体の心（マインド）とは質的に異なる「集団心（コレクティブ・マインド）」によってなぜか生まれるのだ、とささやかれたりするようになった。この文脈で用いられる比喩表現は、「心（マインド）」や「知能」と呼ぶに値する真の心理学的概念とは区別するほうがいい。心（マインド）や知能をもっているのは、個々の生き物だけだ。

社会性昆虫の個体は、ヒトの個体と同様に、協調的集団行動を促すことを目的とした社会的認知プロセスをもっており（そのプロセスや結果は昆虫とヒトでまったく異なるが）、それが個々の成員だけでなく、集団全体をも利する可能性がある。ヒトの場合もハチの場合もそのおかげで、一個体には解決できない課題——個体間の協調なしには解決の見込みがまったくない課題——を解決できるようになる。第三者の目から見れば、ヒトの場合もハチの場合と同様に、集団心（コレクティブ・マインド）を伴う群知能の一形態に映るかもしれない。[25]

しかし、たとえば、特定の営巣候補地の記憶は、その場所を実地に調べに行った一部の個体や、調べてきた個体からダンスを通じて教えられた一部の個体だけの脳に蓄えられている。ブッテル＝リーペンが示唆したように、分蜂に関連した独特の精神状態があるとしても、この状態もやはり、各個体の精神状態であって、集合体としての分蜂群の精神状態ではない。自分を群れそのものだと感じることはなく、したがって集団心（コレクティブ・マインド）は存在しない。群れ内部の一個体だという感じがしているだけであって、集団内の個体数と同じ数の心（マインド）が、そして経験が存在する。個体同士は確かに協力が可能であって、ヒトを例にとれば、互いに競い合っている場合でも多数の個体が総力を結集すれば、マンハッタンのスカイラインのような見事な成果を生み出すことができる。しかし、知能や心（マインド）や認知能力はやはり、個体の脳の内部に宿っているものであり、本書をここまで読み進めれば、個々のハチが優れた認知能力を備えていることはもはや明らかだ。社会性昆虫に見られる集合的な問題解決戦略は、何世代も経るなかで進化してきたものであり、新奇な課題に直面した群れがにわかに捻り出した解決策ではない。

本章では、ハチは、新たな採餌テクニックを「発明」するのにも、また、学び合ってこうしたテクニックの文化伝播を促すのにも不可欠な認知能力を備えていることを学んだ。しかし、こうした文化が何世代にもわたって普及する可能性についてはまだ実証されていない。冬期には（温帯のマルハナバチやミツバチに見られるように）活発な採餌活動が中断されるために、年を跨ぐ文化情報の伝達は妨げられてしまう可能性がある。したがって、文化プロセスを調査するとしたら、年間を通して採餌飛行を続ける熱帯の社会性ハナバチ類を対象にするのがいいだろう。

ハチの世界において、文化の累積的な発展は起こりうるのだろうか？　ある集団ですでに普及している行動を足場に、新たな行動イノベーションが生まれることはあるのだろうか？　たとえば紐引きテクニックを習得したハチが、その後、まったく新たな課題にそのテクニックを応用するということは考えられる。が、そのテクニックが実際に役立つような実世界の課題というのはなかなか思いつかない。そう考えると、野生動物にある特定の行動能力が認められないのは、その能力が「進化しにくい」ことや、その動物に十分な知能がないことの証ではなく、ただ単にその能力が意味をもつ自然界の課題がないことが原因なのかもしれない。

本書ではすでに、ハチの際立った個体学習能力や社会的学習能力の数々を明らかにしてきた。しかしどうすれば、こうした能力のすべてが、ハチの脳という微小なマイクロコンピュータに収まるのだろうか？　次章でそれについて見ていこう。

9　そのすべてを背後で支えている脳

高等な動物ほど、優れた心の仕組みを備えているとは限らない。実際に調べてみると、魚類や両生類では、中枢神経系が意外なほど単純化されていることがわかる。もちろん、その灰白質の量はかなり増えている。が、魚類や両生類の脳の構造を、ハチやトンボのそれと比較してみると、あまりにも簡素で、粗悪で、未発達なのである。まるで、おおざっぱな年代物の掛け時計に、精密で、正確な、高品質の懐中時計と等しい性能が備わっているふりをしているかのようだ。いつものことながら、驚異の仕事をする自然の女神は、大きな生物よりも小さな生物で、はるかにめざましい力を発揮する。

——サンティアゴ・ラモン・イ・カハール、および、ドミンゴ・サンチェス・イ・サンチェス、1915年(1)

「ハチの脳は小さくて単純なので、その働きについて調べるのはたやすい」とまとめてしまいたいところだが、エピグラフを読めば、なかなかそんなふうにはいかないことがわかる。ハチの脳は実にコンパクトでありながら、この小さなバイオコンピュータから生まれる行動が複雑であるがゆえに、昔から脳の機能を探るためのモデル系として利用されてきた。実際、本章で歴史をひもといていくと、脳科学におけるブレークスルーのいくつかは、まずハチの研究で成し遂げられたのち、ヒトやその近縁哺乳類にも当てはめられるようになったことがわかる。

エピグラフの著者のひとり目、カハール（1852〜1934）は脳研究のパイオニアだが、彼は明らかに、昆虫の脳が一部の脊椎動物の脳に比べて複雑であることに感銘を受けていた。幼い頃から実験者としての才を発揮していた彼は、まだ11歳のときに、火薬とがらくたを組み合わせて大きな大砲を作り、それを使って、できたばかりの隣家の庭木戸をあっという間にめちゃめちゃにしてしまった。[2] この爆発事件で3日間の禁錮刑に処されたが、長じてのち、1906年にはノーベル生理学・医学賞を受賞し、神経科学の父祖との名声を得るに至った。

カハールが提唱した主要概念のひとつが「ニューロン説」である。[3] つまり、神経系は、途切れることなく連続している網状の組織ではなく、ニューロン（神経細胞）という非連続の単体から構成されており、それがシナプスと呼ばれる接合部によって互いに連絡している、という考え方だ。ちなみに、ハチの脳には、およそ85万個の神経細胞がある。それに対し、ヒトの脳にはその10万倍（860億個）の神経細胞がある。[4] しかし、ニューロンの数を調べても、知能や計算複雑度はわからない。トランジスタがバケツいっぱいにあるからといって、ひと摑みのトランジスタよりも複雑な電子回路ができるとは限らない。重要なのは、個々の回路素子がどのように接続されているかなのだ。[5] ハチが、比較的少数のニューロンをどう配線して、これまで見てきたような驚異の認知能力を支えているのかを探る前に、昆虫の脳の大まかな解剖学的構造を説明しておこう。

ハチの脳の基本構造

ヒトの脳と同様に、ハチの脳も左右対称だ。昆虫の脳において、最も広い領域を占め、主要な役割を果たしているのが「前大脳」である。前大脳には、視葉やキノコ体が含まれている。視葉は、複眼からの情報を処理しており、一方、前方背側にあるキノコ体は、学習や記憶の中枢であるとともに、複数の感覚器官からの情報を統合する重要な機能を担っている。前大脳にはさらに、中心複合体という、脳の中央に位置する不対の構造も含まれている。中心複合体は、偏光パターンによる天空コンパス情報や、動物自身の位置や移動に関する情報（経路統合に必須、第6章参照）、そしてランドマークに関する情報を統合する計算センターを擁している。中心複合体はまた、他の神経中枢に運動指令を出しており、その指令を受けた中枢が脚や翅の動きをコントロールしている（図9・1）。それゆえ中心複合体は、昆虫の意識的経験を担う神経構造とも言われている。

左右1対の触角葉は、一次嗅覚中枢であり、触角で受容された化学感覚情報を処理する。視葉は、「ラミナ（視葉板）」「メダラ（視随）」「ロビュラ（視小葉）」という3つの「神経節」で構成されている（ちなみに神経節とは、神経細胞が集合し、周囲から明確に判別される構造で、通常、細胞体とその接続部の両方を含んでおり、さまざまな計算機能を担っている）。脳全体のおよそ半分を視覚系が占めている。これまで述べてきた、花や視覚パターンを識別するさまざまな機能をサポートするために、視覚系が大きいのは理に適っている、と直感的に思われるかもしれない。しかし、年代物の掛け時計と懐中時計になぞらえたカハールの名言にもあるように、装置の大きさだけでは、その装置の機能や、複雑性、内部作用はまったくわからない。間もなく気づくことだが、実は、なぜハチの視葉はこれほど大きい必要があるのかも、なぜ神経節が脳の両側に2つではなく3つのあるのかも、そもそもなぜ神経回路がこれほど複雑なのかもわかっていないのだ。

視葉と触角葉の両方からキノコ体に情報が送られてくる。この構造物について初めて詳しく説明したのが、フェリックス・デュジャルダン（１８０１〜１８６０）という、知能が異なると思われる多数の昆虫種の脳の構造を比較した人物だ。デュジャルダンは、昆虫には、脳を必要としない行動があることに気づいた。昆虫種によっては、分散型の神経系のおかげで、頭部を切り落としても歩けるし、飛んだり着地したりすることもできる。彼はこうした昆虫を、巣を作って子を養い、「すでに見た場所や物を記憶」する昆虫と比較した。そして、注目すべきことに、花のありかに関する情報伝達は、ミツバチの知能の表れのひとつではないかと指摘した（１８５０年にそう考えるに至ったとは何とも驚きだ）。頭（または脳）がなければ、そんなことは不可能だと考えたのである（まさに正鵠を射ていた）。

デュジャルダンはその後、さまざまな昆虫の脳を解剖し、前述のような行動能力との相関関係を調査した。すると、昆虫種によって、相対サイズや構造が著しく異なる脳部位が見つかったのだ。彼はそれを「コール・ペドンクレ」と呼び、キノコのような形をしていると評した。コール・ペドンクレと言われてもピンと来ないが、「キノコ体」ならば何となくわかる。彼は、膜翅目昆虫ではこの部位が、精巧で規則的な渦巻き構造になっていることを発見し、それを哺乳類の大脳皮質にある類似の渦巻き構造（脳回）になぞらえた（図９・１、上）。デュジャルダンはこう締め括っている。「本能よりも知能のほうが優位になるにつれて、脳の全容積に占めるコール・ペドンクレと触角葉の割合が大きくなる傾向がある。コフキコガネと、バッタ、ヒメバチ、クマバチ、単独性ハナバチ、そして最後に社会性ハナバチを比較すれば、それがわかる。社会性ハナバチでは、コール・ペドンクレが脳容積の5分の1、体全体の９４０の1を占めている。それに対し、コフキコガネでは、コール・ペドンクレは、体全体の3万３０００分の1にも満たない。[6]」

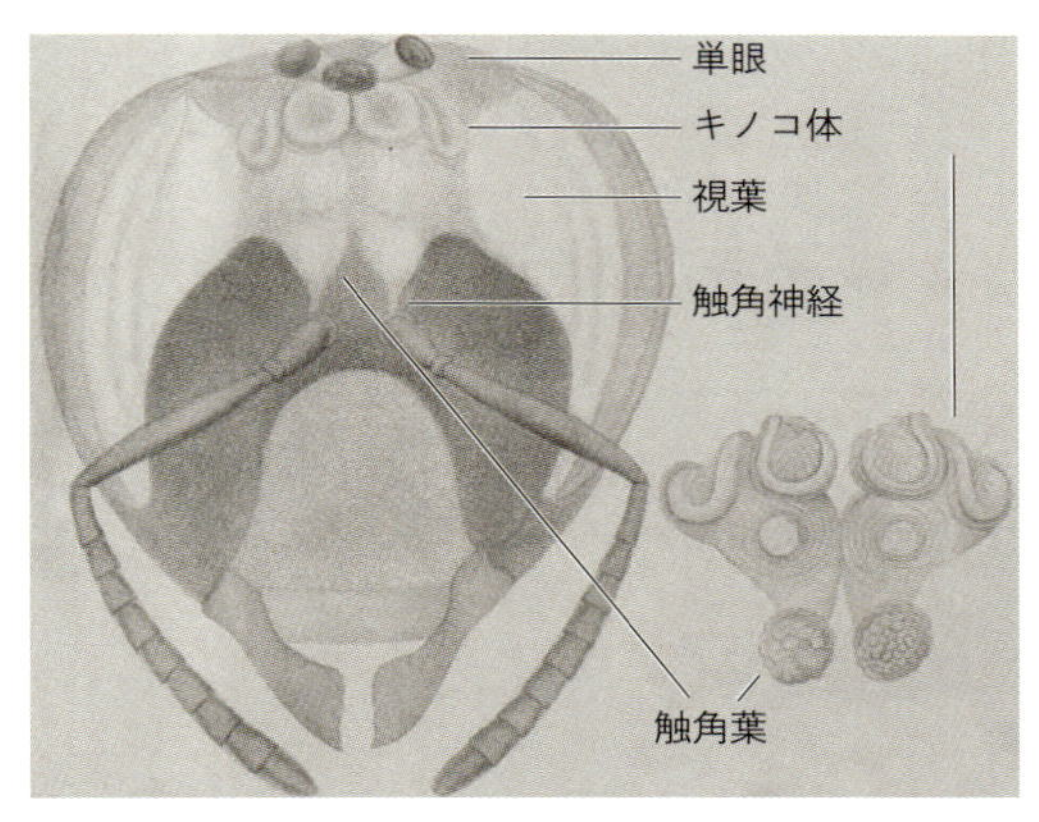

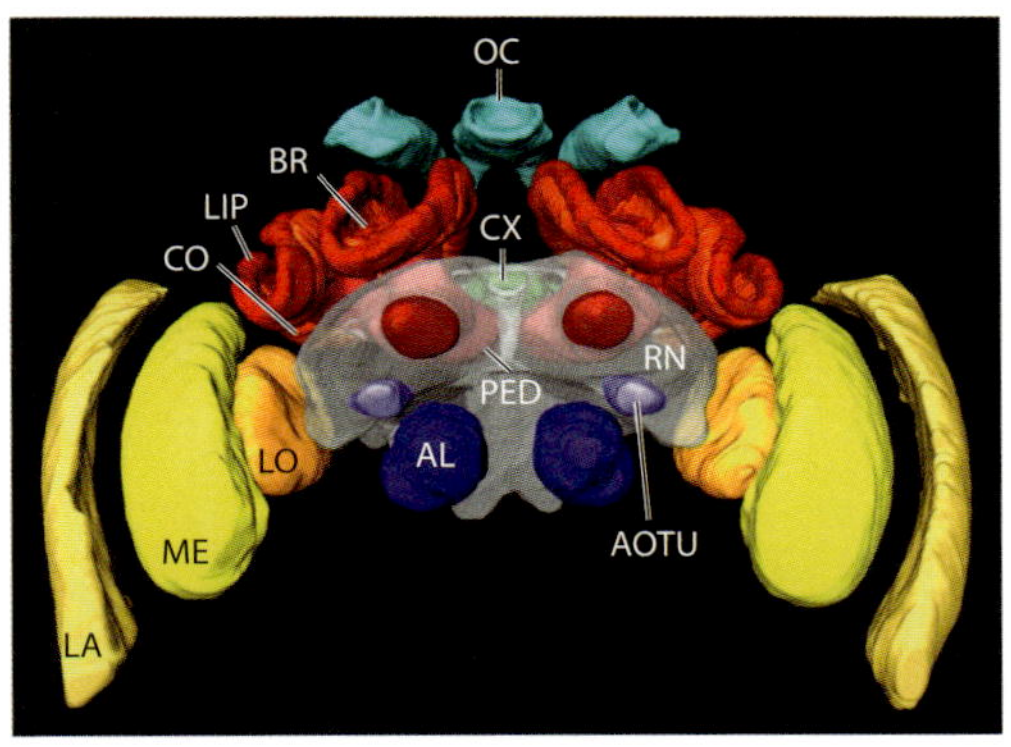

図 9.1　1850 年および 2021 年に描かれたハチの脳の正面像. 上：フェリックス・デュジャルダンによる，世界最初のハチの脳の図．透明なハチの頭部の中に脳が描かれている．キノコ体（デュジャルダンが発見）の渦巻き構造（傘部）のほか，3 個の背単眼や触角葉（および嗅覚受容神経）も示されている．挿入図は，キノコ体と触角葉糸球体のみを示している．下：マイクロ -CT（X 線マイクロ断層撮影）で得られたマルハナバチの脳画像を再構成したもの．視葉（黄色）は，ラミナ（LA），メダラ（ME），ロビュラ（LO）と呼ばれる神経節で構成されている．視覚情報がここから，AOTU（前方視覚小結節）を介して，2 つの並行する経路で脳の他の領域へと送られる．キノコ体（赤色）は学習や記憶の中枢であり，襟部（CO），唇部（LIP），基底環（BR），柄部（PED）に分けられる．触角葉（AL）は，におい情報を最初に処理する一次嗅覚中枢である．最上部に，単眼（OC）の神経回路網（青緑色）が示されている．神経線維網（ニューロピル）（RN）を透明にして，中心複合体（CX）が見えるようにしてある．

デュジャルダンの非凡さは、脳の構造を詳しく調べて細密に描いたという点だけではない。彼はまた、脳の絶対サイズではなく、体の大きさに対する相対サイズ（脳重量の体重比）や、さらには、脳全体に対する特定の脳領域の相対サイズを比較するという、現在主流になっている手法を（ゆうに100年以上前に）先取りしていた。彼はさらに、そのような測定値を、動物の知能と関連づけようとした。しかし、今日の学者の多くと同様に、彼もやはり、何をもって知能と見なすか、いかにしてそれを測定するかについて、やや曖昧なところがあった。先ほどの引用部分を読むと、キノコ体の容積の割合がしだいに増していき、社会性ハナバチで最高になるように（それに伴って知能も最高になるように）思われるが、しかし、発表されたデュジャルダンの研究には、ミツバチのキノコ体が、単独性ハナバチのキノコ体より、いくらかでも大きいという証拠は示されていない。現在では、巣を作って子を養う膜翅目はすべて（単独性のものも含め）、宿無しの近縁種に比べてキノコ体が大きく、その渦巻き構造が精巧であることがわかっている（第5章参照）。宿無しの昆虫が、住処（とわが子）の場所を覚えておかねばならない昆虫へと進化的変遷を遂げたこと、そして、その住処から移動できる範囲で十分な栄養を確保する必要に迫られたことこそが、キノコ体の容積増大をもたらしたのだ。

デュジャルダンの考えとは裏腹に、社会性の進化もミツバチのコミュニケーションシステムも、脳構造の大きな変化を伴うものではなかったようだ。ミツバチのダンス言語のような、社会性との関連が明らかな独特の進化的イノベーションでさえ、脳の大まかな解剖学的構造との明白な相関は認められない。たとえば、ミツバチのワーカーの脳と、ダンス言語をもたない近縁種の脳を区別する、独特の「ダンス・モジュール」は存在しないのだ。(7) したがって、社会性ハナバチと単独性ハナバチ（ダンスするハチとしないハチ）の間に存在するはずの神経生物学的な差異はすべて、脳の大きな構成要素のサイズにではなく、神経回路のもっと微小な部分に探し求める必要がある。

ハチの脳内にある神経細胞の発見

アメリカ人の著述家で生物学者のフレデリック・ケニオン（1867〜1941）は、ハチの脳の内部構造を探った最初の人物だった。ハチの脳の神経細胞を染色し、多種類に分別することに成功した1896年の研究は、昆虫神経解剖学の世界的第一人者、ニコラス・シュトラウスフェルトの言葉を借りると、まさに「超新星（スーパーノヴァ）」であった。ケニオンは、さまざまな種類のニューロンの樹状分岐パターンを丹精込めて詳細に描いただけでなく、これらが種類ごとに明確に分類され、それぞれが特定の脳領域だけに見つかる傾向があることを、生物の脳において初めて明らかにしたのだ。(8)

キノコ体の中に見つかったそのようなニューロンは、彼の栄誉を讃えて「ケニオン細胞」と名付けられた。その細胞体（神経細胞の染色体やDNA解読装置を含む部分）は、左右のキノコ体の「傘部」に囲まれた周辺領域にあり、傘部の下の両側にもいくらかある（図9・2）。細かく枝分かれした樹状突起（神経細胞の信号の「レシーバー」である分岐構造）が、キノコ体傘部に伸び、1本の軸索（ニューロンの「信号伝送ケーブル」）が、各細胞からキノコ体の「柄部」に伸びている。

ケニオンは、観察できたわずか数個の、こうした特徴的な形態のニューロンから推測して、同じような形態の細胞が何万個もあって、それらが左右のキノコ体柄部に同様の出力を行なっているに違いないと述べている（まさにそのとおりで、実際、キノコ体には左右にそれぞれ、およそ17万個のケニオン細胞が存在する）。彼は、触角葉（嗅覚入力を処理する一次中枢）と、キノコ体の入力部位（ケニオン細胞の樹状突起がある傘部）とをつなぐニューロンを発見し、キノコ体こそが多感覚統合の中枢であるとまで示唆したが、これもまた正鵠を射ていた。

図9・2に、ケニオンが1896年に描いた脳の配線図を掲載してあるが、その驚くまでの複雑さをしばしご覧いただこう。配線図には、識別可能な何種類かのニューロンが描かれており、それらがどのように繋がっているかもある程度示されている。多数のニューロンが、まるで成長しきった樹木のように――もちろんはるかに小型だが――広い範囲に枝を伸ばしている。この図は、ミツバチの脳にある85万個のニューロンのうちの20個ほどを描いているにすぎない点を頭に入れておこう。現在では、各ニューロンが、多数の細かな分枝によって、他のニューロンとの間に1万個の接合部（シナプス）を形成していることがわかっている。ということはもしかすると、ミツバチの脳には10億個のシナプスが存在するかもしれないのだ。しかも、シナプスの伝達効率は経験によって変化するので、脳の情報伝達効率を学習や記憶によって向上させられる可能性は無限に近い。このケニオンが発表したような研究があるにもかかわらず、どうしてその後の研究者たちが昆虫の脳は単純だとか、脳のサイズを調べれば脳内の情報処理の複雑度がわかるとか言えたのか、私には不思議でならない。

ケニオンはどうも、ある不安に――今日の多くの若手研究者も同じく抱えている不安に――悩まされていたらしい。研究で業績をあげているのに、安定した職がなかなか見つからず、やむなくいくつかの研究機関を転々として、絶えず財政的苦境に立たされていたのだ。そして、ついに辛抱の限界を越えてしまったのか、1899年、ケニオンは同僚に対する「常軌を逸した脅迫行為」で逮捕され、同僚から精神に異常をきたしていると訴えられる。その年のうちに、精神科病院に措置入院となった彼は、治療や訓練によって社会復帰する機会もまったくないまま、40年以上にわたってその病院で過ごした後に――ニコラス・シュトラウスフェルトが記しているとおり――「誰からも愛されず、世間から忘れられ、ひとり孤独に」

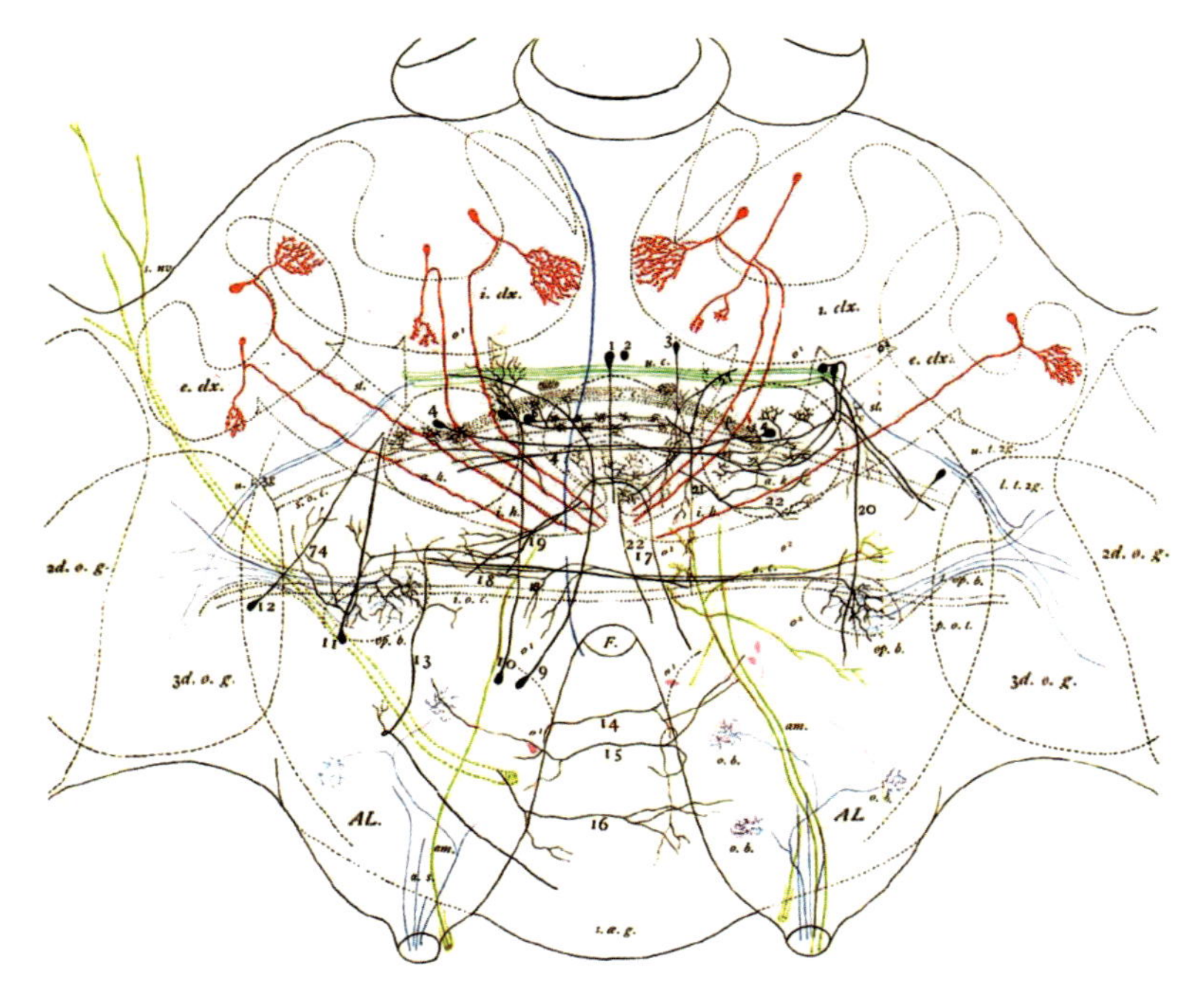

図9.2　全く異なる数種類のニューロンをもつハチの脳の正面図（F. Kenyon, 1896より）. ケニオン細胞（キノコ体内部の赤色部分）は，キノコ体傘部（「clx」）に樹状突起をもつ，はっきりと識別できる細胞．左右両端にあるのが，ロビュラ（第三視神経節「3d. o. g.」）とメダラ（第二視神経節「2d. o. g.」）．一番下が，切断された触角神経，および触角葉（「AL」，切断された触角神経の真上）．脳の中心部には，中心複合体（前大脳橋，扇状体，楕円体を含む）も示されている（さらに詳しくは，図9.5参照）．左右の脳半球をつなぐいくつかのニューロンは，黒色で示してある〔この図はケニオンによる原図の複製だが，一部の部位の略称は原図より拡大してある〕．

この世を去ったのだった。(9)

ハチの脳の探求者に降りかかる悲劇は、これが最後とはならなかった。

ハチの脳内の視覚情報処理ニューロン

ケニオンはおそらく、自分が大西洋の向こう側のカハールの研究に影響を及ぼしていることなど、まるで知らなかったに違いない。カハールは、ケニオンの発見に非常に大きな刺激を受け、昆虫の神経系をもっと詳しく調べてみようという意欲をかき立てられた。そして、同僚のドミンゴ・サンチェスと共に、ミツバチを含めた何種かの昆虫の視覚系（3つの神経節、ラミナ、メダラ、ロビュラ）に焦点を当てた研究を行なった。

前述のとおり、昆虫の複眼は数千個の小さな眼で構成されており、そのひとつひとつが、オマティディウム（個眼）と呼ばれる構造の表面に六角形のレンズを備えている。この構造には、それぞれ異なる波長の光を感知する光受容体が含まれている。個眼の数は、ハチの種によって異なり、1000個から1万6000個と幅がある（ミツバチのワーカーは約5500個、第1章参照）。紫外線と青色光の受容細胞は、メダラまで軸索（神経ケーブル）が伸びている（「長視細胞」）のに対し、緑色光受容細胞の軸索はラミナで終末する（「短視細胞」）。視神経節では「カラム」（または「カートリッジ」）と呼ばれる単位構造が作られ、ラミナとメダラには個眼と同じ数のカートリッジが存在するが、ロビュラではカートリッジの数がいくらか少ない。メダラとロビュラの両方とも、脳の中心部まで軸索を伸ばしている。視神経節のカラム構造は極めて反復的で、各カラムに同種類のニューロンが繰り返し整列している。

カハールは、ニューロンの種類の多様性に衝撃を受けた。そしてこう述べている。「昆虫の網膜の複雑

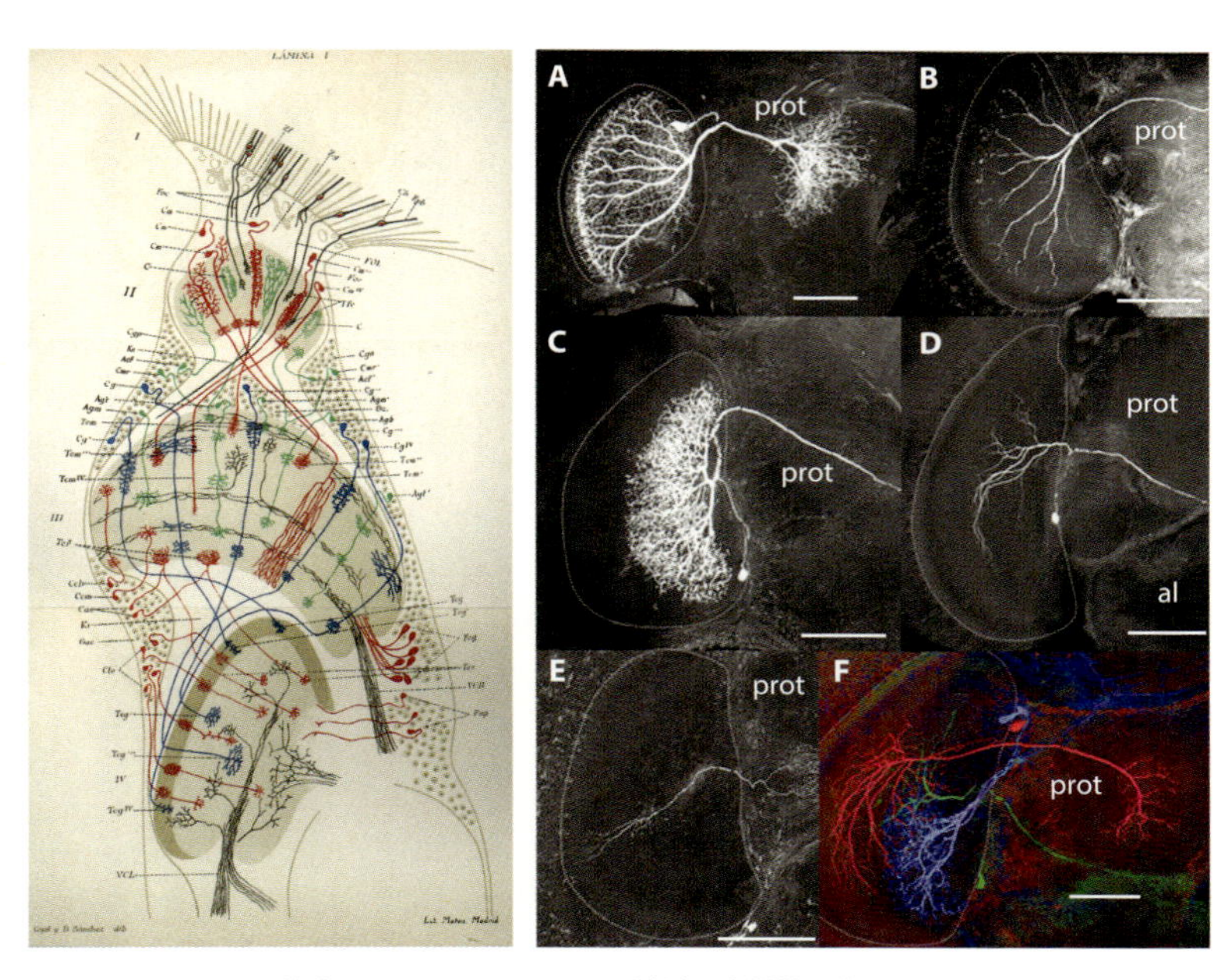

図 9.3　ハチの視覚系におけるニューロンの種類の多様性. 左：ハチの視覚系におけるニューロンの種類（カハール＆サンチェスの 1915 年の論文より）. 一番上の扇形部分が眼の網膜. その下の影をつけた部分 3 つが（上から順に）ラミナ, メダラ, ロビュラで, これら 3 つの視神経節の間に 2 つの視交叉（視神経の交叉）がある. 識別可能なものは, ニューロンの種類によって色を変えて示してある. 神経細胞の入力部位と出力部位がつながる中継所の外側に, 細胞体の位置が示されている. 右：マルハナバチの視神経節の 1 つ, ロビュラのニューロンの種類. 蛍光色素で可視化し, 脳中心部の前大脳（「prot」）との接続を示している. 分岐パターンはニューロンによって異なり, 極めて広範囲をカバーしていて眼全体からの信号を受けているニューロンもあれば（たとえば A や C）, 隣接する少数の個眼の情報だけを脳に伝えていると思われる「縦割り型」ニューロンもある（たとえば E）. ちなみにひとつの個眼は 1 画素（ピクセル）に対応している. スケールバーは 100 μ m.

さたるや、途方もないもので、いささか面食らってしまう。これほど複雑な動物の網膜など見たことがない。結局のところ、こうした組織学的ファクターが無数にあって絶妙な調整がなされていること、しかも、非常に繊細なので最高倍率の顕微鏡でもなかなか観察できないことを考えると、もう完全に圧倒されてしまう。」現在では、ごくありふれたミバエでさえ、その視神経節だけで150種類を越えるニューロンがあることがわかっている[10]（ハチについてはまだわかっていないが、やはり多数種にのぼる可能性が高い[11]）。それに対し、ヒトの網膜では100種類を下回る）。メダラのカラム1個をつくるニューロンは十数種類に及び、この十数種類が（細かな分岐構造はいくらか異なるものの）どのカラムにも見つかる（図9・3）。

これらのニューロンの多くは、網膜から脳中心部への情報の流れとは垂直方向の接続を示す。そのなかには、隣接する個眼から送られてくる信号の局所的差異を比較するニューロン、たとえば、コントラストを探知して増強するニューロンもある。結局のところ、コントラストこそが物体や生き物の境界線を定め、その正体を明らかにしてくれるからだ。それとは別に、広い「受容野」をもち、眼全体からの情報を統合するニューロン、たとえば、ある場所の平均的な明るさを測定するニューロンもある。こうした接線方向のニューロンによって、メダラに層構造が形成される。ハチのメダラは8層から、ロビュラは6層から成り、そのいずれにも神経連絡の交叉が多数ある（ヒトの網膜ではそのような連絡は2層しかない）。

メダラとロビュラには、景色や物体のある側面だけを分析する「単一特徴検出器」と呼ばれるさまざまな種類のニューロンがある。色識別ニューロン、明度検知ニューロン、動作検知ニューロンなどだ。たとえば、ハチのロビュラには、いわゆるエッジ検出ニューロンが2種類ある。視覚野ニューロンの特性を調べる場合には通常、そのニューロンに微小電極を刺入するか当てるかした状態で、動物に一連の視覚刺激——さまざまな色光、さまざまな方向に動く点、瞬間的刺激と持続的刺激、移動方向や速度が異なる棒など——を与えて、そのニューロンの反応特性を観察するという方法をとる。ロビュラのエッジ検出ニューロンは、視界を横切る棒状のものに強く反応するが、感度が最も高いのは、鉛直線を基準にして、一方は左に約110度、もう一方は右に約110度の方向だ。それ以外の方向のエッジにも反応するが、それほど強くはない。たいていの視覚信号（花など）[12]にはエッジがあり、ハチがそのエッジをスキャンするときに、こうしたニューロンがいくらか強く反応する。このあと明らかになるように、このわずか2種類のエッジ検出ニューロンの組み合わせが、多種多様な視覚パターンの弁別に大きな力を発揮するのである。

単一特徴検出ニューロンでどれだけのことができるか？

長年にわたって、研究者たちはハチに対し、ありとあらゆる難しいパターン弁別課題を与えてきた。たとえば、4つの四分円に、方向のそれぞれ異なる縞模様が描かれた白黒の円形パターンなどで、ふだん花から提示される課題よりもはるかに複雑な課題も少なくない。ハチはこうした課題を見事にこなした。しかしこれは、ハチがその複雑なパターンを丸ごと記憶していることを意味するのだろうか？

わがチームのマーク・ローパーが、グーグル・ディープマインドのクリサンサ・フェルナンドと協力して、ハチの脳をモデルにした人工ニューラルネットワークを構築した。そこで使用したのは、2つの単一特徴検出器——すなわち、それぞれが特定の方向に走る線またはエッジだけを検知する2種類のロビュラニューロン——のみだった。にもかかわらず、これらのアルゴリズムは、各四分円に角度の異なる縞模様が描かれた円のような、複雑な視覚パターンを識別することができたのである。[13]ということは、ハチは、これらのニューロンからの信号を記憶するだけで——「仮想イメージ」を記憶しなくても、つまり実際のパターンは認識しなくても——このような複雑な視覚パターンを頭に保存できるのかもしれない。さらにこのモデルからは、ハチが実際には、こうした特徴検出器を用いただけで、実験で明らかにされた以上のことをやってのける可能性が見てとれる。このモデルは、実際の複雑な視覚情報処理のまねごとにすぎない極めて単純なものだ。用いられているのは、数十種類に及ぶロビュラニューロンのうちの2種類だけだし、シナプス（ニューロン間の接合部）の数も、複雑につながり合っている実際の神経回路に比べて非常に少ない。

ハチの視覚系ニューロンの種類の多様さと複雑さは、一見難しそうな多くの認知課題をこなすのに最低限必要な回路のあまりの単純さとは、際立った対照をなしている。たとえば、ハチは対象物をひとつずつ順に数え上げていくのだとすれば（第6章参照）、ニューロン4個の単純なネットワークで、ハチの計数能力を支えられるはずだ。[14] ニューラルネットワークをどこまで単純化しても一定の認知能力が保たれるものなのか（たとえば、ランドマークの順序の学習、経路統合、自らの行動結果の予測（意識に似た現象）など）、コンピュータ科学者に尋ねてみると、たいてい、数十個ないしは数百個のニューロンで十分、という答えが返ってくる。[15] となると、ハチの脳とその認知能力についての大きな謎は、「どうして、ハチのような小さい脳の動物に、これほど複雑なことがいろいろできるのか」ということではない。むしろその逆だ。「なぜ、ハチのような大きい脳を必要とするのか？」

学習可能な1個のニューロン

ハチが花の特徴（色やにおいなど）について学習するためには、花蜜に含まれるショ糖の報酬に反応し、なおかつ、視神経や嗅神経の軸索末端からの情報を処理するのと同じ脳領域に信号を送る神経経路の存在が必要だ。ランドルフ・メンツェルの弟子のマーティン・ハマーは、ミツバチの脳内のそのような経路を、

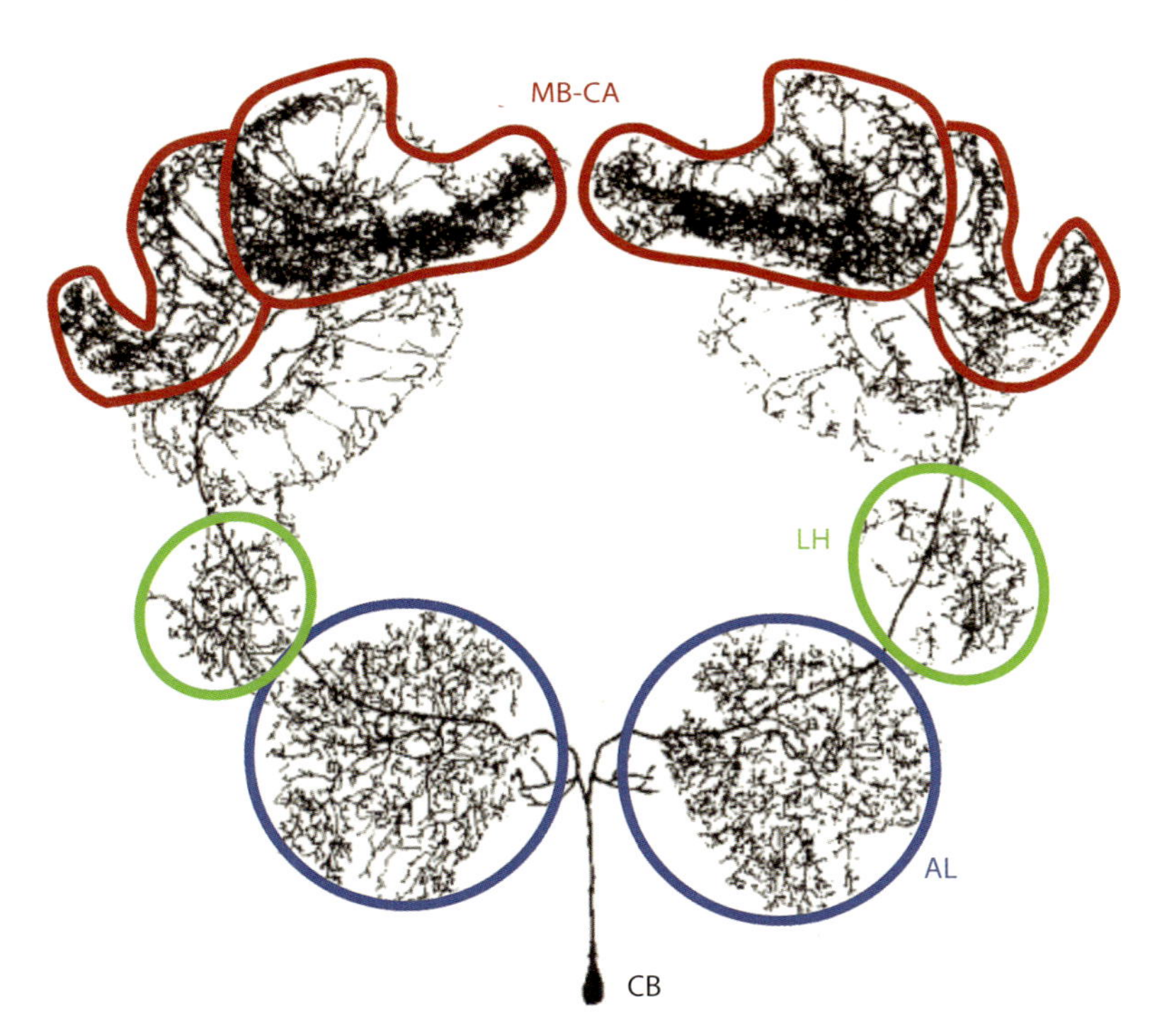

図 9.4　ハチの脳内の「報酬系ニューロン」の複雑な構造. このいわゆる VUMmx1 ニューロンは，脳内のさまざまな領域に「甘味信号」を送る．その細胞体（CB）は，脳の食道下神経節に位置しており，分岐した軸索が，触角葉（AL），側角（LH），さらにはキノコ体傘部（MB-CA）にまで伸びている．このニューロンに人工的な刺激を加えると，ハチはショ糖を味わったと「思い」，この幻の知覚と，同時に提示されたにおいを関連づけるようになる．ハマー（1993）の許可を得て再掲．

1個の神経細胞によって説明し、それをVUMmx1（腹側不対正中上顎神経－1、図9・4）と名づけた。[16] このニューロンはおそらく、分岐した軸索をハチの脳内に最も広く張り巡らせているニューロンのひとつだろう。その細胞体は、食道下神経節（ハチのショ糖レセプターからの情報を受け取る口器の近くにある）に位置している。そして、分岐した軸索を（したがってその情報を）触角葉に、さらにはキノコ体傘部に送っているが、このキノコ体傘部は、（触角葉からの）嗅覚情報や（メダラやロビュラからの）視覚情報も受け取っている。

マーティン・ハマーは、この1個のニューロンを電気的に刺激すると、ハチは糖報酬を受けたと思ってしまうことを発見した。これはつまり、そのようなハチは、実際には報酬を得なくても花のにおいを学習できるということを意味している。実験者がVUMmx1ニューロンを刺激するのと同時に、ハチがにおいを嗅げば、ハチはあたかも実際に糖報酬を得たかのように、そのにおいを学習するということだ。これは、このニューロンがハチの唯一の報酬系回路だという確証にはならないが、少なくとも次のようには言えるだろう。このニューロンに実験的に加えた電気刺激は、ハチがその口吻で甘いものを見つけたのと同じ効果をもっている、と。ちなみに、哺乳類についてみると、哺乳類のドーパミン報酬系には数万個の神経細胞が含まれており、それらがすべて同じメッセージを伝えている。昆虫の脳にはそれだけの余裕がないため、ある機能を1個の細胞が担うという場合があるのかもしれない。

しかし、これは危険ではないのか？　もし、その1個の細胞に何か不都合なことが起きたらどうなるのだろう？　ある機能がただひとつの機構に支えられていて代替機構がない場合、それが損傷を負えば大変なことになるのは明らかだ。しかし、進化がそのような事態に備えるほど、働きバチの寿命は長くないということなのかもしれない。

1993年に、マーティンの画期的な発見が『ネイチャー』誌に掲載された。当時、その研究室の後輩たちは、マーティンはついに「やった」――研究者として盤石なキャリアを築いた――と思った。ところがそうはならなかった。画期的な研究成果を発表してから何年経っても、安定した職は得られなかった。周期的にうつ状態を繰り返しては、自分には科学的能力がないのではという疑念に苛まれ、他大学の研究職の求人に応募するたびに届く不採用通知に苦しんだ。極端な長時間労働によって論文発表数を増やそうとしたマーティンは、よくありがちな負のスパイラルに陥ってしまい、プライベートや家庭生活をひどく犠牲にすることになった。1997年9月24日、マーティン・ハマーは自動車事故で死亡。40歳の誕生日の10日後のことだった。遺書は見つからなかったが、現場の状況を見ればもう明らかだった。車は運転しやすい道路を猛スピードで走っていて樹木に激突。その周囲に他の車はなく、シートベルトも締めていなかった。

キノコ体――ハチの情報保存用ハードディスク

視神経や嗅神経の軸索末端からの神経配線は、キノコ体のケニオン細胞につながっており、その接合部は顕微鏡下で糸球体（多数のシナプスの集まり）として見える（次章の図10・7）。重要なこととして、マーティン・ハマーが発見したVUMmx1報酬系のニューロンもやはり、キノコ体の同じ入力部位につながっている。したがって、「糖」報酬を知らせる感覚伝道路も、花の色や香りを伝える感覚伝道路も、すべてここに集中する。さらに重要なこととして、糸球体（シナプス）は「可塑性」に富んでおり、動物が学習するたびに変化する。つまり、報酬系回路からの信号と、花色信号のような刺激を同時に受けると、神経回路網の中に新たなシナプス結合が生まれたり、それが強化されたりする。そのようなわけで、キノコ体は神経情報の記憶装置なのである(17)。
この「神経情報システムのハードディスク」の容量が膨大なのは、キノコ体が、機械学習でも使われるいわゆる「ファンアウト、ファンイン構造」を用いているからだ(18)。触角葉（嗅覚経路）と視覚系からの神経「配線」はわずか数百にすぎないが、それらが17万個のケニオン細胞につながっており、その情報がキノコ体の400個の外来性ニューロンによって「読み取」られ、さらに、行動反応を選択・調整する脳中心部へと送られる。投射ニューロン（感覚器官からキノコ体に信号を送るニューロン）と、ケニオン細胞との接続は多くはない。1個のケニオン細胞に軸索を伸ばしている投射ニューロンは10個ほどにすぎないと考えられている。その結果、いわゆる「スパースコーディング」となる。個々の感覚入力によって発火するのは、ごく一部のケニオン細胞に限られているのだ。このスパースコーディングによって、反応の特異性が高まる。つまり、ハチが見た2つの情景の違いがわずかであっても、ケニオン細胞の発火パターンはまったく違ったものになる可能性があるということだ。このタイプのコーディングは、結果として大容量メモリをもたらすことになる。

このことは、ランドマークを用いたアリの空間定位のモデル研究ではっきりと示された。論文著者たちは、360個の視覚投射ニューロンが2万個のケニオン細胞に入力する、前述の「ファンアウト」構造をモデル化した。ケニオン細胞の数はハチの場合よりもはるかに少ないにもかかわらず、そのモデルは、「アリ」の雑然とした自然環境から、まったく混同することなく350種類のリアルな情景を蓄えることができた(19)。記憶する情景の数を80種類に減らすと、情景を記憶した位置から25センチメートルずらしても、コンピュータモデルの「アリ」はやはりそのすべてを識別することができた（誤り率は偶然のおよそ7分の1以下と極めて低かった）。繰り返しになるが、こうしたモデルは本物の神経回路を極端に単純化しているので、ハチ（およびアリ）の実際の記憶容量はそれよりもはるかに大きい可能性があることも頭に入れておこう。もし、昆虫の脳は小さいので記憶容量などないに等しい、あるいは、ハチは「ひとつのことしか覚えていられない」などと言う人がいたら、すぐに誤りを訂正してほしい。

単純な脳回路による複雑な学習

うちの研究室の博士課程学生で、正統派心理学の教育を受けてきたフェイ・ペンは、こうしたアリの研究をしながら、脳モデルを構築するスキルを磨いていった。その後、ハチのキノコ体のモデルを構築し、複雑な花のにおいを学習するこうした昆虫の能力がいかにして生まれるのかを探った。たとえばハチは、相反する結果に結びつきそうな多数のにおい（報酬に結びつきそうなにおいと、無報酬または嫌な味の食物に結びつきそうなにおい）に対して、まったく異なる反応ができる。そのような心理現象のひとつが「ピークシフト」である。過去に報酬と結びついたにおいに反応するだけでなく、報酬と結びつくにおいに似ていて、その特徴が誇張されたにおい（つまり無報酬のものとの違いがさらに大きいにおい）にいっそう強く反応するのがピークシフト効果だ。これはルール学習の一種だと見なされてきた。ハチは過去に遭遇した単一の刺激に反応するだけでなく、さまざまなにおいに関する情報を組み合わせて、どんなにおいが最も好ましいかを推測するのである。

ハチはさらに、引き算や足し算を伴う「パターン認識」の能力も発揮する。つまり、2種類のにおいが混ざったものに反応すること（足し算）も、混ざっているにおいの各々に反応すること（引き算）も容易にできるようになる。足し算のパターン認識では、たとえば、バラのにおいとゼラニウムのにおいが組み合わさっていれば報酬が得られるが、バラのにおいやゼラニウムのにおいを個別に提示されても報酬は得られないことを学習する必要がある、そのような現象はこれまで、単なる連合学習ではなく、高度な知性の一種だと考えられてきた。

フェイのキノコ体のモデルは、ハチの脳内での嗅覚情報処理機構に関する既知の事実だけをもとに構築されていた。たとえば、ハチの触角葉からの投射ニューロンと、キノコ体のケニオン細胞が接合するシナプスは、においと糖報酬の関連を学習することで変化する、といったことだ。ところが――モデルのどの側面にも、前述のようなより複雑な学習現象を生み出すための「微調整」は加えていないにもかかわらず――そのような現象がモデルから「とびだした」のだ。キノコ体のモデルは、それに組み込まれた機能よりもはるかに複雑なオペレーションを実行したのである。

フェイは、「単純な」連合学習を行なう神経回路は、あらかじめそのモデルに機能として組み込んでおかなくても、「知的」レベルのもっと高いさまざまな種類の学習を再現できること、そして、効果的なマルチタスク処理によって多岐にわたる学習を達成できることを発見した。[20] このような研究結果は、「高次の認知能力」を要するとされるタイプの学習は「単純な」連合学習よりも計算複雑度が高い、という考えに疑問を投げかけるものだが、ただそれだけではない。さらにいっそう重要なこととして、こうした研究結果は、連合学習という基本的な課題を解決すべく進化した神経系の構造は、進化によってさらなる微調整を加えなくても、自ずと知的レベルのより高い学習現象を生み出す可能性があることを示している。

昆虫の中心複合体――高度なナビゲーション装置

昆虫の脳を構成する部分のうち、キノコ体に加えてもうひとつ重要なのが、中心複合体と呼ばれる部分だ。ここは多数の感覚伝導路が集中するところで、記憶の蓄積も行なっている。この見事なまでに規則的

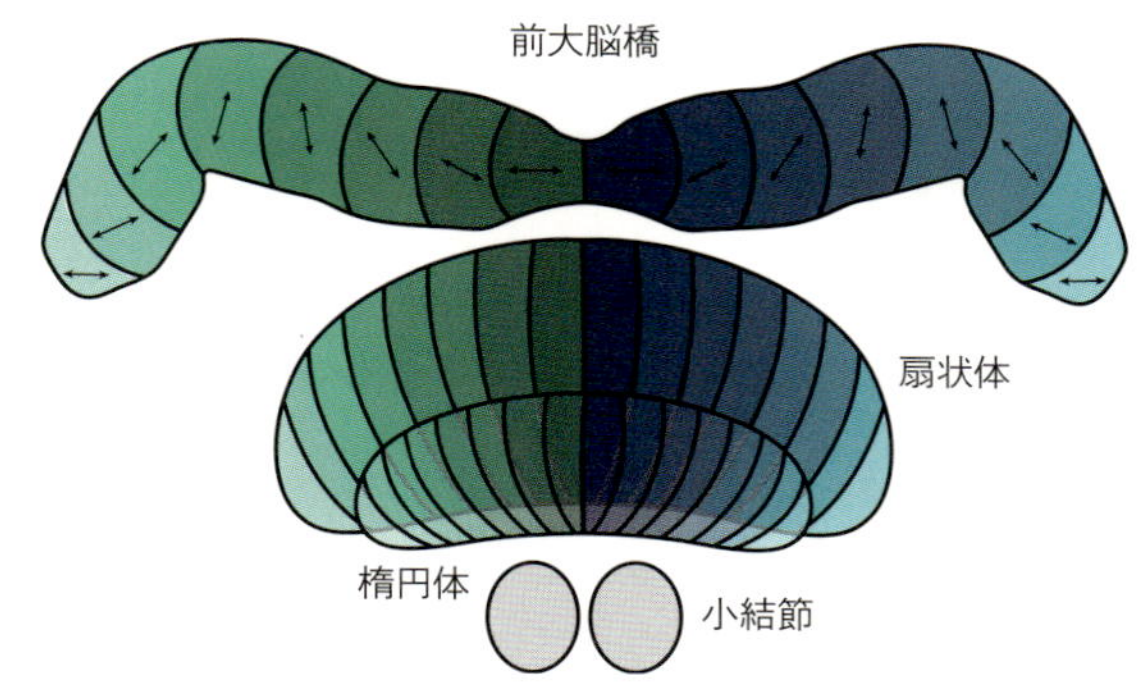

図 9.5　昆虫の中心複合体とその主要な構成要素. 前大脳橋，扇状体，楕円体，および左右 1 対の小結節．前大脳橋の神経細胞は，（両矢印が示すように）さまざまな方向の偏光に合わせてあり，前大脳橋全体として偏光方向のマップになっている．前大脳橋，扇状体，および楕円体は，カラム構造を形成している．前大脳橋のある特定のカラムからのニューロンは，扇状体や楕円体のそれぞれ決まったカラムへと配線される傾向がある．

な構造は、昆虫類すべてに共通しており、生活様式がまるで異なる昆虫も、みな同じような構造をもっている。ということは、どの昆虫もその機能にあまり違いはなく、共通の祖先から受け継がれてきたものなのだろう。

中心複合体は、昆虫の脳内で唯一の不対構造であり、その名が示すとおり、脳内の幾何学的構成においても、また、感覚統合や行動選択という機能面でも、中心的な位置を占めている[21]。中心複合体は、4つの主要部分——扇状体、楕円体（2つ合わせて「中心体」と呼ぶ、図9・1および9・5参照）、前大脳橋、左右1対の小結節——から構成されている。動物全般に見られる多くの脳構造と同様に（そして昆虫の視神経節と同様に）、中心複合体はカラム構造——内部配線に繰り返しの多い局所神経回路網——を形成している。16のカラムが前大脳橋と中心体を貫いて走り、カラムとカラムの間には、神経連絡が交叉する多くの層が形成されている。中心複合体は、多機能な脳領域であり、太陽コンパスの利用や、経路統合、そしてランドマークの記憶など、ナビゲーションに欠かせない主要な機能を担っていることが、さまざまな昆虫の研究からうかがえる。

中心複合体の構成要素のいくつかは、特に注目に値する。というのは、神経回路の構造と機能の緊密な連関を示す見事な例だからである。前大脳橋のニューロンは、太陽の方向を記号化して、神経生物学的なコンパスを形成し、それを時刻補正している（時刻がわからないと、太陽をコンパスとして利用することはできない）。太陽が見えない場合はどうするか？　第3章で、ハチには偏光感受性があることを学んだ。天空の偏光パターンは、太陽の動きとともに予測できる仕方で変化するので、太陽そのものは雲に隠れて見えなくてもコンパスを利用できる。前大脳橋の各カラムのニューロンは、ある偏光面にしか感受性がないが、隣接するカラムのニューロンがそれぞれ別の偏光面に反応する（図9・5）。全体としての前大脳橋には、高度なコンパス装置が備わっているのである。

前大脳橋のすぐ下が扇状体で、その主な機能のひとつは視覚パターンの記憶である。少なくともショウジョウバエにおいては、ランドマークを視野のどこでとらえていても、特定の層のニューロンがその特徴を記号化して記憶しているようだ。前大脳橋と扇状体がともに働いて、ランドマーク情報とコンパス情報を関連づけることができるおかげで、ハチは、たとえば見馴れた全景（パノラマ）が確認できれば、巣の方角が正確にわかるのかもしれない。

楕円体もやはり、方向定位に重要な役割を果たしている。昆虫が体の向きを変えると、神経活動電位のピークが楕円体の周囲を回るのだ。それゆえ、昆虫は暗闇に入っても、正しい方向に進むことができる。楕円体は、動物が自己生成した運動からの入力情報を利用しているのである。楕円体のおかげで動物は、外部からの感覚入力がなくても一定の方向を維持することができるし、暗闇で方向を変えようとするときもコンパス方位を更新し続けることができるのだ。また、中心複合体の左右1対の小結節には、移動距離を測定するニューロンの分枝が見つかっている（図9・5）。

以上をまとめると、中心複合体には、移動した距離と方向およびランドマークに関する情報が（外部からの感覚信号と自己生成運動の両方から）集まってくる。ここには、経路統合のような複雑なことまでやってのけるナビゲーションツールが搭載されているのである。（経路統合のおかげで、新たな花資源を求めて複雑な道筋をたどってきたハチが、巣を出てから飛行した距離と回転した角度をすべて積算することにより、まっすぐ巣に戻ることができる――第6章）。

中心複合体は意識の座なのか?

中心複合体は、外部刺激、内部状態、過去の経験からの情報を統合しているので、昆虫をとりまく馴染みの空間や、昆虫自身の神経モデルのようなものを表現している可能性がある。こうした点から考えて、ハチの研究者たちの間では、中心複合体は昆虫の意識のようなものの拠り所なのでは、といったことまで議論されてきた[22]。このテーマの心理学的側面については、第11章でさらに詳しく探っていく。神経生理学的な側面については、中心複合体には意識に似た機能があるという見方を裏づける証拠が、捕食寄生するカリバチ――獲物から自発的な目標指向行動をすべて奪ってしまうらしいカリバチ――から得られている。

エメラルドゴキブリバチ（*Ampulex compressa*）は、胸部神経節（脚や翅の動きを制御している神経節）に注射して獲物を麻痺させるという一般的な方法を用いるのではなく、捕らえたゴキブリの脳に、しかも中心複合体に近い部分に針を刺す。獲物は、体が麻痺することも、感覚を失うこともない。その代わり、注射された獲物は、自らは行動を起こせないゾンビのようになってしまう[23]。歩くことはまだできるので、実際、カリバチは、なされるがままのゴキブリを自分の巣穴に引き連れていく。ゴキブリはその巣穴の中で、カリバチの幼虫に生きたまま食われながら、ゆっくりと死んでいくのだ。こうした「マインドコントロール」を行なう捕食寄生者の毒液の心理学的・神経生理学的効果を調べてみれば、昆虫の心についてさまざまなことが明らかになる可能性がある。

意識が生まれるには、大脳新皮質を備えた非常に大きな脳が必要だと思うかもしれないが、そんなことはない。まず第一に、大まかな神経解剖学的構造から、認知能力の有無を推定することはできない。たとえば、チンパンジーの脳にはブローカ野やウェルニッケ野が存在する。この脳領域は、ヒトでは言語を担っているが、チンパンジーでは明らかにそうでない。この例からもわかるように、特定の脳領域の存在(または不在)は、ある認知能力の有無を教えてくれるものではないのだ。まったく異なる神経回路が、別々の動物の同じような行動能力を担っている可能性もある。また、基礎的な意識のような現象(自らの行動結果の予測など)が、昆虫の脳でも賄える数千個程度のニューロンで現れる可能性もある。[24]

ハチの脳波

昆虫は「考える」のかという問題に関しては、自発的な脳活動があるかどうかを調べてみるといい。「脳の内部」から――つまり、外部からの刺激がなくても、あるいは外部刺激とは別に――何らかの活動が生じるとしたら、意識という観点からみて重要な意味をもっている可能性がある。外部からの刺激に先行してこうした活動が起こるのは、動物が、特定の環境側面に注意を向けて、何か起こるかもしれないことを、それが実際に起こる前に予測している場合である。注意を向けることによって、重要な刺激(ハチであれば馴染みの花など)に焦点を合わせ、それ以外の刺激(馴染みのない花など)を無視することができる――しかし、注意は単なる選択フィルタではない。注意を向けるには、脳の奥のどこかで自分が何を探しているのかを知っていなければならず、その情報を感覚器官の近くにあるフィルタ機構に供給できなければならない。オーストラリア人の神経科学者、ブルーノ・ヴァン・スウィンデレン率いるチームは、ハチを操作可能な仮想現実環境下に置き、その間の脳活動を計測することによってこれを検証した[25]。彼のチームは、さまざまな物体に注意を払うのに対応する神経活動パターンを見つけ出し、さらに、刺激の取捨選択に先行して現れる特定の脳活動も発見した。

重要なこととして、ヴァン・スウィンデレンのチームは、昆虫には睡眠中も含め、何種類かの神経振動（「脳波」）が認められることも発見した[26]。なぜこれが意識の問題にとって重要なのか？　ヒトの場合、特定の周波数の脳波は、（深い睡眠時や麻酔時とは異なる）覚醒状態と関連している。覚醒時の経験は、いくつかの別個の脳領域（感覚野、記憶中枢、動機づけや行動選択を担う部位など）からの情報を統合する必要がある。あるタイプの神経振動には、これらの脳領域の神経活動を同期させ、そこからの情報を一貫性のある知覚へと織り合わせる働きがあると考えられている[27]。したがって、こうした振動が昆虫で発見されたことは、特に、睡眠中にも周波数のはっきり異なる相が存在するということは、極めて刺激的な発見だ。昆虫の脳は「スイッチオフ」にはならないのである。

ハチは3種類の睡眠相をもっている[28]。最も深い睡眠は、独特のうずくまり姿勢を特徴とするもので、頭部、胸部、腹部は弛緩し、触角は動かず、筋肉の緊張度や体温は低下し、外部刺激に対する反応閾値は上昇する。注目すべきことに、この睡眠相のときにミツバチをにおいにさらすと、前日の経験の記憶が強化されるのだ[29]。ハチにも、ヒトと同様に、夢を見ているような状態の中で記憶が蘇る睡眠相があるのだろうか？　夢には、記憶や思考の断片をランダムにシャッフルし、新たな形に並べ替える機能がある。したがって、この睡眠相はもしかすると、記憶を強化するだけでなく、現実世界で起こりうるシナリオや、よくある問題の別の解決法を探る役割を果たしているのかもしれない。

異なる生活様式、よく似た脳

興味深い知見のひとつは、まったく異なる生活様式をもつ近縁の昆虫種が、非常によく似た脳をもっているということだ。目を引く独特の行動能力や認知能力の多くには、必ずそれを生み出す神経基盤があるはずだが、大まかな神経解剖学的構造を調べても、なかなかそれが見つからない。一例を挙げると、昆虫の社会的認知能力について最近なされた最も印象的な発見のひとつは、エリザベス・ティベッツらによる、アシナガバチの顔による個体識別能力（仲間の個々の顔を見分ける能力）の発見だ。[30] 簡単に説明すると、アシナガバチ亜科に属するある種は、非常に小さなコロニーで暮らしており、顔の模様が個体ごとにはっきり違っている。コロニー内の複数のメスバチは、長い闘いを通してヒエラルヒーを形成し、最終的にその勝者が生殖を独占する。

コロニー内のハチは互いの顔を識別でき、しかも、競争相手との闘いを経て階級が定まったあとは、コロニー階層内での自分の位置をわきまえている。こうした闘いは犠牲を伴う――負傷することもあれば、死に至ることもある――ので、繰り返さずにすむのが一番だ。となると、序列の中での自分の位置を知っているほうがいい。[31] ハチは、観察によって他のハチの戦闘力を知り、そのうえで「推移的推論」を用いている可能性もある。たとえば、個体Aが個体Bよりも強く、個体Bが個体Cよりも強いのであれば、個体Aは当然、個体Cよりも強いと判断するのだ。このような（昆虫界ではおそらく比類のない）能力をもっているにもかかわらず、これらのハチの視覚系と、顔認識能力をもたない近縁種の視覚系との間に、識別可能な違いは認められなかったのである。[32] これと同じような謎が、霊長類の間でも存在する。ヒトの脳は、他の霊長類と比べて明らかに認知能力に差があるにもかかわらず、少なくとも大まかな構造に関しては、多くの点で霊長類の脳の拡大版にしか見えない[33]。

こうした事実から浮かび上がるのは、行動や認知に関わる大きな進化的イノベーションのように見えることでも、神経回路のちょっとした調整――見つけにくいが比較的起きやすい変化――によって生ずる可能性があるということだ[34]。多くの認知活動はかなり小さな神経回路で遂行可能なので、ある種類の認知能力の進化を促す選択圧が存在するならば、その生物種にその認知能力が出現する可能性は高い。ある行動能力が野生動物に欠けているのは、その能力が「進化しにくい」こと、あるいは、その生物種の知能レベルが十分ではないことの証拠ではなく、その能力を必要とする課題が自然界に存在しないことを反映しているにすぎない場合が多い。たとえば、社会性ハナバチが相手を個々に識別しないのは、小さな脳ではそれが不可能だからではない。むしろ、とてもよく似た個体があまりにも多く、顔を識別しても意味がないからなのだ。神経回路のちょっとした変化で行動能力に大きな違いが生じるのは、ひとつには、ごくわずかな修正を加えただけで既存の回路が使える場合が多いからである。

ハチの脳の研究は、微小な脳であっても、その神経配線しだいで高い認知能力を発達させ、周囲の状況を探って規則性を見つけたり、未来を予測したり、情報を効率的に蓄積したり引き出したりできるようになることを教えてくれた。ここまでの章では、ハチのさまざまな感覚能力や学習能力、そしてその基礎をなす神経系について学んできた。とはいえ、個々のハチを、交換可能なその種の構成員として扱うきらいがあり、個々のハチの心理を探ることはしてこなかった。しかし、心理的特性はその本質からして、個体ごとの経験や遺伝的行動様式を基盤にしており、そうしたものはすべて、集団内の他個体とは異なっている。次章では、ハチには個体ごとの「パーソナリティ」がある、と言えるのかどうかを探っていく。

10 ハチの「パーソナリティ」の個体差

昆虫は明らかに、同じ種類の花を続けて訪問するのを好むということを今まで見てきたが、必ずしもそうとは限らない。マルハナバチが、数回の訪問の後に、2種類の花を、色に関係なく、何度も交互に行き来するケースもあった……こうした個体は、仲間よりもやや知能が高く、2種類の花を同時に扱うこともできたが、しかし2種類を超えるとさすがに混乱してしまうのではないだろうか。

——ロバート・クリスティー、1884年(1)

ペットを飼っている人なら誰でもよく知っていることだが、動物は1匹ずつ違った個性を——その個体を同種の他個体と区別できるような心理特性を——もっている。こうした特性は、個体ごとの経験や、(親から受け継いだ)遺伝的傾向、またはその両方に起因している可能性がある。ところが、多くの人々にとっては、同種の昆虫は区別のつかない、交換可能な、大量生産品のように見え、まさかそれぞれが「パーソナリティ」をもっているなどとは思えないのではないだろうか?

無脊椎動物の心理の個体差を初めて系統的に研究した科学者がチャールズ・ターナーだった。彼は、クモの巣作りに関する初めての論文を執筆したとき（25歳の1891年）にすでに、新奇な幾何学的課題への対処のしかたに著しい個体差があることに気づいており、個々のクモを「各現場の腕利き職人」と呼んだ。こうした個体差を突きとめることがターナーの研究の一貫したテーマであり、彼はクモ、アリ、ゴキブリといったさまざまな無脊椎動物でこのような個体差を発見した[2]。

近年、ハチにおいても、どんな心理特性を調べても必ず、そのような差異が認められることがわかってきた。しかも、個体ごとに差がある（テストを繰り返すと、各個体はほぼ毎回同じように反応する）だけでなく、社会性種のコロニー間でも差が認められるのだ[3]——コロニーは遺伝的に近縁な個体のファミリーなので、それは当然と言えるかもしれない。個体によって感覚装置に微妙な違いがあるので、環境の異なる側面をそれぞれ選択的に知覚しており、また、個体ごとに脳の構造にも違いがあり、情報の蓄積や利用のしかたがそれによって決まってくる。個体の知能のバリエーションは、ハチが自然界の秩序の中で生きていくのに重要であり、また、コロニー内の個体間のバリエーションは分業の効率を左右する[4]。

個体間の差やコロニー間の差は、遺伝的に受け継がれる可能性がある。たとえば、学習速度が速いハチたちのコロニーでは、その特性が次世代に引き継がれていく。そして、心理特性が遺伝する場合には、それが進化の素材になる可能性がある。逆にもし遺伝的変異が存在しなかったら、そもそも自然選択の対象となるものがないことになる。たとえば、脚が6本より7本のほうが有利だったとしても、7本脚の昆虫が進化によって出現することはなかなかない。なぜなら、6本脚のいとこよりも優位に立てるであろう7本脚の変異体が、ふつうは存在しないからだ。それに対し、これから見ていくように、ハチの学習能力のような、心理的能力の遺伝的変異は確かに存在する。ということは、学習に関わる特性は、比較的少ない世代を経るうちに急速に進化する可能性があると言える。

本章では、個体間変動（個体差）がすべて遺伝的なものとは限らないことも明らかになる。ミツバチの女王と、不妊個体であるワーカーとの劇的なまでの違いは、感覚システム、脳の構造、さらには行動と、あらゆる側面にまで及ぶ。しかしこれは、DNAの違いに起因するわけではない。なぜなら、女王もワーカーも遺伝的に同一だからである。女王とワーカーの違いは非遺伝的(エピジェネティック)なものであり、環境要因だけで（不思議なことに幼虫のときに与えられる餌の違いだけで）こうしたカースト分化が起こるのだ。本章ではまず、社会性ハナバチのコロニーの各個体の行動の特徴を定量化できる技術について紹介する。

マイクロチップを用いてハチの「パーソナリティ」を探る

ハチに標識をつけて個体識別ができるようにすると（たとえばナンバータグなど、図10・1参照）、ハチの性質についてまったく新たな視点が開かれる。同種であっても個体によって行動がまったく異なることがたちまち明らかになるのだ。他のハチより攻撃的なハチもいれば、よく働くハチ、頭のいいハチもいる。すばやいけれどもいい加減な意思決定をするハチもいれば、慎重に対応するハチもいる、といったぐあいだ。近年、こうした個体間変動の定量化を促進してきたのが、RFID（無線自動識別装置）のような新技術である（これと同じ技術が、

図 10.1　ナンバータグとマイクロチップによって，ハチの顕著な個体差を明らかにする． 左上：ミツバチのワーカーにナンバータグ（個体識別番号のタグ）を付けると，たいてい数日にわたって同じ花畑を訪れるのが確認されるが，時間的パターンも訪花順序も個体によって異なる．左下：マルハナバチやミツバチに，RFID（無線自動識別装置）のタグをつけると，活動パターンが自動的に記録される．右：2 匹のマルハナバチの活動量をダブルプロットした「アクトグラム」（棒の高さが活動量を示している）．ハチを，まず 12 時間明 /12 時間暗のサイクル（白とグレーで表示）のもとでテストし，次に自然界の白夜のような恒明条件のもとでテストした．右上：採餌活動は主に朝の数時間しか行なわず，恒明条件下でも，（周期は短縮されたが）やはり規則的に活動したワーカーのアクトグラム．右下：明るい時間帯を通して活動量が非常に多く，恒明条件下では周期短縮も見られたワーカーのアクトグラム．この個体は，死の直前に，不規則な活動亢進状態（「死のダンス」）を示した．

Bee 1
日付
1
2
3
4
5
6
7
8
9
10
11
12
13
14
0
6
12
18
0
6
12
18
0
時刻（時）
Bee 2
日付
1
2
3
4
5
6
7
8
9
10
11
12
13
14
0
6
12
18
0
6
12
18
0
時刻（時）

ペットのマイクロチップや多くの公共交通機関の乗車カードにも使われている）。

多数のマルハナバチコロニーのワーカーすべてにタグをつけて、各個体の活動を自動的にモニターすると、夏の北極圏の白夜期間でもやはり、マルハナバチは明確な日周リズムをもっており、夜に数時間休むことが明らかになった。[5] 北極圏の夏は短い。数週間でコロニーを作り上げる必要があるので、ハチは時間との競争で、新女王や雄バチを育てるのに十分な資源を見つけなくてはならず、したがって、できる限り働かねばという強い圧力を受けるはずである。それでもやはり、良好な状態で活動するためには睡眠をとることが重要だが、マルハナバチの活動パターンに大きな個体差があることも明らかになった。[6] 何週間にもわたってモニターすると、時間的な採餌パターンを生涯にわたって昼間ずっと働き続けるハチもいれば、早朝の時間帯にしか働かないハチや、採餌飛行は1日に1回だけというハチもいた。寿命が尽きる直前になると、「死のダンス」と呼ばれる、休息らしきものを一切とらない不規則な活動亢進状態を示すハチもいた。[7] これはミバエでも観察されている現象だが、おそらく神経が機能不全に陥って、死期が迫っていることの現れなのだろう（図10・1）。

同じ遺伝子で異なる運命——ハチのコロニーでの専門特化

ずっと以前から社会性昆虫の研究者たちによく知られていたのが、社会性昆虫のコロニーの注目すべき特徴のひとつはその分業制にある、ということだ。コロニーが全体として滑らかに動くマシンのように機能するためには、こなすべき仕事が多数あるが、各個体がそのような仕事のひとつに専門特化しているのである。その極端な例は、ワーカーと女王の形態差や、コロニー内での「仕事」の違いに伴う行動の違いに見られる。

ミツバチの女王とワーカーは遺伝的にはまったく同一なのに、それぞれ異なる運命をたどることになるのは[8]、女王の幼虫は、特別な「栄養調整食」――いわゆるローヤルゼリー――を長期にわたり大量に与えられて育つからなのだ。この栄養豊富な餌の化学組成は部分的にしか解明されていない。ローヤルゼリーは、育児係である若いワーカーの口器の分泌腺でつくられる。孵化後しばらくは、すべての幼虫にローヤルゼリーが与えられるが、ワーカーになる幼虫は、その後すぐに花粉と花蜜だけの一般食に切り替わるのに対し、女王になる幼虫は、幼虫期を通してローヤルゼリーを大量に与えられ、成虫になってからも生涯ローヤルゼリーを食べ続ける。このように養育方法に差をつけることによって、こうした異なるカースト間に驚くほど顕著な形態的、行動的、心理的違いが生まれるのである（図10・2）。

ミツバチの女王の寿命は数年に及び、その間に毎日2000個ほどの卵を産むが、訪花活動は一切行なわず、コロニーの形成や維持に必要な仕事を担うこともない。行動目的がワーカーとはまったく異なるのだ。それぞれの目的には、まったく異なる心理が伴う。ワーカーはほとんど花を訪ねることだけを考えているのに対し、女王が切に求めるものはもっとシェークスピア風だ。ミツバチの新女王は蛹から羽化するとすぐに、ライバルである他の新女王を相手に、次々と殺し合いを行なう。そして、生き残った1匹だけが、1～5回の交尾飛行のために巣の外に出ていく。雄バチが集う場所へと向かうのである。巣から数キロメートル離れていることもあるこの交尾専用の場所では、何百匹もの雄バチが女王バチを待ち受けている。女王はこの飛行中に、平均12匹の雄バチと交尾を重ねるのだ。雄バチのほうは、交尾した直後に死を迎える。生殖器本体から反転して出てきて勃起した内袋が、瞬間的な射精によってちぎれてしまうからである。女王バチは交尾を終えると、生まれた巣に戻る。そして、さっそく産卵という仕事にとりかかり、翌年、新しい女王バチが誕生するまで、コロニーを離れることはない。新女王が生まれたら、旧女王はワーカーの大群を引き連れて巣を離れ、新居に移住する。

女王バチの一生とは対照的に、不妊のワーカーの寿命はふつう数週間で、その間に一連の専門業務に携わる。巣房の清掃（羽化後数日間）、蜂児や女王の世話（3〜20日齢）、巣作り（7〜20日齢）、巣の入口の防衛（3週齢）、花蜜、花粉、水、樹脂など各種資源の採集（通常2〜3週齢）などだ。しかし、ワーカーがセックスすることは決してない。

感覚器官にも際立った違いがある。ミツバチの場合、ワーカーのほうが、複眼を構成する個眼面が60％多く、また、触角上に分布する嗅覚器も70％多い。モーリス・メーテルリンク（100年前に書かれたその著作を第1章と第8章で紹介した）は、ミツバチの女王は「どうもおつむが空っぽのようだ」と述べている。社会性昆虫の女王とワーカーの間に見られる寿命、役割、行動、感覚生理、そして脳の解剖学的構造の違いの多くは、ほとんど幼虫期の養育のしかたのみに起因している。これはたぶん、環境が個体の運命に影響を及ぼす、自然界の最も極端な例のひとつだろう。

脳の解剖学的構造は、一個体が一生涯の間に、担当する仕事を次々と変えていくときも変化する。[9] たとえば、ワーカーが巣内での仕事から採餌活動に移ると、それに伴って脳のキノコ体が劇的に（15〜20％ほど）大きくなる。これはおそらく、採餌空間の状況や高報酬の花の特徴について、大量の情報を記憶する必要が生じた結果であろう。一方で、ハチが巣外に採餌に出かける日齢を迎えるよりも、少し前に起きる脳の成長もある。これは、ハチの生得的な発達プログラムが、脳の記憶容量を増すことによって、巣外を飛行するための脳を準備していることを物語っている。

図 10.2　ミツバチの女王とワーカーは，遺伝的には同一だが，解剖学的，生理学的，心理学的な面に違いがある． ミツバチの女王（ナンバータグ付きの個体）と不妊のワーカーとの間に見られる違いは，ハチ社会での役割の違いに関連している．女王のお付きのワーカーたちは，女王に餌を与えるとともに，絶えずその毛づくろいをしたり，体をなめたりしながら，女王の大顎腺から分泌されるフェロモンを受け取っている．このフェロモンがワーカーの卵巣の成熟を抑制するのだ．

感覚の感度の個体差から生じる分業

アリ、ハチ、シロアリといった昆虫社会の成功の理由は、分業化と専門特化、それによるコロニー運営の効率化に帰せられることが多い。確かにコロニー内での特化度は高く、各個体はもっぱら、コロニーの防衛、幼虫の養育、死骸等の廃棄、特定資源の採集といった活動のいずれかだけに携わる。

しかし、産卵を担当する女王やシロアリの「兵士」のような厳密に区別されるカーストを除くと、各業務のスペシャリストを形態面から区別するのはむずかしく、実際、どんな仕事をこなせるかという点から見ると、ほとんど分化全能性を有している。つまり、社会性昆虫のスペシャリストは、組み立てラインの作業員のように連日同じことを繰り返し行なっていたとしても、たいていは必要に応じて別の仕事に変わることができるのだ。たとえば、コロニー防衛や採餌活動の「手」が足りない場合には、別の仕事に携わっている個体がすかさずそれを切り上げて、緊急度の高い仕事を引き受ける。19世紀にすでに、スイスの博物学者、フランソワ・ユーベル（第4章参照）が、なぜ自己組織化だけでこうしたことが起こり、ワーカーに仕事を割り当てる強力な意志決定者を必要としないのかについて、画期的な考えを提示している。

ユーベルは、ミツバチは巣箱内の環境をどのようにコントロールしているのか、特に、どうやって酸素欠乏を防ぐための換気を行なっているのかに興味をもった。そして、酸素濃度が低下してくると、巣門の前で羽ばたいて換気を行なうハチの数が増えること、そして、極端に酸素が欠乏すると、すべてのワーカーが羽ばたき行動に加わることに気づいた。酸素濃度が正常なときは、少数のワーカーだけが、ワーカー間のコミュニケーションらしきものもなしに、巣門から巣の内部まで戦略的とも思える配置で羽ばたき行動に携わっている。

ユーベルは次のような仮説を立てた。ミツバチは有害なにおいに対する感度に個体差があり、最も感度の高い個体が最初に羽ばたき行動を始める。それでも状況が悪化すると、許容域値を超えてしまう個体の数が増え、そうした個体も羽ばたき行動に加わるようになる。このようにして、巣箱のあらゆる場所で、適切な数のワーカーが自律分散的に換気作業に配分されていくのだろう、と。[10] ユーベル自身は、この卓越した仮説を検証することができなかった。彼のチームには、個々のハチを識別する手段がなかったからだ。今日では、数多くの実験的証拠によって、ハチコロニーがワーカーを多くの重要業務に比較的速やかに配分する柔軟な対応は、少なくともある程度は、その業務の必要性を示す刺激に対する感度の個体差によって達成されていることが示されている。[11]

社会性昆虫を研究するアメリカ人生物学者のジェニファー・フューエルは、仕事の割り当てがこのように自律分散的になされる理由について、複数人が暮らす家で、たまった食器をいつも同じ人間ばかりが片づけることになる不幸な例を引き合いに出して説明している。[12] なぜそうなってしまうのか？ それは、汚れた皿がシンクに積み上がっていく刺激に対する感度が、人によって異なるからだ。最も感度の高い人が、最初にその仕事を引き受けるはめになる――すると刺激が除去されるので、2番目に感度が高い人の閾値に達することは決してありえない。ただしそれは、主たる「皿洗いスペシャリスト」が家を空けない場合に限られる。不在のときには、皿の山がやや高くなるはずで、そうなると、次にきれい好き度の高い人が行動を起こすことになる。何はともあれ、中央組織など置かなくても、全体でニーズの評価などしなくても、仕事はきちんと成し遂げられていくのだ。もうひとつ重要なのは、役割の専門特化は経験の影響も受けるということだ。最初に閾値に達する人は、その仕事の経験が最も豊富になり、当然ながら、最もうまくその仕事をこなせるようになるので、各々が担当する仕事がますます固定化されていく可能性がある（昆虫のコロニーでもそれは同じだ）。

個体の感覚閾値を初めて実験的に測定したのは、カール・フォン・フリッシュだった。ミツバチの味覚に関する155ページの報告書には、「インディヴィジュアリテート」（個性）という見出しが付けられた2ページほどの節がある。フォン・フリッシュは、低濃度のショ糖液や、塩酸などの嫌いな味物質を添加した溶液に対するハチの感度をテストした。個々のハチを24日間にわたって観察した結果、最低濃度の甘味でも一貫して区別できるハチや、酸味や苦味に異常に敏感なハチがいることを発見したのだ。[13] ある個体は、フォン・フリッシュが試した味物質すべてに対して、最高の感度を示したようだ。その後、アメリカ人の昆虫学者、ロバート・ペイジの研究によって、ショ糖に対する感度の違いは、羽化後数時間ですでにはっきりしており、その違いが、たとえば、数週間後に花粉と花蜜のいずれの採餌者になるかを決めることが明らかになった。[14]

体のサイズ、感覚システム、役割の専門特化にみられる個体差

ミツバチは、どのワーカーもみなだいたい同じ大きさだが、マルハナバチのワーカーは、ひとつのコロニー内でもサイズが劇的に異なっており、イエバエほどの最小サイズのワーカーから、女王とほぼ同じサイズのワーカーまで、その差は10倍以上にも及ぶ。ハチは、いったん蛹から羽化したらもう成長しないので、コロニー内や花の上で見かける同種のマルハナバチのサイズの違いは、その日齢とは関係がない。こうした違いは、幼虫時の成長過程で与えられた栄養量の差によって生じる。ハチは、まだ脚がなく、育房から出ることもできない幼虫の間に、すべての成長を終えるのだ。

マルハナバチのコロニーには、体のサイズに応じた厳密な分業制は存在しないが、それでも成虫になると、サイズの小さなワーカーは巣作りや蜂児の世話のような巣内の仕事に就き、大きなワーカーは巣を離

れて訪花活動に携わる傾向がある。私の研究室の博士課程学生、ヨハネス・スペースは、やはり博士課程学生のアーニャ・ヴァイデンミュラーとの共同研究で、その分業が理に適っていることを突きとめた。セイヨウオオマルハナバチ（*Bombus terrestris*）の最大サイズのワーカーは、仕事の効率が最も高いワーカーでもある、というのがその理由だ[15]。しかし、仕事効率が高いのは、ただ単に、体力面で飛行能力や花の操作能力に長けているからではない。サイズの大きなワーカーほど、優れた感覚器官を備えていることが判明している。

ヨハネスは、大きなワーカーは、ただ単に眼が大きいだけではないことを発見した。その複眼は、個眼面も大きい（レンズも大きい）ので、光に対する感度が高く、薄暗いところでも採餌活動ができる。たとえば、日の出前の、まだ他の送粉者のほとんどが深い眠りについている時間帯でも活動が可能だ。ヨハネスはさらに、マルハナバチの眼球光学系に光線を当てる高度な技法を用いて、大きなマルハナバチほど、解像度の高い像を捉えられることを発見した。つまり、小さなワーカーよりも「画素（ピクセル）」の数が多く（小さなワーカーの個眼数は３０００に満たない場合もあるのに対し、大きなワーカーの個眼数は４０００を越える）、１画素のサイズが小さいので、鮮明な像を捉えることができるのだ。そのおかげで大きなワーカーは、より小さな花を、より遠くから見つけることができる。実際、大きなハチほど、解像度の高い大きな眼を備えているので、体のサイズが33％増すと、花探知の精度は２倍になる[16]（図10・3）。

ヨハネスはまた、マルハナバチの大きなワーカーほど、嗅覚感度が高いことも発見した。触角上に分布する嗅覚器の数が多くて、分布密度が高いのだ[17]。窩状感覚子（最も多数分布する嗅感覚子）の個数が、最小ワーカーでは７００個なのに対し、最大ワーカーでは３５００個もあり、その密度は、１平方ミリメートルあたり２４００個〜３２００個と差がある。これはつまり、大きなワーカーのほうが、相当遠い距離

図 10.3　マルハナバチのワーカーは，体のサイズが大きいほど眼が大きく，光に対する感度も解像度も高い． セイヨウオオマルハナバチ（*Bombus terrestris*）の複眼の走査型電子顕微鏡写真．左側が小さなワーカー，右側が大きなワーカー．挿入図はそれぞれの眼の中央部にある個眼面のサイズの違いを示している．大きなワーカーほど感度も解像度も高い大きな眼を備えており，遠くから花を見つける能力が高い．左の写真も右の写真もともに，1 本線のスケールバーは 50 μm，2 本線のスケールバーは 500 μm.

から花のにおいを探知できることを意味している。言い換えると、幼虫のときに（半ばランダムに）どれだけ餌を与えられたかによって、成虫になってからの外部世界の知覚のしかたに明白な違いが生じ、その後、どの仕事を専門に担うかが決まってくるということだ。

経験を積んだ結果としての役割の専門化

社会性ハナバチの世界では、ヒトの社会と同様に、「職業」の選択、もしくは特定の仕事をこなす能力は、感覚閾値、「才能」、生来の職業適性といった生得的傾向だけで決まるわけではない。それは、経験の積み重ねによるスキル向上の結果でもある。社会性昆虫のワーカーがこなすほぼすべての課題に、学習が関与していることを示す広範な証拠が存在する。たとえば、食料の識別や扱い方（花に関しては第7章参照）にとどまらず、巣作り（第4章参照）のような、一見、本能行動に見える課題にも学習が関与しているのだ。課題解決に成功した初期の経験が、その後、ワーカーが選択する「職業」をある程度まで決定づけることを示す直接的証拠が、クビレハリアリ（他のアリの巣を襲って幼虫や蛹を餌にするアリ）の研究から得られている[18]。

クビレハリアリ（*Ooceraea biroiare*）のワーカーは、遺伝的に同一のクローンなので、担当する役割に違いが生じるとしたら、環境要因によるものでしかありえない。こんな研究がある。未経験のアリたちに繰り返し食料探索を行なわせたのだが、実験者が仕組んで、一部の個体には食料がまったく見つからないようにしておいた。すると、そのようなアリたちは、しだいに食料を探そうとしなくなり、結局、ほとんど巣から出なくなって、幼虫の世話係になった。一方、食料探しに成功した（遺伝的に同一の）アリたちは、巣の外で採餌活動を続けた。このケースでは、成功経験と失敗経験が役割の専門化を決定づけたのである。

そのようなわけで、社会性昆虫の場合もヒトと同様に、特定の仕事をうまくこなせるかという自己評価の結果で、担当する役割が決まる可能性がある。ただし、ヒトの場合とは違い、仕事の出来映えについて他者からのフィードバックはなさそうだ。「あら、ジェーン、あんたは採餌がへたくそね！」などと言ってくるハチはいない。ハチに関しては、ある特定の仕事での成功経験が、コロニー内でその個体が長期的に担う仕事を決める、という直接的証拠はまだ得られていない。しかし、アリでの研究を見る限り、調査してみる価値がありそうだ。

採餌ルートの個体差

１９９４年に、私は、ニューヨーク州立大学ストーニーブルック校でポスドク研究員として働き始めた。私の指導者のジェームズ・トムソンはすでに、個体識別ラベルをつけたマルハナバチが野生の花をどのように訪問するかを広範囲に観察して、採餌行動に大きな違いがあることをよく知っていた。それで私に、ハチの行動の個体差をさらに深く探ってみるように勧めてくれた。私たちの共通の関心事は、マルハナバチが形成する「トラップライン」（巡回ルート）だった。ハチは一連の花または花畑を（ある程度）一定の順序で訪問する（第６章参照）。まったく同じ条件下で、別々のハチに、それぞれ独自に探索をさせてトラップラインを形成させると、各々が独自の問題解決ルートを描き、2匹がまったく同じパターンを示すことはない（図10・4）。

わがチームはその後、野外条件下でこうした個々のルートを調べた。個々のマルハナバチの全採餌キャリアを、処女飛行から、花資源の発見や探索を経て、死に至るまでレーダーで追跡したのだ。第6章ですでに、最初に探索飛行を2度行なった後、一生のうちに2か所の採餌場しか訪問しなかった個体を見てきた。しかし、すべての個体の記録が、こうした特定の採餌場にばかり通うパターンを示すわけではない。レーダー追跡を行なったあるマルハナバチは、一生涯、1か所の採餌場に落ち着くことはなかった。つまり、ほぼすべての採餌飛行が探索を兼ねており、資源利用だけが目的のことはほとんどなかったのだ[19]（図10・4右下）。資源豊かな花畑がたくさんあって、他のハチがそこにばかり通っている場合でもそうだった。このような個体が巣の共同食料庫に大きな貢献をしたかどうかは疑わしいが、こうした果敢な探索者はときおり、素晴らしく豊かな資源に出くわすことがあるので、その探索のおかげでコロニーの状況が大きく改善されることがないとは言えない。こんな個性際立つ空間的採餌パターンが生まれる背景には、ハチが探索中に有用な花畑を実際どんな順序で発見したかといった、偶然の成り行きも絡んでいる可能性がある。

速さと正確さのトレードオフに見られる個性

ヒト以外の動物では初めて、昆虫において個体間変動（個体差）が認められた心理特性のひとつが、いわゆる速さと正確さのトレードオフに関する特性である（第7章も参照）。1913年に、チャールズ・ターナーは、ゴキブリに迷路の進み方を訓練すると、若い個体ほど覚えるのは速いが間違いやすく、老齢の個体ほど覚えるのは遅いが間違いが少ないことに気づいた[20]。一般に、よく似た2つの色、模様、数を見

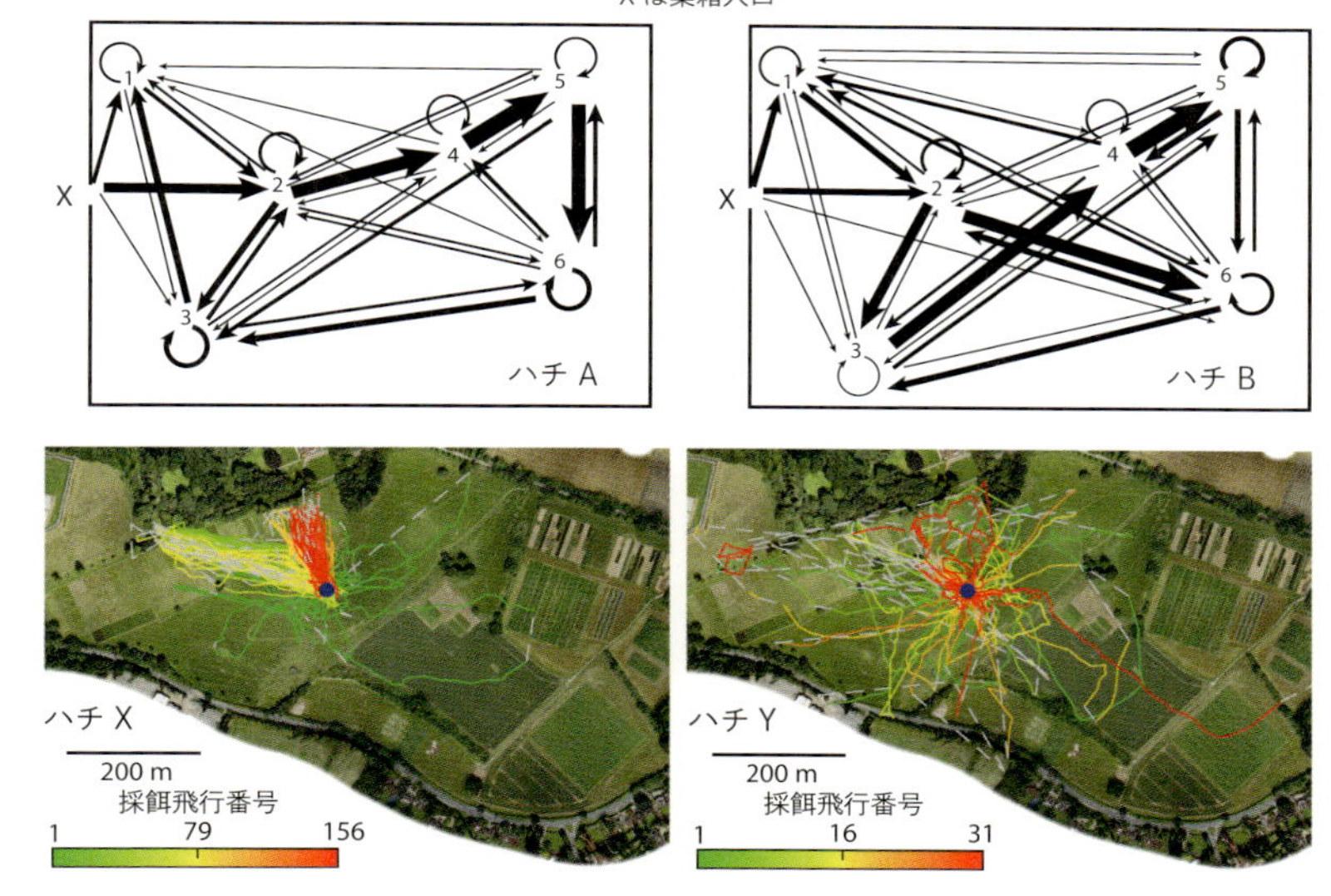

図 10.4　実験室の飛行アリーナ内（上）および自然の採餌条件下（下）での，マルハナバチワーカーの空間的採餌戦略に見られる個性. 上：6 個の造花で採餌を行なうハチがとった経路の例（1 ～ 6 は造花の位置）. 外側の長方形は飛行アリーナ（105 cm×75 cm）の輪郭. 矢印の太さは，40 回連続の採餌飛行中，その軌道で飛んだ回数に対応させてある. 円矢印は，訪問したばかりの花を再び訪問した場合. 2 匹のハチが直面した採餌条件は全く同じだったが，訪花順序はそれぞれ全く異なっていた. たとえば，ハチ A は，巣箱を出るとまっすぐ前方に飛行し，反対側の壁に到達すると右に曲がる傾向があった. ハチ B は，花 3 から 4 への経路や，花 2 から 6 への経路を特に好んだが，これらはハチ A がほとんどとらなかった経路だ. 下：2 匹のハチが同じ年の夏に自由な飛行条件下で一生涯にとった全経路. 青い円は，巣の位置. それぞれのハチについて，最初期の飛行は緑色で，中盤は黄色で，そして最終盤の飛行は赤色で表示してある.

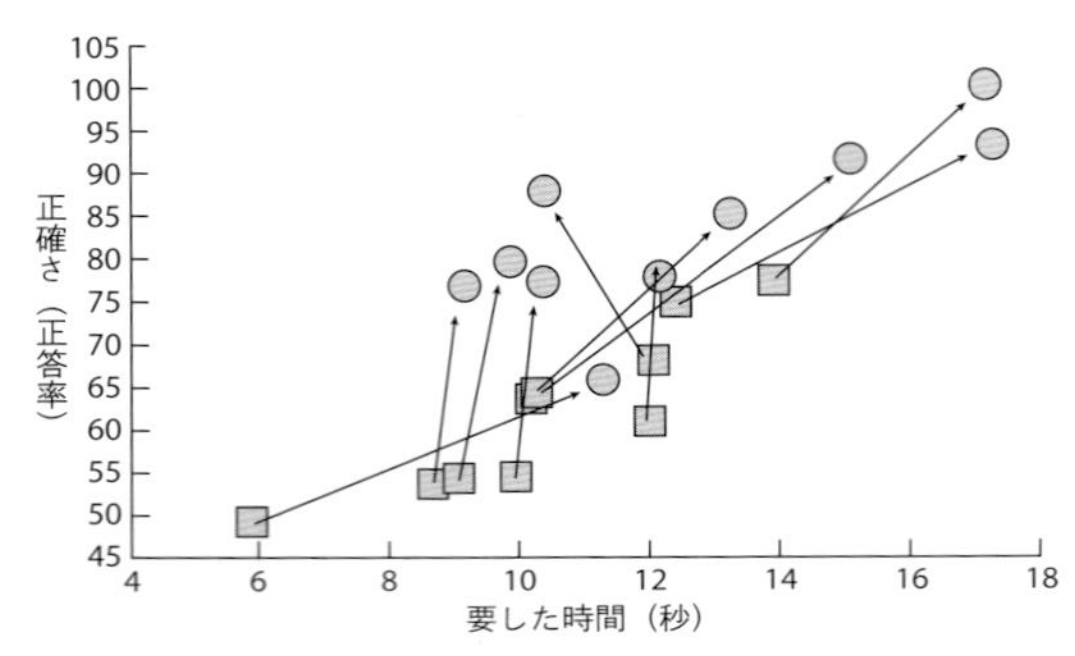

図 10.5　マルハナバチは，思慮深さと速さのいずれかに重きを置くことができるが，同時に両方を満たすことはできない． ハチがよく似た色の花を弁別する際の，反応時間と正確さの個体ごとの相関．□と○はそれぞれ，特定の実験条件下における 1 匹のハチの成績の平均．標的とする色の花を選んだらショ糖液の報酬を与え，もう一方の色の花を選んだら報酬なし（水）とした場合（□で表示），長い時間をかけるハチほど正確な選択をした．標的ではない色の花を選んだら，ペナルティとして苦いキニーネ溶液を与えた場合（○で表示）には，すべてのハチの正確さが高まった．矢印は，2 通りの実験条件下における，それぞれのハチの平均値をつないでいる．

分けるなどの難しい弁別課題を与えられた場合、正確さに重きを置くこともできるし（ただし調べるのに時間がかかる）、速さを重視することもできる（ただし正確さが犠牲になる）。マルハナバチの場合、この点について日齢差は認められなかったが、課題への取り組み方に個体差があることが明らかになった[21]。いつもすばやく行動するけれどもいい加減なハチもいれば、意思決定が慎重で遅いが正確なハチもいる。速さをとる個体と正確さをとる個体とでは、有利または不利になる生態学的状況がそれぞれ異なるはずなので、コロニー全体としては、戦略の異なる多様な個体がいることによってうまく機能するのかもしれない[22]（図10・5）。

ハチに見られるこうした速さと正確さのトレードオフは、花色の弁別だけでなく、捕食者の探知に関しても明らかになっている。いつもきまって速さを優先する個体もいれば、いつもきまって正確さを優先する個体もいる。ワーカーのこうした多様性が全体としてのコロニーに有利に作用しているのだろう。

知能の個体差

ハチの学習行動の実験を行なうと、たいてい「天才的な個体」が1、2匹いる。他のどの個体よりもすばやく、並外れて効率よく、あるいは実験者が予想もしなかった方法で問題を解決する個体だ。私たちは、マルハナバチの野外での採餌効率を測定するある実験（後述の「知能が高いと適応度も高いのか」を参照）で、ハチが巣から飛び立つときと帰巣したときに体重を測定し、その体重差から採集した花蜜の量を調べようとした。そのためには、個々のハチを、巣から飛び立ったらすぐに黒いプラスチック容器に捕獲し、採餌飛行から戻ってきたらまた容器に捕獲する必要があった。ほとんどのハチはなかなか容器に入ってくれず、多少の攻撃性を示すハチもいたが、最終的にはこの手順に慣れてくれた。ところが、いつもきまって黒い容器めがけてまっすぐに飛び込んでくるハチがいた。実験者が、巣箱から数メートル離れた場所で、容器を頭上に掲げていても飛び込んできた。このハチは要するに、この容器を「公共交通機関」と見なすようになっており、容器に入れば巣の中まで運んでもらえると思ったのだ。(23)

並外れて革新的な方法で問題を解決する個体はたいてい、その行動が変化に富んでおり、どうやら他個体よりも探究心が旺盛のようだ。というわけで、知能は行動の変動性と関連している。ドイツ人の神経科学者、ビョルン・ブレンブスは、完全に遺伝子に組み込まれている予測可能な行動は、確実に絶滅につながる道である、という説得力ある論を展開している。たとえば、ある動物種が捕食者に遭遇したとき、完全に予測どおりに行動していると、いずれ捕食者にそれを見抜かれて餌食にされ、「一巻の終わり」となってしまう。神経系に多少の――無限でなくてもよい――ノイズをもつことは、行動に常にある程度の変動性が伴うことを意味している。行動変動性が顕著な個体ほど、ある問題に対して、より多くの解決策を試そうとするので、結局、より効率的に問題を解決することができる[24]。

このことは、マルハナバチの紐引き課題の実験で明らかになった。ハチが透明アクリル板の下にある造花にアクセスするためには、紐を引かなくてはならない（第8章の図8・3参照）。大多数のハチ（この実験では100匹以上）は、段階的な訓練を受けるか、すでにマスターしたハチのやり方を観察するかして、ようやく自分で紐を引けるようになった。ところが、2匹だけは、課題を自らの力で解決したのだ。そして録画した映像から、この2匹はとりわけ探究心旺盛な個体であることが明らかになった。何とかアクリル板の下に入ろうと、さまざまな位置から、さまざまな姿勢でたゆまず挑戦しているうちに、脚に紐が絡まった拍子に造花が動いたのに気づき、それがきっかけでこのテクニックをものにしたのである[25]。

これとは違って、特別な工夫や洞察を必要としない課題の場合、個体差はむしろ程度の差と言うべきものだ。質的な差ではなく、量的な差なのである。そのようなテストでは、同じ課題（報酬ありとなしの造花を弁別するなど）の学習速度を数量化し比較するといった方法で、各個体の成績に数値を割り当てることが可能だ[26]。個々のハチについて、時間経過による学習の進行過程を追跡し、経験の蓄積によってどれだけ成績が向上するかを測定すれば、数学的手法を用いて、個々のハチの学習行動に曲線を当てはめることができる（第7章、図7・2参照）。こうすれば、個体ごとの学習曲線の勾配を正確に数量化できる[27]。

注意してほしいのだが、日常生活の中で、「急勾配の学習曲線」という言葉を「険しい道のりで習得するのが困難」という意味で用いる人がいる。しかし、意味はまったく逆だ。学習曲線が急勾配であるとは、成績が急速に向上していることを——つまり課題が易しいか、学習者が冴えていることを——意味している。それに対して、学習曲線がゆるやかであるとは、成績がなかなか向上しないことを——つまり課題が難しいか、習得に時間がかかることを——意味している。

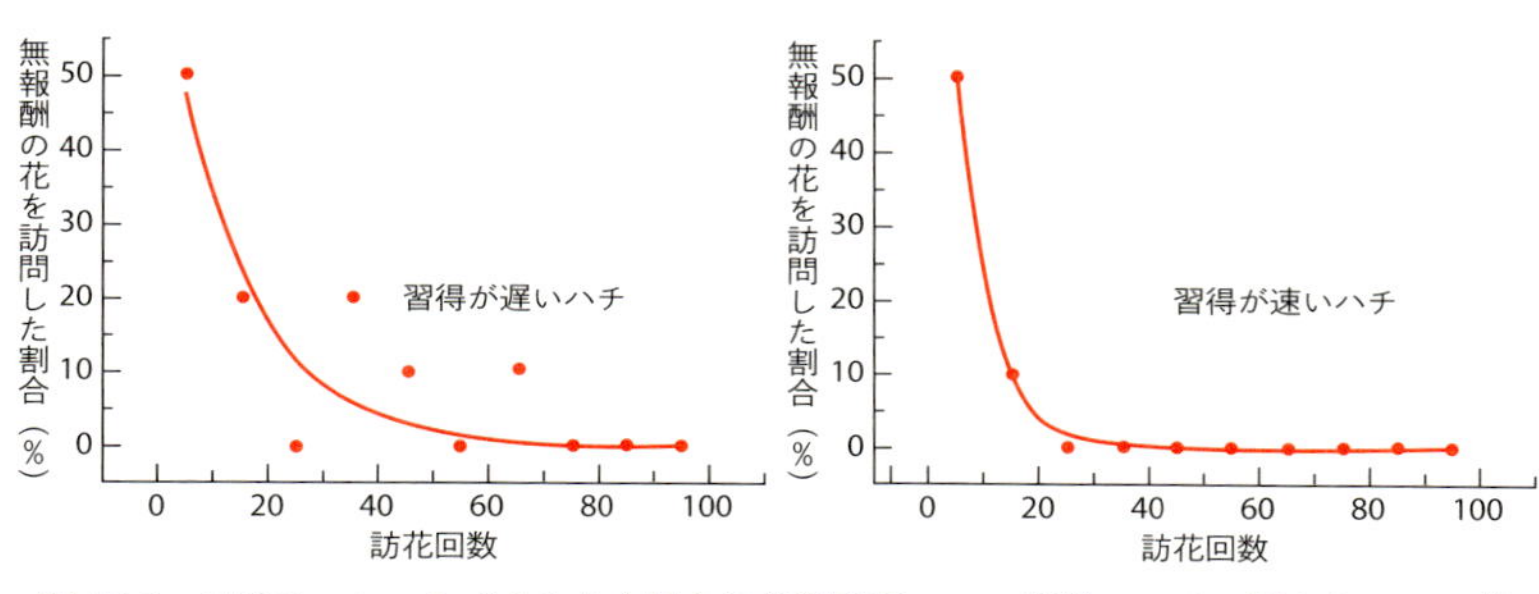

図 10.6　2 匹のマルハナバチの全く異なる学習成績. この実験でハチに課したのは，黄色の造花には報酬があり，青色の造花には報酬がないと学習することだった．実験開始時点では，どちらのハチも，報酬花と無報酬花を 50% ずつ訪問している．経験を重ねると，どちらのハチも，無報酬の色への訪問はゼロまで減るが，その減り方には個体差がある．

そのようなテストをすると，学習成績には顕著な個体間変動（個体差）があることが明らかになる（図10・6参照）。さらに、報酬花の色を覚えるといった、ある特定の課題をうまくこなす個体は、視覚パターンの弁別や、花のにおいの嗅ぎ分けもやはりうまくこなす傾向がある。[28] あるタイプの認知課題に特に長けている個体は、たいてい別の課題でも好成績を上げるという現象は、もちろんヒトでもよく見られることで、心理学者のなかには、単一要因が多種類の課題の遂行能力を決定づけているとと考える者もいる。これがいわゆる「領域一般性」という考え方で、別々の課題を遂行する能力間の相関がファクターG（一般知能）として測定される。[29] さまざまな動物でこうした測定がなされてきたが、ハチではまだ行なわれていない。

オスカー・フォークト——マルハナバチからレーニンの脳へ

心理や知能に個体差が認められるのであれば、その基礎が何かしら脳の中にあるに違いない。それは必ずしも脳の全体構造の違いではなく、内部配線の違いかもしれない。個人の知能を決定づけるのは、どのような脳の特性なのかという問いは、100年以上にわたって科学者たちの興味を引きつけてきた。もちろんそれは、主にヒトの知能に関してだ。しかし知る人こそ少ないものの、実は、ヒトの脳の個体差に関する研究のパイオニアのひとり、オスカー・フォークト（1870〜1959）は、脳の個人間変動を研究するというアイディアを、子どもの頃のマルハナバチの観察から得ている。[30]まだ高校生の頃に、同一種のマルハナバチであっても体色に個体差があることに気づき、さらに、個体間に起こる変異と自然選択に関するダーウィンの説を学んだ彼は、こう考えた――そのような変異は、マルハナバチの体色で起ころうが、ヒトの脳で起ころうが、進化と関係しているに違いない、と。[31]

フォークトは、世界的に有名なドイツ人神経科学者だった。また、ヒトの脳構造の個体差についての関心から、天才的資質と神経解剖学的構造の相関性を研究するようになっていた。このような関心をもち、高名でもあった彼は、1924年にレーニンが脳卒中で死去すると、このソビエト連邦指導者の脳を調べるためにモスクワに招かれた。レーニンの脳を3万枚以上のスライスにして細胞構造を調べたフォークトは、大脳皮質のある層に巨大な神経細胞を発見し、レーニンは「脳のアスリートで知の巨人である」と明言した。この少々日和見的な評価は明らかに、スポンサーであるソビエト政府の意に沿うように配慮して発表されたものだった。この一件がわざわいして、オスカー・フォークトとその妻、セシル・フォークト＝ミュニエの先駆的かつ（この件以外は）厳密な研究が正当に評価されずにいる。ふたりは、脳の細胞構造の解明に向けた画期的研究で、13回もノーベル賞の共同受賞候補に挙がった。

しかし結局、受賞に至ることはなく、1933年にナチ党が台頭すると、科学研究でのソ連との関係、左翼偏向の政治的見解、そしてユダヤ人科学者に対する同情的見方を理由に、たちまちその標的にされた。ナチの突撃隊（「SA」）によって、研究所や自宅に何度も粗暴な襲撃を受けたあと、1935年、オスカー・フォークトはアドルフ・ヒトラーから、退職を命じる親書を受け取った。フォークトは、自らが創設した、世界に名高いカイザー・ヴィルヘルム脳研究所の所長職を、ナチ党員のヒューゴ・スパッツに譲り渡すことを余儀なくされたのだった。スパッツはその後、ナチの安楽死計画の犠牲者の脳について数多くの研究を行なうことになる。

脳の構造と知能の個体差

フォークト夫妻はその後、シュヴァルツヴァルトに住まいを移し、私費で研究を再開した。ヒトの脳の個体差と、観察が容易なマルハナバチなどの動物の遺伝的な変異との関連性について、再び研究を発表するようになったのだ。[32] しかし、研究を完結させることは考えていなかった——つまり、データを得やすいモデル動物として昆虫を利用することで、レーニンの脳で試みたように、個体の知能の神経基盤を見つけようとはしなかった。そこで、わがチームが代わって、ハチの色彩学習速度の個体差を、脳の構造の違いで説明することができるかどうかを探ることにした。

色彩学習能力は、自然界での採餌成績と関連している可能性があり（本章で後述する「知能が高いと適応度も高いのか」参照）、また、他の学習評価尺度とも相関性が認められる。しかし、フォークトがレーニンの脳で行なったように、神経細胞のサイズを測定しただけでは、連合学習能力についてはほとんど何もわからない。この能力は、神経細胞間の接合部であるシナプスの変化によってもたらされるからだ。第9章で学んだように、ハチの脳の主要な連合中枢はキノコ体である。ハチの脳の視覚中枢（視葉）からの軸索の多くが、キノコ体にまで末端を伸ばし、そこで、キノコ体の内在性細胞であるケニオン細胞に接続している。キノコ体の入力部位（いわゆる「襟部」）の、視覚情報が処理されるのと同じ領域には、報酬系回路の端末もあって、ハチの口器が甘い報酬を知覚するとそこに信号が送られてくる。感覚入力（視覚情報および報酬信号）を伝える軸索とケニオン細胞との接合部は、多数のシナプスの集まりで、糸球体と呼ばれている（図10・7）。こうした接合部には可塑性がある。つまり、視覚情報と同時に報酬信号を受けると、学習を通して、その数も結合強度も変化する可能性があるのだ。したがって、キノコ体襟部の糸球体密度が高い個体ほど、優れた学習能力を備えていると推定するのは理に適っている。なぜなら、学習を通じて、より多くのシナプスが、より強く結合するようになったということだからだ。

特殊な顕微鏡装置を用いてハチの脳の奥まで観察したところ、実際にそのとおりであることが明らかになった(33)。糸球体密度の高いハチは、学習速度が速いだけでなく、記憶が長く保持された——オスカー・フォークトの言葉を用いるならば、マルハナバチ界の「脳のアスリート」で「知の巨人」だった。興味深いことに、ハチが経験を重ねるにつれて、特に、報酬に結びつく色とそうでない色を学習するにつれて、この脳領域の糸球体密度がますます高まっていった。ということは、学習速度が速いハチは、もともと糸球体の数が多い（経験を受けて即座に強化できる接合部の数が多い）ハチであり、その後、経験の蓄積とともに、さらにシナプス結合を増やしていったのかもしれない。

知能が高いと適応度も高いのか

ハチの個体間に「パーソナリティ」の差があるように、社会性ハチのコロニー間にもそのような差が存在する可能性がある。たとえば、攻撃性が特に高い群れもあれば、蜂蜜の生産量が並外れて高い群れもあることを、養蜂家はよく知っている。そのような差があるのは当然と言える。なぜなら、飼育されているミツバチであれ、マルハナバチのような野生のハチであれ、ハチのコロニーは、血縁度の高い個体からなるファミリーであって、行動を決定づける遺伝的要因の多くを共有しているからである。前節で見てきた

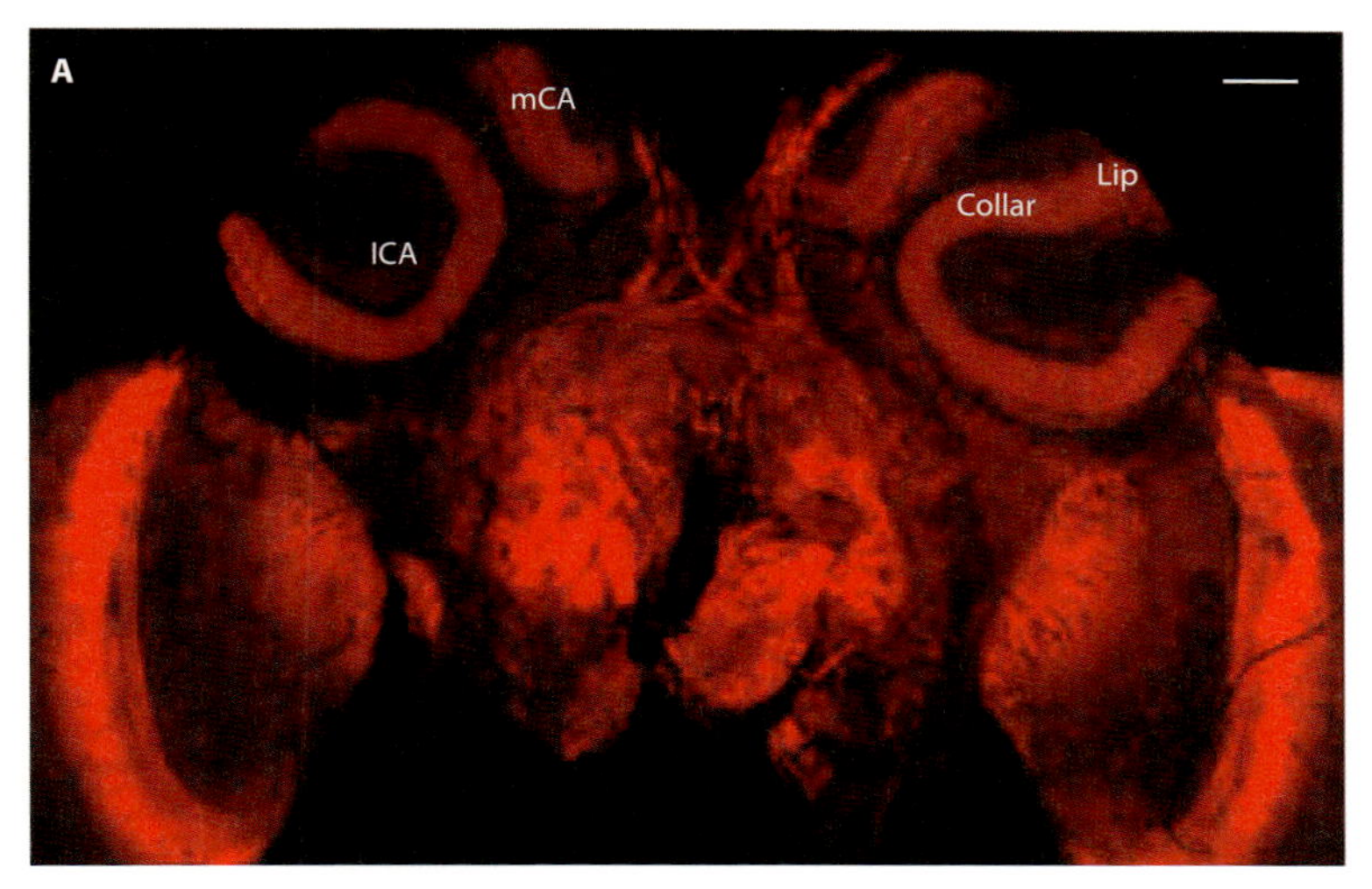

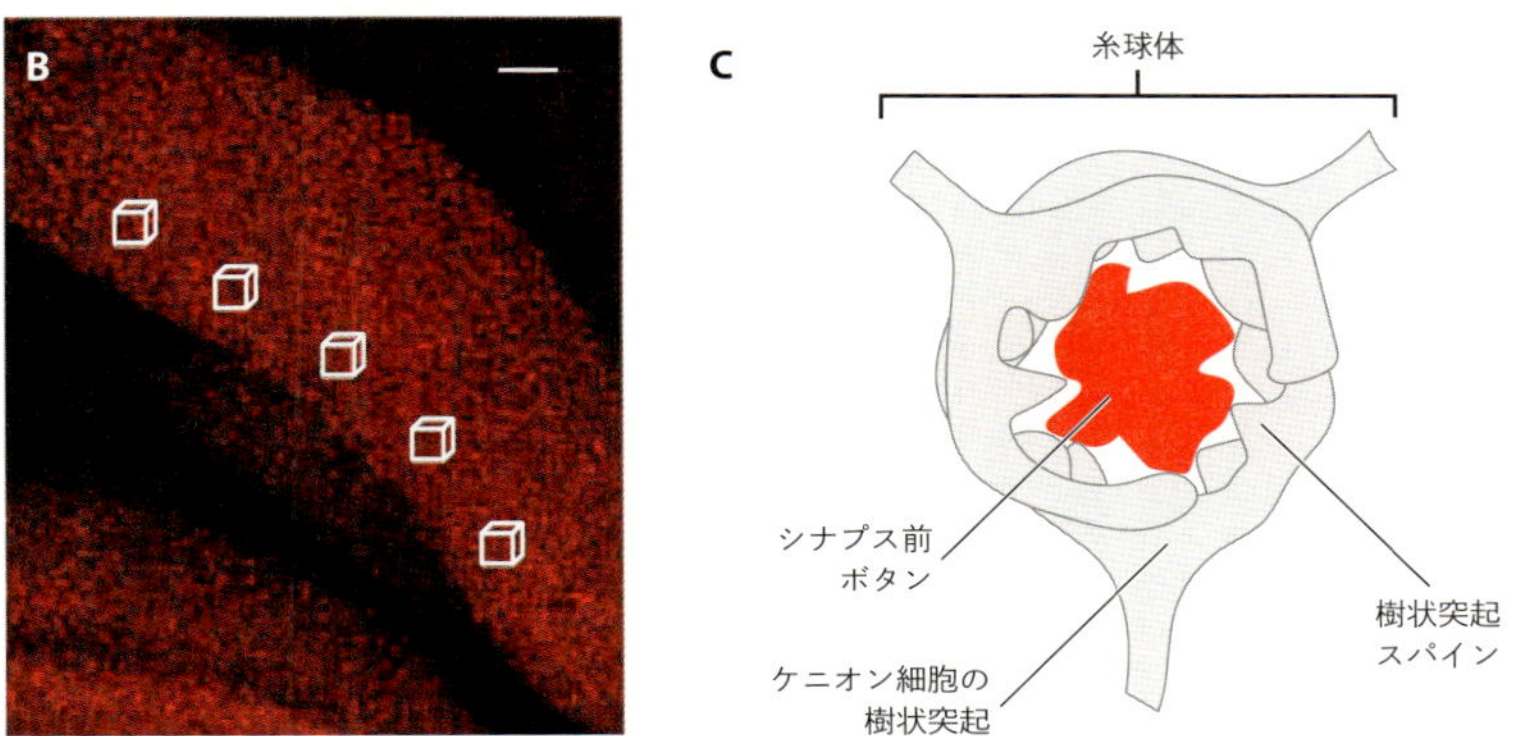

図 10.7　マルハナバチの脳内にある接合部の密度が学習能力を決定づけている． A. マルハナバチの脳の正面像．シナプス（神経細胞間の接合部）が赤く見えている（スケールバーは 150 μm）．B. キノコ体の襟部（スケールバーは 20 μm）．個々の糸球体（多数のシナプスの集まり）が赤い点として見えている．白い輪郭線は，糸球体を数えるのに選択した立方体の位置を示している．糸球体の数と学習能力には相関性が認められる．C. 糸球体の模式図．感覚神経細胞のシナプス前要素（ボタン状に膨らんだ軸索末端）を赤色で表示し，ケニオン細胞の入力部位（樹状突起）を灰色で表示してある．（A図内）lCA：傘部外側、mCA：傘部内側、Collar：襟部、Lip：唇部．

とおり、ひとつのコロニーの個体間には、はっきりとした行動上の違いが見られるが、それよりもっと大きな違いがコロニー同士の間に存在する。各コロニーは、同種の別コロニーからそれを区別する、独自の行動的特徴をもっている。これは、攻撃性のような心理的要因と関わりがあると同時に、学習速度のような、さまざまな認知的側面とも関係がある。

1980年代に、ランドルフ・メンツェルの研究チームのクリスチャン・ブランデスが、ワーカーの学習速度が速いミツバチコロニーの子孫と、遅いコロニーの子孫を、それぞれ選択交配することによって、学習能力が優れている系統と劣っている系統を作り出すことに成功した[34]。これは、ハチの学習成績は遺伝的な基盤をもっていること、遺伝的に受け継がれて選択を受ける可能性があることを直接証明するものだった。もし、管理された実験室条件下で、わずか数世代のうちに、選択交配によって学習行動に変化が生ずるのであれば、自然界のさらにいっそう厳しい条件下では、当然、自然選択が作用する可能性がある。そして自然選択は失敗を許さない――捕食者から逃げるにせよ、病気に対処するにせよ、めぼしい情報を得るにせよ、失敗は許されない。のみこみが悪ければ、翅や脚が鈍いのと同じように不利になる。

したがって、自然界では学習速度が速いほうが有利になることは、直感的にうなずけるが、どのくらい有利なのだろうか？　2000年代半ばまでは、動物が活動する現実の生態学的状況に、学習成績がどう関係するかについては、まだほとんど何もわかっていなかった。そこで私たちは、ハチの学習能力と採餌成績の直接的な関連性を証明できるかどうかを調べようと考えた。まず、12のコロニーに属する多数のマルハナバチワーカーを、1匹ずつ、花色学習の課題でテストした（一方の色は砂糖水報酬に結びつき、もう一方の色は報酬なし）。

管理された実験室条件下で、個々のハチについて学習曲線（図10・6参照）を測定し、どのコロニーについても十分な数のハチをテストしたうえで、それらのコロニーを屋外に出し、そのコロニーの広い飛行範囲で、採餌に適した花を見つけて学ぶという現実の課題に直面させた。採餌にかかった時間と採集した花蜜の正味重量を把握するために、巣から飛び立った直後と帰巣直後に、各個体の体重を測定した。

すると、驚くべき結果が得られた。コロニーによって学習速度に5倍近い差があり、学習が最も遅いハチが大勢を占めるコロニーは、学習速度が速いハチのコロニーよりも、採集した花蜜が40%少なかったのだ。[35] これは、学習速度が速ければ、学習が総じて速いハチが自然条件下で相当有利になることを物語っている。その一方で、学習速度が最も遅いコロニーのメンバーも、まったくの手ぶらで帰巣したわけではなかった。これは、学習速度が最も速いハチが、花蜜をすべて採り尽くしてしまうわけではないことを示唆している。

学習がのろくてもまだ絶滅していないのはなぜか？

自然選択は学習速度の速いハチに有利に作用するのだとしたら、いったいなぜ、学習速度の遅いハチが自然界にまだ残っているのだろうか？　すばやい連合学習には何か不利な点があり、そのせいで、学習速度の遅いハチが何世代にもわたって自然条件下で存続できている、ということなのか？

私たちはさまざまな角度からこの問題について検討した。ひとつ考えられるのは、すばやい学習によって2つの事柄を強く結びつけてしまうと、それまでに学んだ状況が覆されたときに、新たな情報の獲得を妨げてしまうのではないか、ということだ。たとえば、それまで高報酬だった種類の花や花畑は、採蜜されすぎて枯渇し、それまでほとんど無報酬だった別の種類の花が、花蜜分泌を増加させ、餌の宝庫になっているような場合だ。しかし、学習速度が速い個体は、関連づけを逆転させるのも速いことが判明した。さらに、色彩学習に秀でているマルハナバチは、形状やにおいの学習でも好成績をあげる傾向があることも明らかになった。やはり、ある課題での成績と、別の課題での成績との間にトレードオフの関係はなさそうだった。むしろ、頭の良い個体は、どんな課題もすべて好成績をあげる傾向があった[36]。

以上のような研究結果を考え合わせると、学習速度の遅いハチが自然界から姿を消さずにいるのはなぜなのか、謎はますます深まるばかりだった。スピーディーな学習は自然界において大きな強みとなり、コストもかからないのだとしたら、いったいなぜ、学習速度の遅いハチがいまだにいるのだろうか？ ひとつ手がかりになりそうな事実が、ある研究で明らかになった。学習速度の速いマルハナバチは、学習速度の遅い個体よりも寿命が短く、採餌活動に携わる日数が少ない。この影響が非常に大きいため、一生の間で比べると、実は「のろい」個体のほうがコロニーの採餌成績への貢献度が高いのだ[37]。頭の良いハチの採餌期間が短かったのはおそらく、すばやい学習にエネルギーコストがかかったからだろう。

本章では、ハチの個体間にもコロニー間にも、感覚系、行動、学習面において非常に大きな差があるのを見てきた。ハチという生き物を、選好性も学習能力も記憶力も個体ごとに異なる、独自の「パーソナリティ」をもった存在として見ることによって、ハチ保全の必要性に新たな視点が加わる。2016年に、私たちは「ロンドン・ポリネーター・プロジェクト」を起ち上げた。これは、ロンドン市民に（できれば他都市の住民にも）、送粉者（ポリネーター）の味方になるイングリッシュラベンダー（*Lavandula angustifolia*）、シベナガムラサキ（*Echium vulgare*）、ヒメルリトラノオ（*Veronica spicata*）のような花をもっとたくさん植えるように奨励する活動だ。こうした花を植えることは、野生送粉者への栄養供給に大きな力を発揮してくれる。近年、送粉者の栄養不足が起きているのはなぜかと言うと、都市が郊外へと広がり、工業型農業が増えたことに加えて、多くの園芸愛好家が、大ぶりで派手でヒトの目は喜ばせるもののハチの食料源にはまったくならない、品種改良された花ばかりを植えるようになったからなのだ。

私たち科学者とコミュニティの連携のシンボルとして、2000匹を越える3種のハチの1匹1匹に、さまざまな色の2桁数字と3桁数字のタグを付けた。そして、ロンドン大学クイーン・メアリー校のキャンパスにハチの巣箱を設置し、番号タグを付けたハチがロンドン中の庭園、公園、バルコニーで自由に採餌できるようにしたのだ。こうして、特定のハチが、ある庭を繰り返し訪れることが人々にわかるようになると、番号タグを付けたハチの目撃情報が、巣箱から8キロメートル離れた場所からも寄せられるようになった。自宅の庭で番号タグを付けたハチを目にするうちに、市民がハチを個体として――特定の花畑の訪問歴と記憶をもつ個体、他のハチとは異なる独自の花選好性をもつ個体として――認識するようになってくれること、それこそがこのプロジェクトの背景にある理念だった。動物を不特定の存在ではなく、独自の個体として捉えるようになることによって、その動物との結びつきが生まれ、危機に瀕している動物の保全活動の支援がなぜ重要なのかについて理解が深まるからだ。

プロジェクトの結果は心強いものだった。メディアで大々的に報道されたうえに、私たちの対話型ウェブサイトには、ロンドン市民から多くのコメントが寄せられた。それは、ロンドンの人々が今や送粉者(ポリネーター)を、単に農作物の受粉に欠かせないから保全すべき不特定のモノとしてでなく、独自のライフストーリーをもつ個別の存在としても理解するようになったことを物語っていた。おなじみのハチが、比較的短い一生を終え、自宅の庭に来なくなると、何だかがっかりした気持ちになると語る人が少なくなかった。次章では、ハチの「内面生活」について学び、ハチは周囲の世界を感じ、主観的経験をしているのか――意識のようなものをもっているのか――という問いについて掘り下げていく。それによって、ハチの保全の必要性をさらに深く認識していただけるはずだ。

11 ハチに意識はあるか？

母バチは一度に1万匹の個体を産む。これらの1万匹のハチが、私が考えるより愚かだったとしても、その存在を維持するためにはやはり何らかの方法で自己組織化せざるを得ないだろう……同じ部屋に集められた1万個のオートマトンに生命力が与えられ、そのすべてが外部世界と内部世界の完全な相似性によって誘導されていく……もしこれらのオートマトンに必要最低限の感情を認めるならば――つまり、自己の存在に気づいてその保存を求め、有害なものを避けて有益なものを得るといった行動をとるのに必要なだけの感情を認めるならば――各々がほぼ等しい規則的でつり合いのとれた働きをするだけでなく、その全体は対称性や強度も備えた完璧なものになるだろう。

――ビュフォン伯ジョルジュ＝ルイ・ルクレール、1753年(1)

ハチは主観的経験をしているのだろうか。痛みのような感覚をもっているのだろうか。また「自己の存在に気づいて」いるのだろうか。第2章と第3章で、すべての経験は、ある意味で主観的なものだということを学んだ。感覚器官が、外界をそのまま「客観的」に映した像を脳に送ることは決してない。脳に送られてくるのは常に、その動物のニーズに合うよう進化の過程を経て獲得された、感覚器官のフィルターを通った像なのである。

たとえば、ケシの花は、分光反射率曲線のピークが380ナノメートルと600ナノメートルにある（その中間の波長成分はほとんど反射しない）ので、ヒトには赤く見える。ところが、ハチにはまったく違った色に見えている。なぜなら、反射された紫外線は知覚するが、赤色光は感じないからである。ハチにはこの紫外線が見えても、ヒトには見えないことを、実験で確かめることは可能だ。しかし、ハチが実際にそれをどう知覚しているか――ハチには主観的にどう見えているか――は私たちにはまったく知り得ない。どんな主観的経験についても同じことが言える。

したがって私たちは、何事も常識的判断や蓋然性にとどめておくしかない。見ず知らずの人であっても、誰かが泣いていたら、きっと心が痛むような情動経験をしているのだろうと考えるだけの理由がある（本当にそうかどうかはわからず、泣きまねの可能性があるとしても、そう考えるのが理に適っている）。あるいは、夜間にラットの脳細胞が、前日に迷路学習をしていたときと同じ連続的な活動パターンを「再現」していたら、そのラットは睡眠中に記憶を「想起」していると考えて当然だ。ちなみに、外部からの刺激がなくても自伝的記憶にアクセスするのは、意識の存在の証である。また、痛みの経験に関して言えば、足を怪我したイヌが顔をしかめてキャンキャン吠え、びっこをひきながら怪我した足をかばっているとき、私たちは、そのイヌが、単に損傷を免れようとして反射的に足を引っ込めたのではなく、その怪我に苦しんでいるということにほとんど疑いを抱かない。

このあと、ハチもそのような経験をするのかどうか、ハチにも意識があるのかどうかを探っていく。もちろん、推測の域を出るものではないが、科学の最前線ではこうした試みも必要になる。私の博士課程の指導者、ジェームズ・トムソンは、制約に囚われることなく自由に思考を巡らすことの価値を説くのに、ジェシー・ウィンチェスターのこんな歌を引き合いに出した。「薄氷を踏みながら渡るのであれば、踊りながら渡ってやろう」。確かにそのとおりだ。たとえば、もしジョン・ラボックが笑いものになるのを恐れて、アリの言語を探るための電話を使った実験を行なっていなければ、フェロモン・コミュニケーション（第3章参照）を発見することもなかっただろう。

検討を始める前にはっきりさせておきたいのだが、なにもハチの意識内容がヒトと同じくらい濃密で詳細だと言っているわけではない。ハチが生まれてから死ぬまでの一生に思いを巡らすとか、自分の情緒状態に「今日はやや落ち込んでいて採餌に出かける気にならない」といった分析を加えるとか、相手のハチが思っていることを推察するとか、そんなことを言ってるわけではない。それでもやはり、ひょっとするとハチは、自分の周囲の物体や生物に気づいているかもしれないし、少なくとも直近の未来を思い描ける（それに合わせて準備できる）かもしれないし、何らかの情動を経験していて、「自己」と「他者」を基本的に区別しているかもしれない。

ハチは痛みを感じるか？

カール・フォン・フリッシュは、ハチには主観的な痛みの経験がないだけでなく、砂糖水を吸っているときに腹部全体を切断されるような重傷を負っても、反射のような反応さえ示さないと考えていた[2]。ハチがそのような反応を必要としないのは、外骨格を装備しているからだと彼は説明した。実験室でしばしば行なわれる侵襲的処置に対して、実験動物は何も感じないという思い込みは、それを行なう科学者には都合の良い幻想かもしれない。だが、まさにそれは幻想にすぎない。

損傷を与える刺激に対する動物の反応を分析するにあたっては、「純然たる侵害受容」と「痛み知覚」（以下で詳述）とを区別する必要がある。侵害受容とは、組織損傷（またはそのおそれ）を示す強い機械刺激を感知する能力である。フォン・フリッシュは、ハチ（およびその他の外骨格をもつ動物）には、侵害刺激を受容する基本的能力を認めなかった。しかし、この主張がばかげていることは、釣り針に刺されるバッタ――ついでに言えばミミズ――を見たことがある者には明らかだ。バッタもミミズも、もし人間が同じことをされたらきっとするように、全力で懸命にもがく。多くの無脊椎動物（そして間違いなくすべての昆虫）が、組織の損傷を感知することに特化した感覚メカニズムを備えており、しかも、侵害受容の神経路と通常の機械刺激受容の神経路を分離させていることが、現在では明らかになっている[3]。

損傷を与える刺激に適切に反応するためには、損傷部位に侵害受容器が存在していなければならない。もし、ハチが腹部の切断に反応できないとしたら、それはたぶん、切断された部位に、それを感知する受容器が存在しないからだろう。侵害受容器を必要としない部位、つまり組織損傷が起きても手の施しようのない部位は、受容器を節約できる。人間の場合でも、相当大きな腫瘍に冒されていてもほとんど痛みを感じないことがあるのは、ヒトの体内に、侵害受容器がわずかしかない領域が多いからだ。現代の医療処置が登場する前は、意味のある対処行動をとれるような脅威は、身体の内部からではなく、外部から来る傾向があったのだ。自然界においてハチの細いウエストが攻撃される確率はかなり低い。

また、採餌中には、侵害受容信号が抑制されている可能性もある。特に、フォン・フリッシュが用いる不断給餌器には通常、自然の花の何千倍もの報酬が含まれていた（人間界で言えば宝くじの大当たりに等しい）ことを考えると、その可能性も高そうだ。そのような桁外れの量の餌を発見したハチが、体の損傷の感覚信号をさえぎってしまう異常な「高揚感」に満たされたとしても不思議はない（少量の報酬でも引

図 11.1　ハチにとって不安を引き起こす状況？　巣をかけるクモなどの捕食者から，ハチは頻繁に攻撃を受ける．回避反応と防御行動（咬む，刺す）の両方を引き起こすのに，侵害受容は極めて重要だ．ハチは，必ずではないにせよ多くの場合，こうした攻撃を逃れる．そして逃れた場合には，その経験から，捕食の脅威に関連するサインを避けるようになる．新たな研究から，捕食に関連する刺激が，ハチに「不安に似た」情動状態を引き起こす可能性があることがわかってきた．

き起こされる情動状態の変化については後述する）。ハチは損傷のおそれのある刺激を感じていないと思うなら、親指と人差し指の間でハチをそっと転がしてみて、その反応を確かめてみるといい。たちまち、その感覚が不快であることを示す反応をするだろう（あなた自身の侵害受容を通してそれが明らかになる）。

フォン・フリッシュの主張に反して、自然の鎧（外骨格）を装着していてもやはり、生き延びるためには侵害受容が必要不可欠であり（図11・1）、したがって、昆虫も含め、すべてではないにせよほとんどの動物が、何らかの形でそれを備えている。[4]脊椎動物と同様に、昆虫でもやはり創傷治癒過程が見られ、損傷部位が修復される間、そこが保護されていれば治癒が促進される。[5]このあと取り上げるが、ハチが、捕食者を模した攻撃を受けて、侵害刺激によって学習すると、行動面や心理面に永続的な変化を示すようになる。それにしても、ハチやその他の昆虫において、侵害受容が生じても痛みがなく、苦痛の主観的経験をしない、ということは考えられるのだろうか？

痛みは、「単なる」侵害受容とは異なるものだ。[6] どう違うかというと、痛みは主観的な不快感であって、その場の状況や、注意の向け方、過去の経験によって、侵害受容との関連を調整することができる。この侵害受容と痛みとのつながりの柔軟性は、私たち自身の経験からも明らかだ。たとえば、美しい夏山のハイキングから戻ってきたとき、誰かがあなたの膝を指差して「うわあ、ひどい擦りむき傷よ」と言ったとする。それまで気づいてもいなかったのに、指摘されて注意が傷に向いたとたんに、傷がうずき始める。兵士は戦場で重傷を負っても、安全地帯に戻るまで傷の痛みに気づかないという報告がある。その間、内因性鎮痛物質によって痛みが抑えられているのだ。つまり、身体は、さらなる負傷の危機が差し迫っていて逃げることが最優先である間、そのような物質を自ら投与することを心得ているのである。こうして見ると明らかに、融通性のない反射のような侵害受容システムは、大多数の動物にとってほとんど役に立たない。深刻な脅威や外傷を免れ、そこから学ぶうえで生物学的に有益なシステムがあるとすれば、それは、状況に応じて感覚や苦痛度を調整できるシステムのはずだ。

痛みの主観的側面

このように痛みは本来、主観的なものなので、苦痛を客観的に測定することは難しく、ましてや自分以外の誰かの苦痛を評価することなどできはしない。前述の足を怪我したイヌの例で、傍から見てとれる行動がこの動物は苦しんでいると信じる根拠を与えてくれるのと同様に、昆虫のような動物（怪我をしても声を出さず、人間に苦しんでいるとわかる仕草も見せない動物）についてもやはり、このような類推が、原則としては役に立つはずだ。しかし昆虫は、哺乳類のようなボディランゲージでは苦痛を表すことができないので、私たちは痛みの生理心理学的指標に頼る必要がある。(7) たとえば、痛覚の顕著な特徴のひとつが強めたり弱めたりできることであることは、すでに確立された事実であり――そしてもちろん、有害な機械刺激や外傷に対する動物の反応が、状況に応じて制御されるかどうかを客観的に評価することは可能だ。

ミツバチにおいては、痛覚反応が抑制されることを示す証拠が得られている。蜂蜜は（そしてタンパク質と脂質が豊富なコロニーの蜂児たちも）栄養の宝庫なので、クマ、齧歯類、アナグマ、スカンクといった多くの動物がミツバチの巣を襲撃する。大型捕食者の攻撃を受けたとき、ほとんどの動物は当然の反応として相手から（そして食われた場合の不快感から）逃げるが、守るべき住処をもっている場合には、ただ逃げるわけにはいかない――反撃する必要がある。当然ながら、ミツバチは、毒嚢や、敵に毒液を注入する内蔵型シリンジなど、反撃用の装備をしっかり備えている。ミツバチが刺すのは、（クモの攻撃など）損傷を受けそうな刺激に「私的」脅威を感じた場合だけではない。巣の入口付近に脅威が迫っているとき（クマのような大きな影がぬっと現れたときなど）に、コロニーとして組織化された先制攻撃をしかける場合にも刺針を使う。こうした状況下では、入口にいる番兵バチが警報フェロモンを発する。このにおい物質が、侵入者を攻撃するために多数のワーカーを召集する合図となるのだ。

このフェロモンは番兵バチの攻撃性を高めるが、それだけにとどまらない。身体の損傷を感じなくする効果もあるようだ。そうでなければ、クマからコロニーを守りきることはできないだろう。クマに立ち向かうミツバチは、コロニーのために自らの命を犠牲にする。ミツバチの刺針装置は生体工学の傑作である。針には逆鉤がついていて、敵の皮膚の内側に刺さるようになっている。ということは、クマが、襲いかかるハチを何とか払いのけても、刺針は皮膚に留まったままになるわけだ。皮膚に留まるのは、刺針だけではない。毒嚢も刺針についたままだし、その収縮を制御する神経節もついたままなので、毒嚢は、痛みを誘発する化学物質のカクテルを敵の皮膚に送り続けることになる。
そのような重要な器官を腹部からもぎ取られたハチは死んでしまう——しかしその前に、強烈な侵害刺激を受けるはずであり、通常の状況下にあるほとんどの動物はそれを避けようとするものだ。ところが、ミツバチの警報フェロモンにはどうやら、内因性鎮痛物質を大量に分泌させ、戦闘による外傷に気づかなくしてしまう効果があるらしい。アルゼンチン人のハチ学者、ホスエ・ヌニェスとそのチームは、ハチを警報フェロモンの成分であるＩＰＡに曝露するほど、電気ショックへの反応が弱くなっていき、高用量にすると大多数のハチがまったく反応しなくなることを明らかにした。[8] ＩＰＡが、正常な回避－生存反応を取り消して、番兵バチを怖れ知らずの自爆攻撃者にするということらしい。
しかし、この鎮痛物質にどんな化学的性質があるのかは、まだ明らかにされていない。すべての脊椎動物には、痛覚を抑制する内因性のオピオイド系（鎮痛機構）が備わっているようだが、無脊椎動物にこうした機構は存在しない。[9] それでも、昆虫においてオピオイド鎮痛薬（および拮抗薬）の効果が立証されている。おそらく、非オピオイド受容体と結合してこうした効果を生むのだろう。[10] 昆虫の場合には、もっと別の内因性鎮痛機構がこの役割を果たしている可能性がある。それはたぶん、オピオイドにいくらか似たアラトスタチン（無脊椎動物の体内に存在する神経ホルモンの一種）を基盤とする機構ではないかと思われる。[11]
鎮痛物質やその受容体がどんなものであろうとも、ミツバチが、損傷を与える刺激やそのおそれのある刺激に対して、反射的に反応しているだけではないことは明らかだ。こうした反応が、現況に応じて動物自身が有利になるように抑制されるということが、痛み知覚の特徴のひとつなのである。

捕食者との遭遇後の長期にわたる心理的変化

花粉媒介昆虫は巣の中や近辺だけでなく、花の上でも捕食者に遭遇する。カニグモは待ち伏せ型捕食者だ。カメレオンのように、体色を花と同じ色に変えて待ち伏せし、そうとは知らずに花を訪れる者を不意に襲う。しかし、カニグモとハチは強さでも速さでもほとんど互角なので、たいていの場合、クモが毒をもつ鋏角でハチのクチクラ（角皮）を貫通する前に、ハチは何とかクモから逃げおおす。もし、反応がすっかり遺伝子に組み込まれているハチであれば単純に、クモに摑まれる機械刺激を逃れようとはするが、そのあとも花を訪問しつづけるだろう。それに比べるとやや高度だが、やはり無益なのは、クモに襲われて生還したのち、攻撃を受けたときと同種の花を避けるようになることだ。ハチには、貴重な食料源をすべて諦めてしまうほどの余裕はない。したがって、適応的な反応があるとすれば、捕食リスクを最小限に抑えながらも花を訪問し続けるという臨機応変な対応に違いない。

トム・イングスは、わがチームに所属して行なった博士課程研究で、カニグモの攻撃がハチに与える心理的影響を調査し、襲われたハチは、不快な主観的経験という心理効果によって、高度で長期的な行動変化を示すことを発見した[12]。私たちはまず、カニグモロボットのようなものを作成した。等身大のクモの模型に、スポンジ付きの電磁石式ペンチを装備し、マルハナバチをわずかな時間（2秒間）捕えられるようにしたものだ。模型のクモも、本物のクモと同様に、その体色を、待ち伏せしている花と同じ色にした（ただし比較のために、花色とは異なる体色の模型も作成した）。ハチが連続訪花中に危険に遭遇する場合もあれば、そうでない場合もあるように、これらのカニグモロボットを、採蜜できる造花の一部に設置した。マルハナバチはたちまち、クモを見つけた花を避けるようになることが明らかになった（ただし、クモが花と同色の場合は、見つけやすい場合よりも学習に時間がかかった）。しかし、避けるためには、花への接近のしかたを大きく変える必要があった。つまりスキャンしながら飛行し、数秒かけてひとつの花を調べるのだ。一方で、「誤警報」もあり、隠れた脅威を調べた後、まったく安全な花まで避けてしまうこともあった。訓練後24時間が経過し、クモがまったくいない状況に置かれても、依然としてこうした反応が見られた。

そのようなわけで、ハチは、単に不快刺激を逃れようとするのではない複雑な反応を見せる。攻撃を受けて学習すると、将来襲われるリスクを最小限にとどめるように行動を変化させ、さらに、（ハチの物差しからすると）長期にわたる心理的影響を示す。つまり、捕食者はいないのにその「幽霊を見る」といった、不安に似た状態が続くのである（図11・2）。

ハチの情動

そのような情動状態をさらに深く探るために、イギリス人の行動生物学者、メリッサ・ベイトソン（鳥類や齧歯類の情動を調べた研究実績をもつ）が、アメリカ人のハチ学者、ジェラルディン・ライトとチームを組んで、それまで脊椎動物の情動状態を調べるのに用いられていた手法を、ハチの情動状態を探るために改作した。[13]

ミツバチが、「このグラスは半分空っぽですか、それともまだ半分も入っていますか」といった問いに答えるテストを受けたのだ。不安を感じている人や抑鬱状態の人（あるいは不安性パーソナリティ障害の人）は、半分まで入っているグラスを半分空っぽだと見てとる傾向がある。これが「認知バイアス」だ。同様に、ネガティブな情動状態にある動物は、ポジティブな情動状態にある動物に比べて、曖昧な刺激について「悲観的」な判断を下しやすい。

ライトらはハチを訓練して、2種類のにおいを9対1の比率で混合したものを、甘い報酬と結びつけ、1対9の比率で混合したものを、ハチの嫌うキニーネ溶液と結びつけるように学習させた。そのあとすぐ、ハチに、その中間の曖昧な刺激（2種類のにおいの1対1の混合物）を提示した。ただし、テストを行なう前に、半数のハチには「ボルテックスミキサー」（振動させて内容液を撹拌する実験器具）で短時間振動を与えて、捕食者の攻撃を模したものを体験させた。残りの半数のハチにはこうした体験をさせずにおいた。すると、振動を経験したハチのほうに、「悲観的」認知バイアスのような現象が見られた。振動群では、非振動群に比べて、曖昧な刺激を、報酬に結びつくにおいと受けとるハチが少なかったのである。

わがチームは類似のプロジェクトを実施し、「半分入っているか、半分空っぽか」という実験枠組みを用いて、ハチにポジティブな情動状態を引き起こすこともできるかどうかを探った（図11・3）。この実験では、テストアリーナに入る前に、一方の群のマルハナバチには少量の「サプライズ報酬」を与えた。すると予想どおり、こうしたハチはポジティブな認知バイアスを示した。サプライズを得ていない対照群のハチに比べて、曖昧な刺激を報酬ありと判断するハチが多かったのだ。[14]

情動は生存に関わる（おそらく生存に必須の）状態であって、計算論的に必ずしも複雑ではなく、大きな脳を必要としないことが現在では明らかになっている。ひょっとすると自然選択は、恐怖を知らない個体、わが子を失うことに無頓着な母親、社会的環境に置かれることに「心地の悪さ」を感じる社会性動物には優しくないのかもしれない。言い換えると、少なくとも基本的な一連の情動は、大多数の動物の「サバイバル・ツールキット」の一部になっている可能性がある。

昆虫の情動に関して、もうひとつの興味深い知見が、昆虫は精神活性物質（少なくともヒトでは気分を変えることがわかっている物質）を求めるらしいという観察結果から得られている。[15] たとえば、ミバエの

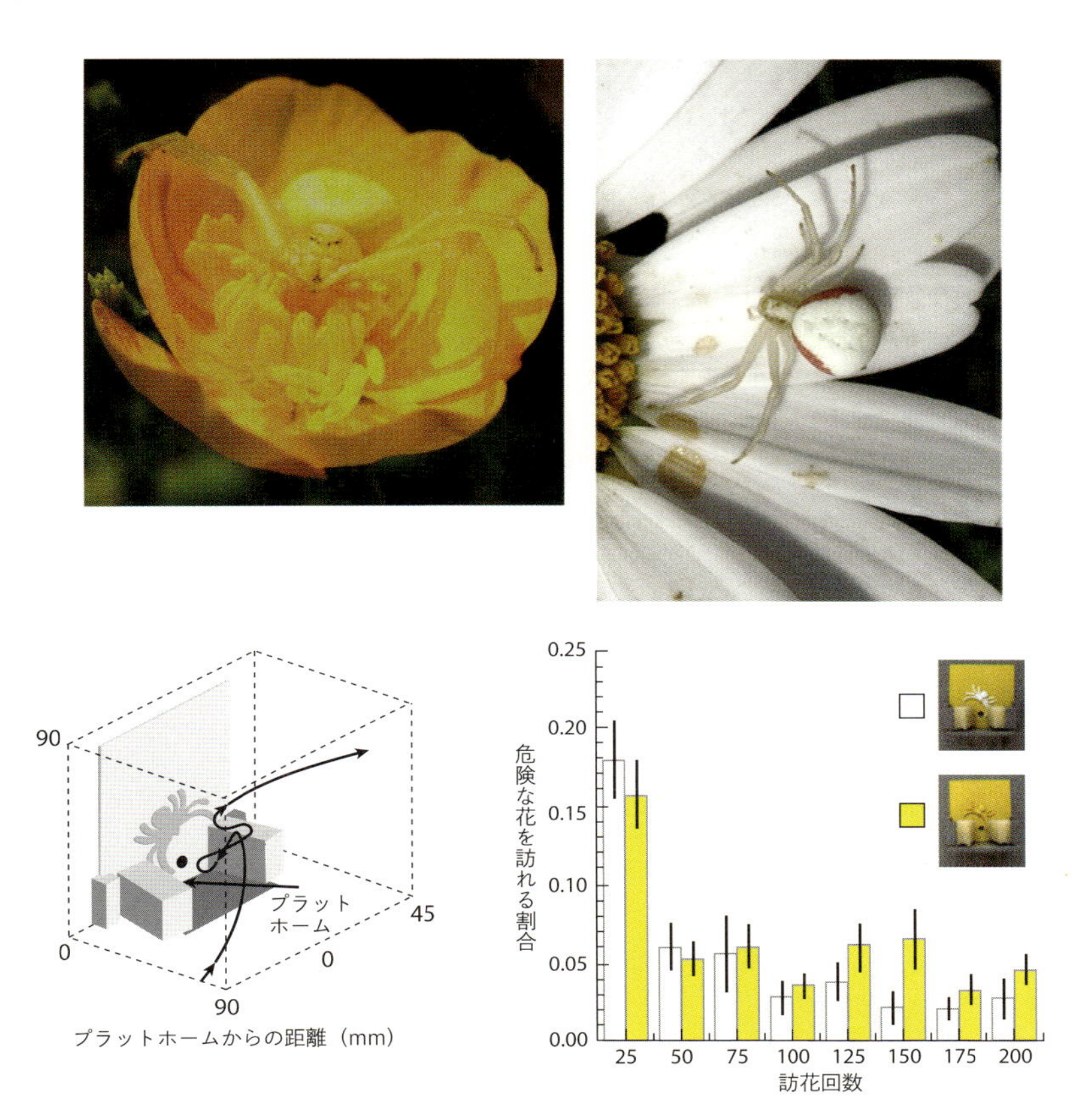

図 11.2　マルハナバチはいかにして，カニグモによる捕食脅威を学習するのか． 上：カニグモは，体色を花と同色に変えてカモフラージュし，気づかずに花を訪れるハチを待ち伏せする．実験室のカニグモ「ロボット」を用いて，ハチの反応を調べる（左下）．薄いグレーの四角形が造花（黒い点が蜜を出す穴）で，造花には等身大のカニグモの模型が取り付けられている．プラットホーム上に置かれた挟み込み機構（クモの下の蜜穴の両側にあるブロック型のもの）の，2 本のアゴ部分にはスポンジが付いていて，電磁力で動き，ハチを傷つけずに捕えることができる．こうした「攻撃」を体験したハチは，その後，すべての花を注意深くスキャンするようになる（黒い線が，典型的なハチの飛行軌道）．右下：訪花回数が増えるにつれて，ハチはクモがいる花にとまるのをうまく避けるようになる．ただし，クモがカモフラージュしているとき（黄色の上で黄色）は，よく目立つとき（黄色の上で白色）に比べて，エラーが起こり続ける割合が高い．

オスは射精を報酬として経験する。ところが、交尾の機会を奪われると、熟した果実が自然発酵してできるアルコールを求めるようになるのだ。[16] また、ハチは、花蜜に低濃度のカフェインやニコチンが含まれる花を好んで再訪することが明らかになっている。[17] 自然界の多くの植物の葉にこうした物質が含まれているのは、その苦味によって草食動物に食われるのを防げるからだ。しかし、このような物質がときおり、花蜜にも低濃度で漏れ出すことがある。そして、それは必ずしも偶発的なことではないようだ。実は、こうした物質の存在が、送粉者の行動を巧みに操って、その植物にとって有利になるように仕向けているのだ。というのは、報酬が十分ではなくなっても、送粉者はこうした花を再訪してくれるからである。

もちろん、こうした精神活性物質が送粉者の薬物依存めいた行動に及ぼす影響を、「単純な」メカニズムによって説明することもできよう。たとえば、花の特徴の学習を促す神経回路のシナプス伝達に影響を与えたにすぎない、といった説明である。しかし、ハチの情動状態に関する現在の知見からすると、ハチが人間と同じ理由でこうした物質を求める――つまりそれによって実際に気分が変わる、と考えることもあながち無理とは言えない。

自己生成刺激と外部からの感覚刺激の区別が意識の進化の起源なのか?

何人かの学者たちは現在、意識の諸要素は、動物の出現とほぼ同時期に現れた可能性があると主張している。おそらく、進化系統樹上で現生の節足動物や脊椎動物の枝が分岐してくる根元近く、つまりカンブリア紀(5億4100万年前から4億8500万年前まで)にはすでに現れていただろうというのだ。[18] なぜかというと、ほとんどの動物は自発的に、意図をもって体を動かすが、そのためには何らかの基本的な自己認識が不可欠だからである。自分が動くと、目に映る像が変化する。自分は動かなくても、目に映る

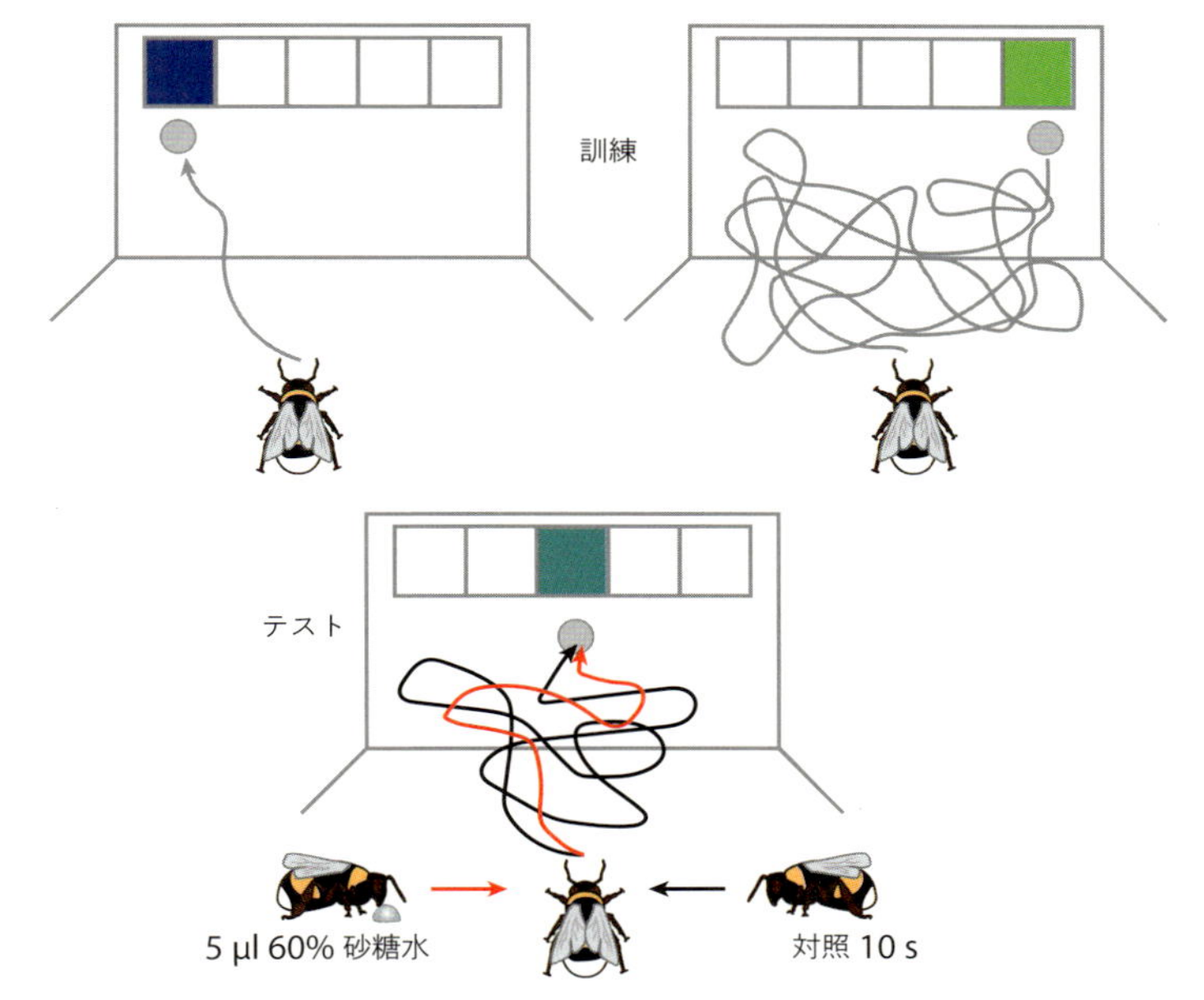

図 11.3　マルハナバチの楽観性情動バイアス． マルハナバチをまず飛行アリーナに慣れさせる（飛行アリーナの黒い壁面上の，左側にある青色の標的には常に砂糖水が 1 滴含まれているのに対し，右側にある緑色の標的には何も含まれていない．5 つに区切った壁の 1 か所だけにアクセスできるようになっている）．訓練を受けたハチは，青色の標的がアクセス可能な場合には，たいていまっすぐそこに向かう（左上）．一方，緑色の標的が表示されると，明らかにためらう様子を見せる（右上）．その中間の青緑色の刺激（「曖昧な」刺激）が提示されると（下），ハチは，青色のときと緑色のときの飛行時間の中間にあたる時間だけ，ためらう様子を見せる（黒色の飛行軌道）．ところが，ハチが実験に入る前に，サプライズとして砂糖水を 1 滴（5 マイクロリットル）与えると，そのハチは曖昧な刺激（青緑色）を「有望」と判断して，すばやくこれを受け入れるようになる（赤色の飛行軌道）．つまり，サプライズを与えられたハチは，装置に向かう途中の 10 秒間つままれていただけのハチよりも，中間的な刺激をより楽観的に判断するのだ．

像が変化することがあるが、それは外界の何かが変化したからである。ということはつまり、知覚された変化が、環境事象によるものなのか、自らの随意行動の結果なのかを知って先を読むためには、自らの意図的な動きを考慮する必要がある。網膜に映る像が突然、45度傾いたとしても、意図的に首をかしげた結果、そうなったのであれば、まるで問題ない。しかし、自分では首を動かしていないのに傾いたのであれば、地震かもしれないので、逃げたほうがいい。

動物は、遠心性コピーと呼ばれる運動指令信号のコピーを通して、そのいずれなのかを区別する能力をもっている。動物の自己運動を伝えるこの内部信号のおかげで、自己運動によって生じた感覚の変化と、外力によって生じた感覚の変化とを区別することができるのだ。通常の状況下では、動物は、自分の首や体を自発的に回転させると、外界がどのように動いて見えるか見当がついている。それゆえ、自分の行動の結果、次に何が起こるかを予測することができる。このような機能は、餌を求めて移動し、外界を能動探索していた最初期の動物にとっても——つまり、触覚受容器や化学受容器を能動的に基質に走らせるとともに、自分を食うかもしれない他の生物を絶えず警戒していた最初期の動物にとっても——すでに不可欠だったはずだ。こうしたごく基本的な形の動物においても、自他の区別（おそらくある種の自己意識があってこその区別）は生存に欠かせない。眼が進化してくると、遠方から相手を感知できるようになるが、自己が生成した感覚入力とそれ以外のものを区別するという基本的課題は相変わらず存在する。

一例として、「大きく迫ってくる」刺激について考えてみよう。視野の中の物体がどんどん大きくなる場合には、その物体が自分に近づいてくることを意味している（それは捕食者かもしれないし、人間世界では飛ばしてくる車かもしれない）。そのような刺激を感知したら、回避行動をとるのが自然な反応だ。しかし、こうした行動が遺伝子に組み込まれていたら、ハチは永遠に花にとまることができないだろう。ハチが目指す花に近づくにつれて、花はどんどん大きく見えてくる――これはまさに、大きく迫ってくる刺激だ。しかし、ハチはそれを脅威とは感じない。なぜなら、大きく見えてきたのは、自分の意図的行動の結果であって、外界の何かが引き起こしたわけではないことを知っているからだ。こうした自己が生成した網膜上での動きと、それ以外の動きとの違いは、自己意識がなくても理論上は計算可能かもしれないが、この違いの計算こそが、動物の意識の進化をもたらした可能性があることが示唆されている。

マルハナバチの自己イメージ

動物の自己意識を調べようとする場合には通常、鏡を用いた自己認識テストを行なう[19]。実験者が、動物の額にカラーマークを付けて、その動物に鏡を見せる。自分の額に触ってそのマークを取り除こうとする動物は、鏡の中の「自己」を認識しており、マークを付けられたのは自分だとわかっていると考えられる。しかし、このテストはハチではできそうもない。それはひとつには、彼らの顔の特徴が個体間であまり違わないからだ。しかし、一種の自己認識力の存在を示す証拠が、マルハナバチで行なった実験から――自分の体のサイズを把握していなければ狭い隙間を通り抜けられないという実験から――得られている。

第10章で、マルハナバチはひとつのコロニー内でも体のサイズが劇的に異なることを学んだ。ハチは、いったん羽化したら成長しないので、成虫の体のサイズは生涯変わることがない。ほとんどのマルハナバチは訪花者として、日々、生い茂る植物の間を、障害物をかわしながら飛び回ることが求められている。したがって、体のサイズを自覚しているかどうかを調べるのに打ってつけの被験者なのだ。ある新たな研究で、シュリダール・ラヴィ率いるチームは、さまざまなサイズの小間隙を突破して飛行するという課題をハチに与えた。ハチは、通り抜ける前に、隙間を念入りにスキャンし、その大きさを確認しているようだった。隙間のサイズが、ハチ自身の開翅長とほぼ同じか、それより狭い場合には、ハチは体を傾けるか、横向きに飛ぶかして隙間を通り抜け、自分の体のサイズをある程度把握していることを示した[20]（図11・4）

この結果は注目に値する。なぜなら、他の動物（ヒトも含めて）では、自分の体の寸法（サイズ）の把握こそが、個としての経験や自己意識の中核をなすと考えられているからである[21]。となると、次に重要になるのは、ハチがいかにして自己の体について学習し、雑多なものがある空間を安全に飛行できるようになるのかを探ることだろう。飛翔活動を始めてから、試行錯誤を通して学習している可能性もある。しかし、それだと、障害物にぶつかって脆い翅を損傷するなど、犠牲を伴うおそれもある。羽化後まだ巣の中にいる間に、触覚を通して自分の体のサイズについて学習し、その情報を後に視覚モダリティに変換することができれば、そのほうが有利なはずだ。

自己と他の生き物を区別する

また別の場面では、自己と他個体を区別することも重要になる。交尾相手を見つけるときなどがそうだ。どんな動物も、同種のメンバーを認識し、他種の個体と見分ける何らかの能力をもっている。しかし、交尾相手を見つけるには、ただ単に、同じ種で性の異なる個体を見つければいいというわけではない。近親交配を避けるためには、遺伝的に自分とあまり似ていない個体を見つけ出すことも重要だ[22]。となると、自己の特徴を把握し（たいてい、においを手がかりにする）、それをパートナー候補と比較することが必要になる。ハチの祖先もすでにこうした能力をもっていたはずだ。社会性ハナバチにおいて、相手がコロニーの成員なのか、他コロニーからの侵入者なのかを、番兵バチがにおいで識別する能力は、「自己」と「他

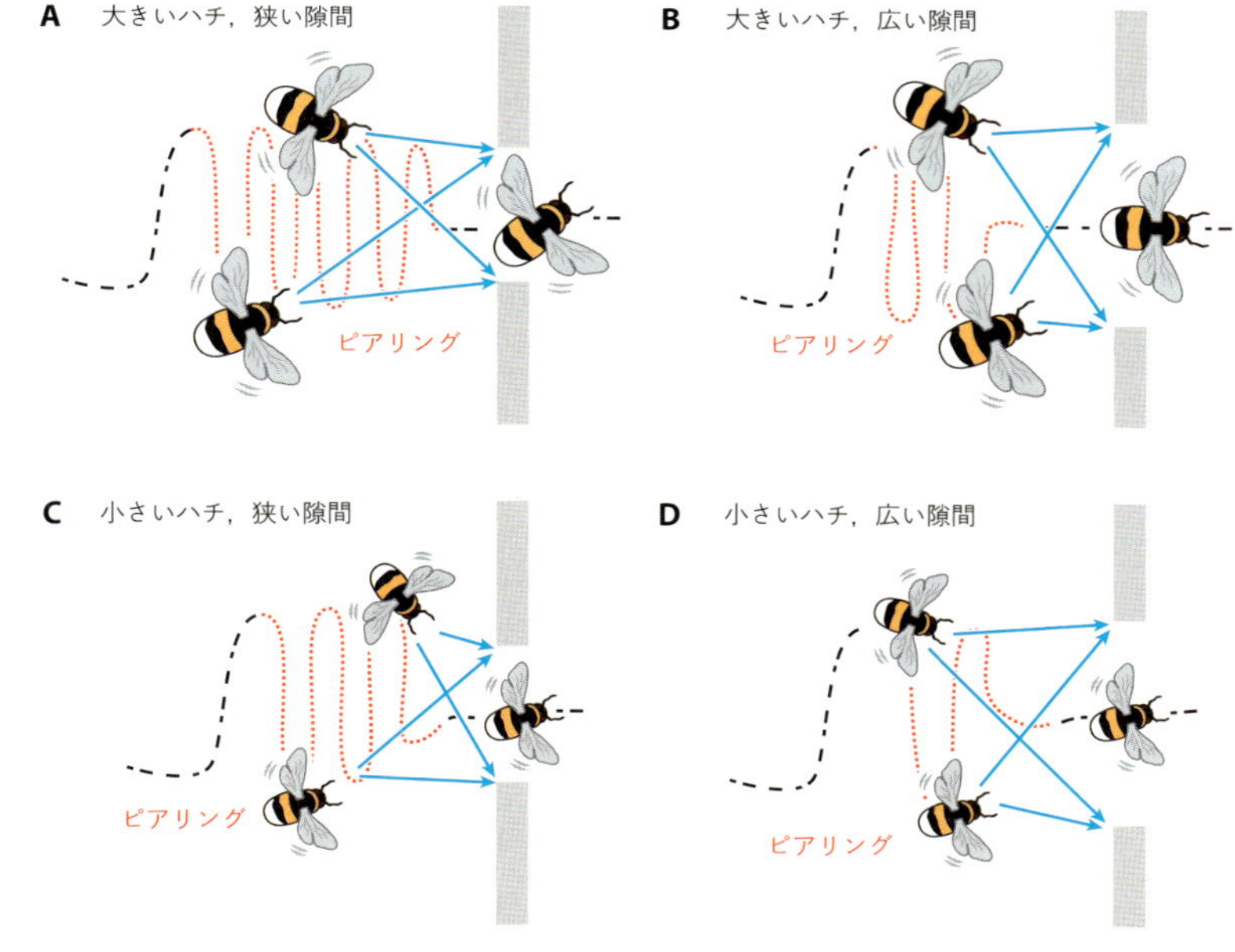

図 11.4　小間隙を抜けて飛ぶハチは明らかに，自分の体のサイズを把握している．接近時に，ハチはピアリング（赤い飛行軌道）によって，複数の視点（青い矢印）から隙間をとらえてその幅を調べる．隙間がそのハチの開翅長よりも広ければ（B および D），ハチは隙間の真ん中をまっすぐに飛んで抜けるが，隙間が狭くてぶつかる危険がある場合には（A および C），ハチは自分の体のサイズや開翅長に応じて，体を傾けて隙間を通り抜ける．

個体」を識別する能力が拡張されたものだ。

しかし、こうした判断の際には、自己のにおいと他個体のにおいを「目をつぶって」比較しているだけではない。そこには、他個体を構成している要素についての基本的な認識が存在するはずだ。ハチは（そしておそらく大多数の動物が）、同種個体の姿はどういうものか、その基本となる解剖学的特徴を認識している。マルハナバチのオスは、ふさわしいメスが見つからないと見境なくさまざまな相手と交尾しようとする（ワーカーやオス、他種の女王とも試しにかかる）が、決して、メスに対して前後逆に馬乗りになることはない。相手が同種個体であれ、他種個体であれ、こうした基本的な解剖学的構造の認識は、生きていくうえで欠かせない。たとえば、クマの襲撃を受けたコロニーのハチは、警報フェロモンによって攻撃的になるが、だからといって視野に入るものを何でもかんでも刺そうとはしない。攻撃の的は、侵入者の体のあちこちに限られている。これは、襲撃者の体はどこからどこまでなのかを、ある程度把握しているということだ。

無生物の物体は通常、（自分のほうが動いたときに）全体性をもつまとまりとして「動いて」見え、その動き方は自分自身の動きから予測が可能だ。生物もやはり、全体性をもつまとまりとして動いて見えるが、その動き方は自分自身の動きから完全には予測できず、また、生物では全体を構成する部分が相互に位置を変える。1個の生物を構成する全体についての、こうした基本的な理解は——つがい候補であれ、コロニー仲間であれ、捕食者であれ——おそらく動物界に広く普及しているのだろう。[23] おおもとをたどるとそれは、自己と非自己の区別に端を発している。つまり、知覚された外界の変化が、自分が動いたせいなのか、それとも他の動物が引き起こしたものなのかを識別するところから出発しているのだ。

ハチにオフライン思考はあるか？

意識とは、今この瞬間を生きているだけでなく、過去や未来をも認識できている状態を指す。意識があるからこそ、目を閉じれば幼少時代の家を思い浮かべることができるし、将来の計画を立てたり、状況を予測したり、（ある幅の小川を飛び越えようする場合などに）リスクを判断したりすることができるのだ。[24] 心理学的研究から、こうした能力が、多くの動物に何らかの形で存在することを示す証拠が得られている。ハチは確かに、遠く離れた場所（自分の巣など、第6章参照）の空間記憶を引き出せるようだし、バッタなどの歩行昆虫（ただし孤独相の個体）は、はしごの上を歩くときに横桟間距離を目算し、脚を踏み出した後は横桟が視界から消えていても、それに応じて歩幅を調整することができる。

ここまでのパラグラフで、そして本書全体を通して学んできたのは、昆虫は決して意識をもたぬ「オートマトン」ではないということ。外界についての何らかの内的表象ももたず、直近の未来を予測する能力もない「オートマトン」ではないということだ。かつては、外的刺激も空腹のような内的誘因もないとき、昆虫の心は闇につつまれ、脳のスイッチは切れていると考えられていたが、もはやそのような見方は批判を免れない。たとえば、私たちはすでに、ミツバチには夜間に餌場の空間記憶を蘇らせる能力や、通常の採餌時間外に餌場の位置を仲間に伝える能力があることを知っている（第6章）。また、物体操作の課題をこなすハチには、結果についての認識のようなものがあるのを見てきた（第8章）。さらに、確定的ではないが、昆虫にも「脳波」が認められるという証拠も得られている（第9章）。脳波とは、脳の各領域間で位相同期を示す電気的振動のようなもので、哺乳類においては意識状態を特に特徴づける神経活動だ。

形状をイメージする

意識とは、自分の周囲の状況を感知できている状態とも言える。目で外界を見ていながら、脳内にその何らかの表象が形成されずにいるという状況は想像しにくいかもしれないが、実際にそれが形成されていることを証明するのは意外に難しい。

ハチは確かに視覚刺激に反応するし、(花などの)視覚パターンと花蜜報酬とを関連づけて学習できるが、だからといって必ずしも、ハチの頭の中に、花があちこちに浮かぶ仮想イメージが存在しているとは限らない。もしかするとハチは、こうした複雑な視覚パターンを保存するのに、エッジ方向などの単純な特徴を記憶しているだけであって、実はフルイメージは記憶していない――言い換えると、実際のパターンは認識していない――という可能性もある。[25]

視覚パターンは、パターン自体を認識しなくても原則として識別可能であることが、ヒトにおいて証明されている。[26] 視覚野に損傷を受けると、視覚経験が完全に失われることがある。目が見えなくなったように感じられるのだ。そのような患者に、特定の物体を見つけたり、2つの視覚パターンを弁別したりする課題を与えると、解ける自信はまったくないと述べる。ところが、当て推量で答えるように求めると、偶然生じる確率を超える好成績をあげる。これが盲視と呼ばれる現象だ。このように、視覚刺激の識別は、パターン自体を認識しなくても、少なくとも理屈上は可能なのである。だとすれば、大好きな黄色い花の前でホバリングしているハチは、何となく「好ましいと感じて」いるだけで、実際に心の中でその花の像を見ているわけではない、ということだってありうる。何しろ、顔認証機能のあるスマートフォンは、個人を識別することができるが、顔を認識することなしにそれをやっているのだ。

しかし、クロスモーダルな物体認識に関する新たな研究が、ハチの心の中では機械とはまったく異なる何かが起きていることを――つまり、ハチは物体の形状の心的イメージを作り出せ<ruby>る</ruby>ことを――示唆している。クロスモーダルな物体認識とは、人または動物が、ひとつの感覚様式（たとえば視覚）で物体の特徴を覚えたあとで、それとは別の感覚様式（たとえば触覚）でその物体を認識できるということだ。たとえば、あなたは、眼で見たことしかない物体――ボール、ピラミッド型の物、あるいはサイコロなど――であっても、袋に手を突っ込んで触っただけで、それが何だかわかる。あなたの眼が脳に送る神経信号は、指の触覚器官から送られる信号とは、その時間的構造も含めてまったく異なる。視覚を用いれば、ひと目でわかるのに対し、触覚でその正体を確かめるには、数秒かけて物体に指を走らせる必要があるかもしれない。それでも、（それ以前に触った経験はなくても）その物体が何であるかわかるのはなぜかというと、心の中に、その物体の重要な特徴を描くことができるからなのだ。

この感覚様式の垣根を越えて形状を識別できる能力こそ、17世紀の心理学の難問とされる、有名なモリヌークス問題の核心にあるものだ。目の見えない妻をもつアイルランド人の哲学者、ウィリアム・モリノーは1688年に、イギリス人の朋輩、ジョン・ロックに宛てた書簡の中で、次のような疑問を投げかけている。「生まれたときから目の見えない人間が、ほぼ同じ大きさの球体と立方体を手で触って区別することを教えられ、どちらが球体で、どちらが立方体か容易に区別できるようになったとする。次に、この球体と立方体を彼から取り上げて、テーブル上に置く。ここで、彼の目が見えるようになったとしよう。彼は、触らなくても目で見ただけで、どちらが球体で、どちらが立方体か区別できるだろうか？」[27]

それまで目の見えなかった人間が視力を回復したときに、この課題を自ずと解くことができるかどうかという問いは、今日に至るまで心理学者を悩ませている。それはひとつには、ヒトでは実験するのが難しいからだ。そこで、私たちは、マルハナバチが、それまで見たことしかない物体の形状を暗闇で識別できるかどうか、逆に、暗闇で触れて感じたことしかない物体の形状を視覚で識別できるかどうかを調べた。実験には、モリノーが述べていた2種類の形状、球体と立方体を用いた（図11・5）。一方のグループのハチは、球体と砂糖水報酬を結びつけて学習させ、もう一方のグループは、立方体と報酬と結びつけて学習させた。これらのグループをさらに、暗所のみで物体を経験するハチ（触れることはできても、当然見ることはできない）と、明所のみで物体を経験するハチ（透明アクリル板の蓋を通して見ることはできても、触れることはできない）とに分けた（図11・5）。

すると、驚くべき結果が得られた。ほとんどのハチは、それまで経験したことのない感覚様式で、難なく物体を識別したのである。[28] この結果は、ハチが単に視覚系の特徴検出器によってパターンを識別しているのではなく、物体の形状や特徴の心的表象を形成している可能性があることを示唆している（図11・5）。私たちのマルハナバチがこうして、完全にではないにせよ十中八九、モリヌークス問題を解決してくれたのだった。この実験のハチは「生まれつき目が見えない」わけではなく、実験開始までずっと暗所に置かれていたわけでもない。ということは、視覚と触覚の両方を用いて何か他の物体を調べた経験から、物体に触れたときの感じとその見え方との関連性を把握していた可能性もある。しかし、ハチの巣はもともと暗いので、完全な暗所条件下で飼育して、報酬のある物体とない物体の形状の違いを学習させたハチを、初めて明所に出して、それらの形状を識別できるかどうかテストすることは容易だろう。

いずれにせよ、以上のような実験から、マルハナバチには感覚情報を統合する能力があることが明らかだが、こうした能力の存在は、心の中に感覚様式に依存しない物体の内的表象が形成されていることをうかがわせるものだ。おそらく、ヒトやその他の脳の大きい動物と同様に、昆虫もやはり、複数の感覚からの情報を統合して、周囲の世界をまるごと包括的に知覚することができるのだろう。

図 11.5　ハチは心の中に物体の形状を「描く」ことができるか？　クロスモーダルな物体認識の課題をこなすマルハナバチ．明所の「見えるけれども触れない」（透明アクリル板の蓋があって触れない）状況下で，ハチに報酬と物体形状（ここでは球体）を結びつけて学習させた．ハチをその後，触ることはできても見ることができない暗所に移し，その物体の形状を認識できるかどうかを調べた．順番を逆にして行なった同様の実験では，まず暗所にて物体に触れさせた後，「見えるけれども触れない」状況下で，物体の形状を認識できるかどうかを調べた．

ハチにメタ認知はあるか？

ハチは、メタ認知能力――自分が認知していることを認知する能力――さえ備えているようだ。これを動物でテストするにはどうするかというと、難しい視覚弁別課題（2種類のよく似た色やパターンを見分けるなど）を提示したうえで、正しい標的（報酬あり）と誤った標的（報酬なし）の二択だけでなく、第三の選択肢も被験者に与える。つまり、そもそもテストに参加しない（オプトアウト）という選択肢だ。クウィン・ソルヴィは、オーストラリアに拠点を置くイギリス人の昆虫学者、アンドリュー・バロンとの共同研究で、課題を難しくするにつれて、ミツバチはしだいに第三の選択肢を選ぶようになることを発見した[29]。まるで確信がないことを自覚しているかのようだった。類人猿やイルカでは、こうしたメタ認知こそが、意識を象徴するものだと考えられている。哺乳類のオプトアウト行動が、自信がないという自己評価の証だとされるのなら、ハチにおいてもそう見なされて然るべきだろう。

いかなる動物においても、意識の存在を示す確たる証拠は得られていないし、本書でもやはり、ハチに意識があることを示す確たる証拠は示していない。批判的な読者は、本書で取り上げた心理現象や知的行動はどれもみな、コンピューティングアルゴリズムやロボットでも何とか再現が可能であり、したがって、意識などまったく存在しなくても理論上は起こりうると反論するかもしれない。まさにその通りだろう。ハニカム構造の巣を作るロボットシステムを設計することは可能だし、損傷を受けると痛そうにふるまうロボットを製作することもできる。もちろん、ハチの計数能力もインシリコ〔コンピュータのシリコンチップ内〕で簡単に模倣できる。他にもまだまだある。しかし、まず第一に考えてほしいのは、本書で取り上げたさまざまな「生得的」行動、学習行動、そして発明的行動をすべてこなせるオートマトンを作ろうとしたら、そのロボットに、延々と続く詳細な指示を教え込まなくてはならないが、それでもやはり、あらかじめプログラムした命令にしか対処できないということだ。コード化されていない新たな課題には手も足も出ないはずだ。

ハチが見せる知的行動については、これからもまだまだ新たな発見が続きそうだ。1950年に、カール・フォン・フリッシュはこう力説している。「ハチという生き物はまるで魔法の井戸のようだ。汲めば汲むほど、水が溢れてくる。」(30) その言葉どおりだったわけだが、それでも、私たちが過去に戻っていって、1982年に彼が亡くなってからの数十年間に、ハチの知的能力についてどれほど理解が進んだか、その最新情報を伝えることができたら、彼はきっと驚くに違いない。しかもこうした能力リストはますます長くなりつつある。したがって、ハチの神経系は行動のタイプ別に巧妙に作られた固定回路の集まりだ、という昔ながらの考え方が、本当に「よりシンプルな」説明なのかどうか自問してみる必要がある。たぶんそれよりも、意識を基盤とする汎用的知能システムのほうが、問題解決の柔軟性が高いばかりか、計算コストも低く、神経細胞の数も少なくてすむはずだ。

どの点から見ても、ハチには、少なくとも単純な形の意識が存在することを裏づける証拠が増えつつある。脳がハチよりもはるかに大きい脊椎動物に適用されるのと同じ基準で、ハチの行動や認知能力を評価するならば、ハチはイヌやネコにも劣らぬ確かさで、意識をもった主体だとみなすことができる。といっても、ハチの意識は、ヒトの意識とはまったく異なるものかもしれない。その違いは、感覚知覚の性質や豊かさだけの問題ではないし（それが動物種によって異なることはほぼ明らかだ）、意識の量が「多い」か「少ない」かだけの問題でもない。もしかすると、時間知覚や、それを利用した記憶の組織化や行動の計画、自己認識のあり方、その他諸々の事柄が、動物種ごとに根本的に異なるかもしれないのだ。(31) この芽生えつつある「比較意識」学が、緒に就いたばかりのハチの心の研究に、刺激に富む視点を与えてくれている。

ハチにはきっと、その時々に応じた独特の情動状態があるのだろう。分蜂時の高揚感や、蜜の豊富な花を見つけて巧みに扱うスリル感、そして、豊かな多感覚記憶との相互作用から生まれる多感覚経験の夕ペストリー（ハチの多感覚記憶のライブラリーには、報酬が期待されるが危険も孕んでいる花畑を、天空の偏光を感知しながら飛行するときに、花々が発してくる不思議な色彩、におい、電気信号が保存されている）。こうした心的状態や、それに伴う生理的状態や行動表現を探るためには、さらなる研究が必要だ。

動物の脳は、感覚信号と自身の体の動きを突き合わせて情報を組み立て、外部世界とそこでの自己の動きをシミュレートする内部モデルを構築している。今から250年以上前に、ビュフォン伯（本章のエピグラフ参照）がミツバチの「外部世界と内部世界の完全な相似性」に言及したとき、彼はこのことを直感していた。動物が進化を始めた当初から、神経系は、センサーと共に動く体と不可分であって、知覚と行動を統合するために発達していったのである。生存と自己複製（生殖）という、動物が直面する課題に最も効率よく対応できるのは、脳と体の緊密な連絡によって、自己を非自己とは区別して認識でき、自身の意図的行動などから少なくとも直近の未来を予測できる場合である。こうした点から考えると、基本的な形の意識は、動物の進化の帰結としてではなく、動物の出現と同時に現れた可能性がある。

12 終わりに
——ハチの心に関する知識はハチの保全にどんな意味をもつか

近年、世界各地でのハチの窮状がメディアの注目を集めるようになっている。私はときおり、ハチがそれほど賢いならば、なぜ地球環境の変化に対処できないのか、という質問を受けることがある。ハチはすでに精いっぱい対処している、というのがその答えだ。

地球上のどこでもいい、平らな耕作地をちょっと眺めてみよう（衛星画像を調べてもいいし、飛行機に乗る機会があれば窓の外を眺めてもいい）。そのような土地の99％が、80億の人口を養うための工業型農業と、非菜食主義者を養うための家畜の牧草地に充てられているというのが典型的な状況だ。残りの1％に当たるいくらか自然が残された部分は、たいてい、情けないほど狭いうえに、互いの距離がひどく離れている。そして、飛行機から眺めただけでは、そこに散布されている殺虫剤や除草剤は見えないし、世界中に見境なく送粉者（ポリネーター）が輸出された結果、ハチを苦しめている寄生体や病気も見えない。そんな状況の中でも多数の種が何とかもちこたえているのは、動物のレジリエンスと柔軟性の証だと言える。

しかし、自然界の動物の適応力には限界がある。人為的変化のスピードは、大多数の動物が進化的変化で追いつけるレベルを超えてしまっている。また、環境の極端な変化を埋め合わせるために知性にできることには、そもそも限界がある。人類が、わずか数世代のうちに生息空間の90%以上を失うという事態に直面した場合を想像してみよう。確かに、一部の人間は生き残れるかもしれないが、必ずしもそれは、優れた知性を備えているからとは限らない——むしろ、銃や財力のおかげかもしれない。

ハチについて言えば、多数の種がすでに驚くばかりのレジリエンスを見せている。農作物の受粉を手伝うべく、はるか遠くの大陸まで運ばれてきた外来種のハチが、またたく間にその土地の花の利用法を学習し、さらに、その柔軟性ゆえに、侵略的外来種になってしまうことも少なくない。場合によって、完全に非自然的な食料源に頼ることもある。たとえば、ジュースの空き缶から糖分を得たりもする。モーリス・メーテルリンクは、100年前に書かれた著書の中で、バルバドス島のミツバチは訪花活動を一切しなくなり、この島にある広大なサトウキビ製糖工場から採ってくる砂糖を餌にしていると述べている。

自然の営巣場所が不足しているため、ミツバチは煙突に、そしてマルハナバチは野鳥用巣箱に巣を作る。単独性ハナバチのなかには、プラスチック製農業資材の廃棄物だけで巣を作るハチ（図12・1）もいれば、スチロール樹脂に造巣するハチも見つかっている。[1] しかし、どんなに知能の高い動物でも、対応できる環境変化の幅には限界がある。変化があまりにも急激な場合や、生息地や資源の極端な減少で動物間の競争が熾烈になった場合には、もはや対応不能となる。政府は早急に、ハチを含めた多くの益虫に対する有害な影響が証明されている殺虫剤の使用を禁止する必要があるし、農地の再自然化を図る必要がある。

しかし、ハチの保全活動の素晴らしい側面は、政府の対策に頼るだけでなく、たとえ狭くても緑地を利用できる市民全員がそれに貢献できることだ。[2] 緑の芝生は、特定のスポーツには都合がよくても、植物を育てる庭には向いていない。見た目が単調で、維持に人手がかかるうえに、生態系に有害な影響を与えてしまう。また、多くの植物は、人間の好みに合わせて派手で大きな花を咲かせるように育種されてきたが、

図 12.1　ハキリバチ属のハチは，巣の材料としてプラスチック片を利用することがある． 通常は，植物の葉を丸く切り取って（左）巣の材料として用いるのだが，葉の代用品として，フラッギングテープ［非粘着性プラスチックリボン］を利用するのが観察されている．これはハチの行動の驚くべき柔軟性を裏づけるものだが，実は幼虫の生存に有害な影響を及ぼしてしまう．

こうした花は、ポリネーターにとっては何の役にも立たない。それよりも、野生の花の種を播いて、野草の間で育てよう。庭に花を植えるときはよく選ぶ必要があるが、幸いなことに、苦労して調べる必要はない。現在では、多くの園芸用品店でポリネーター向きの種子ミックスが販売されており、こうした花の多くは「自ずと育って」くれる。冷えた飲物を片手に、庭で元気に育つ花を眺めているだけで、さまざまな在来種のハチが訪ねてきてくれるはずだ。庭がなければ、バルコニーにプランターを置くだけでもいい（あなたの町のバルコニーの数に、プランターの数を掛けたら、いくつになるか考えてほしい）。単独性のハナバチに巣作りの機会を提供するのもいいアイディアだ。「ハチのホテル」が市販されているが、ウエブサイトでちょっと調べて知識を収集すれば、自分でも作ることができる。

養蜂は、有益で素晴らしい趣味だが、自然保護に役立つものではないことを心得ておこう。セイヨウミツバチは、巣箱で飼育されている限りは家畜の一種であって、メディア報道とは裏腹に、絶滅の危機になど瀕してはいない。一巣あたり4万匹のミツバチが集める花資源が吸い尽くされずに残っていれば、今まさに絶滅の危機に瀕している4万匹の野生の単独性ハナバチを養うことができる。（ミツバチは大量の食料を巣に蓄えておく習性があるため、花蜜や花粉の収穫量が他のほとんどの種よりも多いという点は、ここでは考慮していない。）したがって、何事もそうだが、ほどほどにしておくのが一番。少数の人々が少数の巣箱を設置するだけでよい。ところが、自邸にミツバチコロニーを多数作らせて「ポリネーターを支援」しようとするセレブもいれば、ビルの屋上に何百個もの巣箱を設置するように奨励する都市も少なくない。それは善意の取り組みではあっても、多くの在来ポリネーターに対して有害な影響を与えることになる。[3]

ハチは農作物の受粉に欠かせないから保全する必要がある、と教えられることも多い。確かにそのとおりだが、ハチに痛み、情動状態、意識があるかどうかの評価も、ハチの保全活動に重要な意味をもつと私は考えている。保全運動のマスコットとなっているカリスマ的哺乳類が特別な地位を得ているのはなぜかというと、ひとつには、私たちが十分な根拠をもって、彼らは生息地が破壊されて家族や社会が崩壊していくことに気づき、苦しんでいるはずだと考えるからなのだ。しかし、現在では、こうしたカリスマ的哺乳類にも負けないほど、ハチにもやはり痛みや情動状態や意識があると信じられている。

動物の痛みや情動状態の評価は、飼育される家畜や野生の狩猟対象獣の場合にも、また科学上の利用に供される実験動物の場合にも、動物福祉の戦略を決定するうえでの道徳的義務となっている。ところが、大多数の国の現行の法律では、無脊椎動物の取り扱いについては、痛みも情動もないことを前提に制限が設けられていない。つまり、レストランでは、ロブスターが生きたまま加熱調理され、実験室では、束縛された昆虫が麻酔薬も鎮痛薬も投与されずに侵襲的な神経生理学的処置を受けている。そもそも、無脊椎動物の研究実施許可を申請するにあたっては、使用する動物数、実験処置の過酷さ、科学や人類にもたらしうる利益について、十分な配慮をもって研究を実施することが、確認すべき要件項目にはなっていないのだ。

ハチは単なる侵害受容を超えるものを感じ、少なくとも基本的な情動を伴う生活を営んでいるらしいという、すでに学んだ知見からすると、これは間違いなく嘆かわしい事態だ。早急に、昆虫が苦痛を経験する可能性について、より包括的な証拠を提供してくれる研究を実施し、それに基づいて、動物福祉に関する法律に昆虫その他の無脊椎動物も含めるべきなのかどうか検討する必要がある。それまでの間は、慎重を期して、主観的経験の可能性を認めている他の動物を扱うときと同じくらい、十分に配慮してハチを扱うべきだろう。

ハチが主観的経験をしているとはまだ思えない方も、それがハチ保護の重要な理由だとは思えない方も、次のことは忘れないでほしい。農作物の受粉には依然としてハチの力が必要なこと。蜜蠟から作られる蠟燭は遠い昔から学究の徒を照らしてきたこと。さらに、蜂蜜の採取によって、大量のエネルギーを要する人類の祖先の脳の拡大に欠かせない炭水化物がもたらされ、それが人間の精神の進化の原動力になった可能性があること。私たち人間は、ハチから多大な恩を受けている。その恩に報いていこう。

謝辞

本書を執筆することができたのは、2017年から2018年にかけての学年度に、ベルリン高等研究所から惜しみない奨学金給付を受けたおかげである。ご指導とご教示を賜ったプリンストン大学出版局の編集者、アリソン・カレット氏と、本書の草稿について包括的で有益なご意見を下さった匿名の査読者3名に深く感謝申し上げる。各々の章を読んでご意見を下さったラガヴェンドラ・ガダガカルとジャンナ・クラインの両氏にもお礼を申し上げたい。その他にも草稿が書籍として完成するまでの過程で皆様にお世話になったが、特に、アニー・ゴットリーブ、アミーリア・コワレフスカ、クリス・ラピンスキー、ハリー・シェファー、ジュリー・ショーヴァン、ジェニー・ヴォルコヴィッキの各氏には多大なお力添えをいただいた。

わが師であるランドルフ・メンツェルとジェームズ・トムソンの両氏はそれぞれ、私をミツバチとマルハナバチの異世界に導いて下さった。おふたりに心より感謝申し上げる。また、学問の世界で業績をあげやすい流行の科学トピックには背を向けて、昆虫の心の中にあるものを知りたいという純粋な動機から、わがチームに加わって下さった、世界各地の大勢の研究者の皆様にも深く感謝している。本書で取り上げた研究成果に大きな貢献をされたのは、シルヴァン・アレム、サラ・アーノルド、オーロール・アヴァルゲス＝ウェーバー、ジョアンナ・ブレブナー、エリカ・ドーソン、アンナ・ドルンハウス、エイドリアン・ダイアー、ヴィンス・ガロ、マリー・ギロー、トマス・イングス、エロイーズ・リードビーター、リー・リー、マチュー・リホロー、オリ・ロウコラ、ハディ・マボウディ、ジェームズ・マキンソン、ヘレン・ミュラー、ヴィヴェク・ニティアナンダ、フェイ・ペン、ナイジェル・レイン、マーク・ローパー、ニハル・サレハ、クウィン・ソルヴィ、ヨハネス・スペース、ラルフ・シュテルツァー、ヴェラ・ヴァーサス、ムユン・ワン、ジョゼフ・ウッドゲート、シン・フシュの各氏である。また、他チームの研究者との知的な交流も、本書で示した知見を得るうえで重要な役割を果たしてくれた。とりわけ大きな存在だったのが、エイドリアーナ・ブリスコウ、トマス・コレット、カール・ガイガー、マーティン・ジウルファ、ベヴァリー・グラヴァー、アンドレアス・ガンバート、ヤン・クンツェ、ミリアム・レーラー、マルティン・リンダウアー、ジェレミー・ニーヴン、アヴィ・シミダ、ピーター・スコルプスキ、ニック・ヴァッサー、ヘザー・ホイットニー、ニール・ウィリアムズの各氏である。

　画像素材を作成して下さった方々、その使用や改変を許可して下さった方々にもお礼を申し上げたい。それは、シルヴァン・アレム、ヨハンナ・ブレブナ、ブリジット・ブジョク、ジェレミー・アーリー、ヴィンス・ガロ、アンディ・ギーガー、ベヴァリー・グラヴァー、ヘルガ・ハイルマン、スコット・ホッジズ、トマス・イングス、スティーヴ・ジョンソン、マルコ・クラインヘンツ、リー・リー、ボー・ロット、イーダ・ロウコラ、クラウス・ルナウ、ハディ・マボウディ、ロブ・ラグーソ、レスリー・グッドマンの代理としてスチュアート・ロバーツ（国際ミツバチ研究協会）、ロートラウト・ザックス、フロリアン・シーエストル、クラウス・シュミット、クウィン・ソルヴィ、ヨハネス・スペース、ユルゲン・タウツ、リュディガー・ヴェーナー、ジョゼフ・ウィルソン、そしてジョゼフ・ウッドゲートの皆様だ。原稿を書き始めたばかりの頃に、ネット上で、シタバチ〔蘭の花の受粉に関わる社会性ハナバチ〕の華麗な姿を映した写真を見つけ、もうひと目で、本書の表紙はこれでなくては、と思った〔この写真は日本語版の装丁には使われていない〕。それは異彩を放つ写真家、アンドレアス・ケイ氏（1963〜2019）が撮影されたものだったが、悲しいことに、彼はその直後にこの世を去られた。ケイ氏は、芸術味豊かな独特のタッチで昆虫をとらえ、こうした小さな生き物にしっかりとズームインするだけで、ごく身近なところに魅惑に満ちた異世界が見つかることを教えてくれていた。彼が写真という手段で実現されたことを、私は著述という形で達成できればと心より願っている。

訳者あとがき

本書冒頭から「ハチであるとはどんな感じか、思い描いてみてほしい」という著者の言葉にいざなわれ、もうすっかり、1匹のミツバチとして世界と向き合っているような気分になった。外骨格を纏い、初めて巣の外に飛び立とうとするミツバチだ。人間のように、何年もかけて徐々に学んでいく時間の余裕などない。羽化後の寿命はわずか3週間。にもかかわらず、花蜜を集めて蜂児を養うという、コロニーの一員としての任務を負っている。初めて出会う世界で、蜜源の花を探して何キロメートルも飛び回り、仕組みがまちまちの花からうまく蜜を集め、道に迷わずに自分の巣まで戻るという、この難しい課題を自分はどうやってこなせばいいのだろう？　途方に暮れてしまう。

ハチは、1匹1匹が「心」をもっている、決して本能に従って反射的に動く機械などではない、というのが著者の主張だ。そして、ハチがその心の中で、どんなことを、どんなふうに考えているかを探っていくのがこの本である。原題は *The Mind of A Bee*（1匹のハチの心）。著者ラース・チットカ博士は、英ロンドン大学クイーン・メアリー校の行動生態学教授で、同校心理学研究センターの創設者でもある。

本書ではまず初めに、ハチの心を占めている事柄を知るために、あらゆる情報の入口である感覚器官について学んでいく。ハチの眼は、紫外光も見え、光波の振動方向（偏光）も感じとれて、視覚情報処理速度はヒトの5倍に及ぶという。また、ハチの触角は「まるで十徳ナイフのよう」で、物のにおいや味がわかるうえに、音が聞こえて、電荷も感じとれる。どうやらハチの感覚世界は、ヒトの感覚世界とはまったく異質なだけでなく、それをはるかに上回る極めて豊かな世界らしい。

本書では続いて、ハチが優れた学習能力と認知機能をもっていることが示される。一例を挙げると、ハチは、昔信じられていたように本能的な力で巣に引き戻されるわけではなく、巣の周囲の景色を記憶し、目印になるものを利用しながら帰巣する。驚いたことに、目印の数を勘定することもでき、その数を参考にして帰巣することが実験で明らかになっている。また、ハチが花の色と砂糖水報酬とを結びつけて記憶する色彩学習の速度は、ヒトの幼児よりもはるかに速いという。パターン認識や、「上と下」のような概念学習の課題も難なくこなしてしまう。

ハチの研究者たちが考案する数々の実験手法の巧みさ・多様さにもただただ感服するばかりだが、ハチはその提示された課題にたちまち順応していく。しかも、人間とはまるで異なる、それでいて極めて理に適った方法で対応してくるからびっくりだ。たとえばミツバチは、誰もがよく知るように、六角形の巣房が隙間なく並ぶハニカム構造の巣をつくる。これはもちろん本能のなせる業だが、実験者が途中で造巣の邪魔をしてハチを困らせると、ハチは実験者が予想もしていなかったような、臨機応変の対応をしてみせる。とにかく、ハチってすごい、と思う。

それにしても、この小さな昆虫の微小な脳のいったいどこから、これほどの能力が発揮されるのだろう？本書を読み進むうち、そんな疑問がピークに達したところで、ミツバチの脳についての解説が始まる。これほど小さな脳の構造と仕組みを丹念に解き明かしていった科学者たちの熱意にも驚かされる。

ハチの行動、とりわけミツバチの行動は、昔から多くの人々の興味を引きつけてきた。本書では、ハチに関心を寄せたさまざまな人々の研究の成果を、その時代背景や境遇も含めて紹介している。盲目でありながら、妻や助手の助けを借りつつ、ミツバチの巣作りについて独創的な実験を行なったフランソワ・ユーベル。人種差別のせいで実験室も図書館も利用できない境遇にありながら、昆虫の認知機能について先見性に富む数々の研究成果を残したチャールズ・ターナー。史上初めてハチの脳の内部構造を調べ、ニューロンの樹状分岐パターンを精密に描いたフレデリック・ケニオン。戦渦の中で民族的迫害を受けながらも研究を続け、ミツバチのダンス言語の解明をはじめ、数多くの画期的で重要な発見をしたカール・フォン・フリッシュ等々。他にもまだまだ大勢登場する。その中には、ノーベル賞を受賞した科学者もいる一方で、第一級の研究成果が評価されないまま忘れ去られていった人もいる。著者は、あまり世に知られていない、そのような人々の研究も含めて丁寧に掘り起こし、その功績を讃えている。

ハチの「心」の研究を極めていくと、最終的に、意識とは何かという、私たち人間にとっても重要な究極の問いにつながっていく。といっても、ハチの意識をヒトの意識から類推するわけにはいかない。ヒトとはまったく異質な感覚世界に生きているハチの意識は、ヒトの意識とはまったく異質なものかもしれない。ハチの心の研究は、まさに「異星人の心」の研究なのだ。ハチの世界はスリリングで驚きに満ち、そして何より奥深い。

最後になりましたが、玉川大学の小野正人先生には、翻訳原稿に対して貴重なご意見をいただき、特にミツバチの種について詳しくご指導いただきました。この場を借りて篤く御礼申し上げます。また、翻訳期間を通してひとかたならぬお世話になりました、みすず書房編集部の市原加奈子氏に深く感謝申し上げます。

2024年11月

今西康子

「ハチの心」の理解へのあくなき挑戦――推薦の辞

玉川大学農学部教授／学術研究所 所長　小野正人

1985年のある夏の日、私はニホンミツバチがオオスズメバチに対して示すある特異な行動に感激した。肉食のオオスズメバチはミツバチの巣を見つけると周囲に餌場のマークとなるフェロモンを塗り付ける。すると周囲で狩りをしていた仲間が集まり、その巣に集団攻撃をしかける。そうなれば、ミツバチ側には勝ち目はない。しかし太古の昔からオオスズメバチと同所的に暮らしてきたニホンミツバチは、巧妙な防衛戦略を進化させている。天敵の餌場マークフェロモンを傍受し、オオスズメバチ側の最初の1匹の偵察バチを巣内に誘い込み、数百匹がかりで包み込んで動きを封じてしまう。てのひらに載せても固く崩れないこのハチの塊の中心温度は48℃にも達することがあり、45℃までしか耐えられない天敵は熱死してしまうのである（ミツバチは50℃位まで耐えられる）。変温動物である昆虫が発熱により天敵を倒すという特異な生命現象である。

この間、ミツバチは刺針行動をまったく起こさない。また、この「熱殺蜂球（ほうきゅう）」の表面からは、酢酸イソペンチルなど、ミツバチの警報フェロモン成分が立ち昇っており、その匂い源を目指せば真っ暗な巣の中でも蜂球に参加することが可能となっている。実によくできた仕組みである。

ところが、話はこれで終わりではない。警報フェロモンは、刺針行動の解発因（リリーサー）となることが知られており、たとえばヒトやクマなどが巣を壊してハチミツや蜂児を搾取したときに発せられると、ミツバチの容赦ない毒針の洗礼を浴びることになる。それと同じリリーサーが熱殺蜂球から出ているのに、刺針行動がまったく起きていないのはなぜ？ そんな新たな問いが浮かぶ。実は、ニホンミツバチがオオスズメバチの餌場マークフェロモンを感知すると、酢酸イソアミルの信号は針を絶対使わずにタイトな塊を形成して発熱せよという意味になるのである。つまり、同じ化学物質が状況によって「刺せ！」、「刺すな！」と正反対の意味に変わる。人間社会の音声言語においても、「大嫌い！」という言葉が本当に「大嫌い！」という意味を伝える場合と、「（本当は）大好き！」という正反対の意味を伝える場合があり、それらが状況に応じて認知されるということがあるが、化学物質の言葉か、音声かの違いこそあれ、よく似ている感がある。

ニホンミツバチの、状況に応じたこの「柔軟な対応」を、本書を読む前に聞いた読者は驚くに違いない。あんな小さなミツバチの頭の中にある「微小脳」で、そのような複雑な情報処理ができるのか、と。しかし、読後となれば話は違うかもしれない。もちろん、これはニホンミツバチとオオスズメバチの長い共進化の過程で獲得された生得的な行動が基盤となっているので、そのような共進化の基盤のまったくないセイヨウミツバチの場合は、オオスズメバチの強大な捕食圧の前になすすべもないのであるが……。

著者のラース・チットカ教授はこの本の冒頭で、本書を通して目指しているのは読者に「ハチは1匹1匹が心をもっている」と確信してもらうことだと述べている。そして実際、ハチは精巧な脳によって、周囲の世界を認識し、自伝的記憶、自らの行動によってもたらされる結果の理解、さらには情動や知能といった「心」の主要な構成要素を生成していることを示していく。つまり「心」とは何かを示すことで、ミツバチに心があることを説いているのである。もちろん、そのきわめて奥深い現象の理解は、シーリー教授（コーネル大学）、ジウルファ教授（ソルボンヌ大学）など多くの優秀な科学者たちが、己の人生の大半をかけて積み上げてきた研究成果の累積的伝承性によって進んできた。原著が総334ページに及ぶこの記念碑的な著作の日本語版の巻末に本稿を綴っている私自身も、ハチの社会の魅力に憑りつかれてしまったひとりである。本書に登場する研究者のほとんどすべてと何処かでお会いしたり、ハチ談議を交わしたりしたこともあり、本書を通してあらためて彼らの足跡を辿る旅路の果てに、私も「ハチの心」を理解するような気持ちになった。

著者のチットカ教授に直接関係している研究者のうち、たとえば彼の修士課程の指導者でもあったメンツェル教授（ミツバチが専門）は、私の勤務する玉川大学に招聘して特別講義をお願いしたことがあり、また彼の博士課程の指導者であったトムソン教授（マルハナバチが専門）に至っては、ご夫妻を大学にお招きして研究交流しただけでなく、私もロッキー山脈にある彼の別荘に赴き、寝食を共にして高山帯のマルハナバチの調査をしたという仲でもある。さらにメンツェル教授のスーパーバイザーにあたるリンダウアー教授についても、玉川大学に招聘して特別講義をお願いしたほか、こちらがヴュルツブルク大学へお招きいただき、ミツバチのコミュニケーションについて話を伺ったこともある。いずれもハナバチ研究史を代表する科学者たちだが、その系譜の中に本書の著者チットカ教授が彗星のごとく登場することになるのである。直接面会する機会は一度ももてないままでいたが、私にとっては、「ハチの心」の理解へのあくなき挑戦を綴ったこの本との出会いこそが、何よりもチットカ教授の人と仕事の全容を知る絶好の機会になった。

本書の楽しさを生んでいる要素のひとつとして、記述が著者の成長の足跡とリンクしているところもあげられよう。好奇心溢れる大学生時代、大学院に進み研究者を目指した修士課程、博士課程、ポスドクを経て指導者へと成長していき、自らの主宰するラボで多くの学生、研究者を育てる教育者ともなるに至る研究者としての道程は実に清々しい。研究チーム一丸となって、直接話ができないミツバチやマルハナバチの認知課題の解決など、複雑な脳機能をきわめてエレガントな研究手法をもって解き明かしていくのは見事である。ハチは、「同じ、違う」、「上、下」という概念をもち、感覚器官すべてからの入力情報に基づく豊かな感覚経験を記憶し、多種の花を探索した経験を融合させたり、共通する特性を抽出したりすることができることも明らかにしている。

同時に、著者は「ハチの知能はずば抜けているが、ヒトを含む他の動物の知能とはまた別のもの」とも評している。知的行動には巨大脳（ヒト：約８６０億個の神経細胞）が必要という固定概念はこうした研究により打ち破られる。微小脳（ハチ：約85万個の神経細胞）のハチが示す「認知能力」は、一見難しそうに見える学習課題の多くが、実は少数のニューロンでも達成可能であるということを明瞭に物語っている。

ミツバチやマルハナバチに代表される真社会性ハチ類は、血縁集団であるコロニー全体で個体としての機能を発揮している点で「超個体」とも称される。「超個体」の運営のためにはお互いに積極的に情報を共有して学習し合う必要があり、それを可能にする「社会的学習」と「群知能」は、ミツバチやマルハナバチの真骨頂とされてきたものである。しかし実は、「群知能」は個々のハチの微小脳に宿る優れた知性に支えられているのであり、本書では、巣の外で花蜜や花粉を集めているワーカーがどこに訪花すべきかを同種の他個体から学んだり、遠目で見るだけでも学習できること、また驚くべきことに、マルハナバチが「ミツバチの存在が報酬を予測することをすでに学習している場合には……ミツバチの花選択を真似る」ことや、「盗蜜」が学習によって広がるというエビデンスなども紹介されている。さらには、マルハナバチが他個体の行動を観察して、道具の使い方を学習できることなど、われわれが従前より昆虫に対してもっていたイメージを凌駕する発見が、本書の中で次々と示されていくのである。

ミツバチやマルハナバチが示す柔軟な行動は、花蜜や花粉を求めて広範なエリアを採餌飛行し、パズルボックスのような花を攻略し、そのうえで確実に元の巣に帰らなければならない採餌者としての生活や、生得的な定型行動と誕生後の社会的学習との「相互作用」から形成される。同種他個体への生得的な関心が、ひいては、その個体からの学習を促進する。興味深いのはお手本をそのまま真似るのではなく、自発的に改善を加えながら学習できるということである。こうした能力も、すべてのワーカーが同じ女王の娘にあたり、コロニーを構成するハチ同士の遺伝子の共有率、すなわち血縁度が高い「超個体」であるという特性がもたらしたコミュニケーション形態の進化であり、相互の連携によりきわめて高い適応上の利益が与えられていると考察されている。進化は、雌性でありながら不妊の働きバチを創造しただけでなく、彼女らの微小脳の中に卓越した機能を授けたと言えよう。彼女たちが個々にもつ柔軟な「汎用型知能」が、流動的な環境の中で予期せず発生する多様なタスクに臨機応変に対応し、社会（家族）を支えているという新しい視点に本書は光をあてているのである。これは群知能に偏った見方をしていたときには見えなかった世界であり、著者が力説するひとつのポイントでもある。

著者は本書の終盤で、ハチの個体レベルと集団（社会）レベルでの優れた学習能力のすべてが納まっているわずか1ミリほどの微小脳の構造にも焦点をあて、脳機能の核心に迫る神経生理学的解析に入っていく。さらに、ハチに見られるパーソナリティ／個体差がもたらす、生存戦略についての興味深い知見が紹介される。たとえば学習速度の速いマルハナバチとそれが遅いマルハナバチでは、前者のほうが花から花蜜や花粉を集める効率が高く、より適応的だと思われがちだが、前者は後者よりも寿命が短く、採餌活動に携われる日数が少ないというトレードオフの関係が認められているという。それゆえ、学習速度が遅い個体のほうが、餌集めに貢献できる日数が長く、総合的に見るとコロニーへの貢献が高くなる場合も多いと考えられている。

本書が最後に探究する疑問は、「ハチに意識はあるか？」という問いである。ハチは自己の存在に気付いているのか？　自己と他を識別しているのか？　著者は、ミツバチが「メタ認知能力」、すなわち自身が認知していることを認知する能力さえ備えているのではないかと述べている。そして、そうしたメタ認知こそが、意識を象徴するものであるとの見解を述べている。その根拠については本文を読んでいただくとして、ハナバチの研究が「昆虫における心」の存在の解明について、これまでどれくらい貢献してきたかは驚くばかりであり、そしてこれからどのように貢献していくかについても興味は尽きない。

締めくくりの第12章は、冷静な科学者である著者が、ひとりの人間として感情を表する場となっている。世界各地で環境が急変し、ハチの生活圏が悪化している中で、ハチたちが「すでに精いっぱい対処している」姿を綴っている。環境の人為的変化のスピードは、進化的に適応できるレベルを超えてしまっており、ハチたちは持ち前のレジリエンスと柔軟性でなんとか持ちこたえているのだ、と。そして、ハチを含む多くの益虫に対する有害な影響が証明されている化学農薬の使用を政府レベルで早急に見直し、農地の再自然化を図る必要があると訴えている。さらに、ハチたちのために現状を少しでも改善する具体的な提案を、留意点とともに述べている。著者の「ハナバチ愛」はそれにとどまらず、動物福祉にも言及し、主観的経験の可能性を秘めているとすでに認められている動物を扱う時と同じように、ハチを十分に配慮して扱うべきであると主張する。そして、読者へのメッセージとして「私たち人間は、ハチから多大な恩を受けている。その恩に報いていこう」と結んでいる。

本書にはけっして初等的ではない内容も随所に含まれ、特に後半の、著者自身の研究チームが上げた研究成果の記述は、かなり専門的な内容となっているが、翻訳を見事に成した今西康子氏の卓越した力量により、一般の方々にも言葉の壁を乗り越えて本書を楽しめるチャンスを提供できるのは絶賛されるべきことである。みすず書房からの刊行を祝うとともに、私たちとは異なる「もうひとつの社会」をなす1匹1匹のハチたちの心の世界を紐解く旅路を、ぜひとも多くの方に楽しんでいただくことを祈念して、筆をおきたい。

ラース・チットカ
ハチは心をもっている
1匹が秘める驚異の知性、そして意識
今西康子訳

2025年 2月17日 第1刷発行
2025年 6月19日 第2刷発行

発行所 株式会社 みすず書房
〒113-0033 東京都文京区本郷2丁目20-7
電話 03-3814-0131(営業) 03-3815-9181(編集)
www.msz.co.jp

本文組版 キャップス
本文印刷所 萩原印刷
扉・表紙・カバー印刷所 リヒトプランニング
製本所 東京美術紙工
装丁 細野綾子

ISBN 978-4-622-09767-9
[ハチはこころをもっている]

著者略歴

(Lars Chittka)

英・ロンドン大学クイーン・メアリー校教授（感覚・行動生態学）．動物の感覚・学習・認知と進化・生態にまたがる幅広いテーマで研究をおこなっている．特に，ハナバチの心・知性と行動の研究を牽引する第一人者として世界的に知られ，300本近い論文を査読誌に発表している．*PLoS Biology* の編集委員（2004-現在），PNASのゲスト編集委員（2023），*Proceedings of the Royal Society B* の編集委員（2010-2012）や *Quarterly Review of Biology* の編集顧問（2004-2010）など，トップジャーナルの編集メンバーも歴任．共編著に *Cognitive Ecology of Pollination: Animal Behavior and Floral Evolution*（Cambridge University Press, 2001）．

訳者略歴

今西康子〈いまにし・やすこ〉翻訳家．訳書に，ジョセフ・ヘンリック『WEIRD（ウィアード）「現代人」の奇妙な心理』（上下巻，2023）『文化がヒトを進化させた』（2019），ロブ・ダン『ヒトという種の未来について生物界の法則が教えてくれること』（2023）『家は生態系』（2021），ジャスティン・シュミット『蟻と蜂に刺されてみた』（2018）（以上，白揚社），カール・ジンマー『ウイルス・プラネット』（2013）エイミィ・ステュワート『ミミズの話』（2010）（以上，飛鳥新社），ほか多数．

「推薦の辞」寄稿

小野正人〈おの・まさと〉玉川大学農学部教授／学術研究所・所長．専門は社会性ハチ類．日本学術会議応用昆虫学分科会委員長（2017-2023），一般社団法人 日本応用動物昆虫学会・会長（代表理事）（2021-2023），日本昆虫科学連合代表（2022-2024），第27回 国際昆虫学会議・議長（2024）などを歴任．環境賞（1996），日本応用動物昆虫学会賞（2004），日本農学賞（2024）などを受賞．スズメバチ，ミツバチ関連の啓蒙活動にも力を入れている．著書に『スズメバチの科学』（海游舎，1997），ほか．

索引

ア

カ

サ

タ

ナ

ハ

マ

ヤ

ラ

ワ

註および参考文献

第1章　はじめに

1) メーテルリンクの引用の出典：Maeterlinck, M. 1901. *La vie des abeilles*. Paris: Editions Fasquelle; trans. Alfred Sutro. 1903. New York: Dodd, Mead.

2) ヒトの脳の神経細胞数の推定値：Herculano-Houzel, S. 2009. "The human brain in numbers: a linearly scaled-up primate brain." *Frontiers in Human Neuroscience* 3 (31). DOI: 10.3389/neuro.09.031.2009.

3) ハチおよびその他の膜翅目昆虫脳の神経細胞数の推定値：Witthöft, W. 1967. "Absolute Anzahl und Verteilung der Zellen im Hirn der Honigbiene." *Zeitschrift für Morphologie der Tiere* 61: 160–84; Godfrey, R. K., Swartzlander, M., Gronenberg, W. 2021. "Allometric analysis of brain cell number in Hymenoptera suggests ant brains diverge from general trends." *Proceedings of the Royal Society B-Biological Sciences* 288 (1947). DOI: 10.1098/rspb.2021.0199.

4) 脳は予測マシンであるという考え方をさらに発展させているのが Heisenberg, M. 2015. "Outcome learning, outcome expectations, and intentionality in Drosophila." *Learning & Memory* 22 (6). DOI: 10.1101/lm.037481.114; and Menzel, R. 2019. "Search strategies for intentionality in the honeybee brain." In *Oxford Handbook of Invertebrate Neurobiology*, ed. J. H. Byrne, 663–84. DOI: 10.1093/oxfordhb/9780190456757.013.27. Oxford, UK: Oxford Handbooks Online.

5) 「ハチであるとはどのようなことか」は，他の動物の心を理解する難しさについて論じた，影響力のある論文：Nagel, T. 1974. "What is it like to be a bat?" *The Philosophical Review* 83: 435–50. DOI:10.2307.2183914 のタイトルのもじり．

6) 昆虫のコックピットから世界を見るというアイデアを初めて示したのは，私の知る限り，Borst, A., Egelhaaf, M. 1992. "Im Cockpit der Fliege." *MPG-Spiegel* 3: 14–17. さらに新しい論文は Borst, A. 2009. "Drosophila's view on insect vision." *Current Biology* 19: R36–47. DOI: 10.1016/j.cub.2008.11.001 を参照．

7) 昆虫の眼の光学系を包括的に網羅したものとしては，Land, M. F., Nilsson, D.-E. 2002. *Animal Eyes*. Oxford: Oxford University Press を，短い概説としては，Land, M., Chittka, L. 2013. "Vision." In *The Insects: Structure and Function*, 5th edition, eds. S. J. Simpson and A. E. Douglas. Cambridge, UK: Cambridge University Press, 708–37 を参照．驚くべき昆虫の視覚情報処理速度については Niven, J. E., Anderson, J. C., Laughlin, S. B. 2007. "Fly photoreceptors demonstrate energy-information trade-offs in neural coding." *PLOS Biology* 5: e116. DOI: 10.1371/journal.pbio.0050116 を参照．

8) 花資源を採取する者にとっての課題について非常に優れた概説をしているのが Heinrich, B. 1979. *Bumblebee Economics*. Cambridge, MA: Harvard University Press.

9) ハチと人間では，花というものが持つ意味が異なることについて：Chittka, L., Walker, J. 2006. "Do bees like Van Gogh's Sunflowers?" *Optics and Laser Technology* 38: 323–28. DOI: 10.1016/j.optlastec.2005.06.020.

10) 進化の過程で獲得された情報に加え，個体ごとに獲得した情報が心の内容を形成していることについて：Lorenz, K. 1978. *Behind the Mirror: A Search for a Natural History of Human Knowledge*. New York: Harcourt Brace Jovanovich.

11) ハチの初飛行における損失率の高さについて述べている：Stelzer, R. J., Raine, N. E., Schmitt, K. D., Chittka, L. 2010. "Effects of aposematic coloration on predation risk in bumblebees? A comparison between differ-

ently coloured populations, with consideration of the ultraviolet." *Journal of Zoology* 282 (2): 75–83. DOI: 10.1111/j.1469-7998.2010.00709.x.

12）人間は大自然の中に置かれるとうまく方向定位できないことについて：Bond, M. 2020. "People who get lost in the wild follow strangely predictable paths." *New Scientist* (3271), February 29, 2020.

13）花はパズルボックスであり，ハチがいかにしてその開け方や操作法を学ぶかについて：Laverty, T. M., Plowright, R. C. 1988. "Flower handling by bumblebees: a comparison of specialists and generalists." *Animal Behaviour* 36: 733–40. DOI: 10.1016/S0003-3472(88)80156-8.

14）ミツバチの 15 種類のフェロモン分泌腺について：Free, J. B. 1987. *Pheromones of Social Bees*. Ithaca, NY: Comstock; Blum, M. S. 1992. "Honey bee pheromones," in *The Hive and the Honey Bee*, revised edition (Hamilton, Illinois: Dadant and Sons), 385–89.

15）ハチのダンス言語に関する最も包括的な研究は，von Frisch, K. 1967. *The Dance Language and Orientation of Bees*. Cambridge, MA: Harvard University Press.

16）別の動物になったらどんな感じかについて哲学者たちの見方は，Nagel の前掲論文を参照．

17）ハチや他の無脊椎動物の情動について：Perry, C. J., Baciadonna, J. 2017. "Studying emotion in invertebrates: what has been done, what can be measured and what they can provide." *Journal of Experimental Biology* 220 (21): 3856–3868. DOI: 10.1242/jeb.151308.

18）ハチのオスは交尾のためだけの存在だが，例外として，ある種のマルハナバチのオスは蜂児を温めるのに参加しているらしい：Cameron, S.A. 1985. "Brood care by male bumblebees." *Proceedings of the National Academy of Sciences of the USA* 82 (19): 6371–73. DOI: 10.1073/pnas.82.19.6371.

19）倫理的配慮に関するさらなる読み物：Mikhalevich, I., Powell, R. 2020. "Minds without spines: evolutionarily inclusive animal ethics." *Animal Sentience* 329: 1–25. DOI: 10.51291/2377-7478.1527.

20）人類とハチが共に歩んできた長い歴史について：Stanford, C. B., Gambaneza, C., Nkurunungi, J. B., Goldsmith, M. L. 2000. "Chimpanzees in Bwindi-Impenetrable National Park, Uganda, use different tools to obtain different types of honey." *Primates* 41 (3): 337–41. DOI: 10.1007/bf02557602; Marlowe, F. W., Berbesque, J. C., Wood, B., Crittenden, A., Porter, C., Mabulla, A. 2014. "Honey, Hadza, hunter-gatherers, and human evolution." *Journal of Human Evolution* 71: 119–28. DOI: 10.1016/j.jhevol.2014.03.006 を参照．一般向けの科学的概説は Hanson, T. 2018. *Buzz*. New York: Basic Books; および Preston, C. 2006. *Bee*. London: Reaktion Books.

21）チャールズ・ターナーの注目すべき人生と科学の詳細について：Abramson, C. I. 2009. "A study in inspiration: Charles Henry Turner (1867–1923) and the investigation of insect behavior." *Annual Review of Entomology* 54: 343–59. DOI: 10.1146/annurev.ento.54.110807.090502; Wehner, R. 2016. "Early ant trajectories: spatial behaviour before behaviourism." *Journal of Comparative Physiology A-Sensory, Neural, and Behavioral Physiology* 202 (4): 247–66. DOI: 10.1007/s00359-015-1060-1; Lee, D. N. 2020. "Diversity and inclusion activisms in animal behaviour and the ABS: a historical view from the USA." *Animal Behaviour* 164: 273–80. DOI: 10.1016/j.anbehav.2020.03.019; Galpayage Dona, H. S., Chittka, L. 2020. "Charles H. Turner, pioneer in animal cognition." *Science* 370 (6516): 530–31. DOI: 10.1126 /science.abd8754.

第2章　不思議な色で世界を見ている

1) 冒頭のレイリー卿の引用の出典：Lord Rayleigh (Strutt, J. W.). 1874. “Insects and the colours of flowers.” *Nature* 11: 6. DOI: 10.1038/011006a0.

2) ジョン・ラボックが行なったアリの紫外線感受性の実験，およびハチの色彩訓練：Lubbock, J. 1882. *Ants, Bees and Wasps: A Record of Observations on the Habits of Social Hymenoptera*. London: Kegan Paul, Trench, Trubner, and Co., p. 442.

3) ラボックが行なったハチの色彩学習の実験に加え，チャールズ・ターナーもこのようなテストを実施している．Turner, C. H. 1910. “Experiments on color-vision of the honey bee.” *Biological Bulletin* 19: 257–79. ラボックと同様に，ターナーも刺激強度の制御をしていないが，そのような制御をしたほうが望ましいと指摘している．さらなる歴史的背景については Giurfa, M., Sanchez, M.G.D. 2020. “Black lives matter: revisiting Charles Henry Turner's experiments on honey bee color vision.” *Current Biology* 30 (20): R1235–39. DOI: 10.1016/j.cub.2020.08.075 を参照．

4) 動物の色覚について初めて論じた書物：von Hess, C. 1912. *Vergleichende Physiologie des Gesichtssinnes*. Jena: G. Fischer.

5) フォン・ヘスのハチの色覚実験：von Hess, C. 1913. “Experimentelle Untersuchungen uber den angeblichen Farbensinn der Bienen.” *Zoologische Jahrbücher* 34: 81–106.

6) ハチの色覚に関するフォン・フリッシュの影響力の大きい論文：von Frisch, K. 1914. “Der Farbensinn und Formensinn der Biene.” *Zoologische Jahrbücher (Physiologie)* 37: 1–238; フォン・フリッシュとフォン・ヘスの論争の詳細が Kreutzer, U. 2010. *Karl von Frisch–eine Biografie.* Munchen: August Dreesbach Verlag に記されている．

7) フォン・フリッシュの自伝：von Frisch, K. 1973. *Erinnerungen eines Biologen*. Berlin, Heidelberg, New York: Springer.

8) ハチの紫外線感受性の発見：Kuhn, A. 1923. “Versuche uber das Unterscheidungsvermogen der Bienen und Fische fur Spektrallichter.” *Nachrichten von der Gesellschaft der Wissenschaften zu Göttingen, Mathematisch-Physikalische Klasse*: 66–71.

9) 花が紫外線を反射するという発見：Lutz, F. E. 1924. “Apparently non-selective characters and combinations of characters including a study of ultraviolet in relation to the flower-visiting habits of insects.” *Annals of the New York Academy of Sciences* 29: 181–283.

10) カール・フォン・フリッシュとナチについての詳細は，前掲の自伝に加え，すでに引用した Kreutzer の伝記を参照．さらに Munz, T. 2016. *The Dancing Bees: Karl von Frisch and the Discovery of the Honeybee Language*. Chicago: University of Chicago Press も参照．

11)「第二級混血」はナチのバイエルン州政府の文言から引用．Kreutzer の伝記（前掲）を参照．

12)「反ユダヤ主義に頑迷に抵抗」については，上記のフォン・フリッシュの自伝を参照．

13) カール・フォン・フリッシュの著書『あなたと命』：*You and Life*: von Frisch, K. 1936. *Du und das Leben: Eine moderne Biologie*. Berlin: Im Deutschen Verlag.

14) カール・ダーマーのハチの色覚の発見：Daumer, K. 1956. “Reizmetrische Untersuchung des Farbensehens der Bienen.” *Zeitschrift für Vergleichende Physiologie* 38: 413–78. DOI: 10.1007/BF00340456.

15) 色覚の嗅覚や聴覚などとの根本的な違いについて：Chittka, L., Brockmann, A. 2005. “Perception space, the final frontier.” *PLOS Biology* 3: 564–68. DOI: 10.1371/journal.pbio.0030137.

16) ハンスヨッヘム・アウトラムがハチの光受容細胞内の電気信号を記録した実験：Autrum, H. J., Zwehl, V.v. 1964. “Die spektrale

Empfindlichkeit einzelner Sehzellen des Bienenauges." *Zeitschrift für Vergleichende Physiologie* 48: 357-84. DOI: 10.1007/BF0029 9270.

17) ランドルフ・メンツェルのハチの色彩学習速度に関する研究：Menzel, R. 1985. "Learning in honey bees in an ecological and behavioral context." In *Experimental Behavioral Ecology* (eds. Holldobler, B., Lindauer, M.), 55-74. Stuttgart: Gustav Fischer Verlag.

18) 学習速度は知能の尺度としては役に立たないという主張：Pearce, J. M. 2008. *Animal Learning and Cognition*. 3rd edition Hove, UK, and New York: Psychology Press.

19) ハチの色覚は花の色に対応して進化したのかという問題については Chittka, L., Menzel, R. 1992. "The evolutionary adaptation of flower colors and the insect pollinators' color vision systems." *Journal of Comparative Physiology A* 171: 171-81. DOI: 10.1007 / BF00188925; Chittka, L. 1996. "Optimal sets of colour receptors and opponent processes for coding of natural objects in insect vision." *Journal of Theoretical Biology* 181: 179-96. DOI: 10.1006/jtbi.1996.0124 を参照.

20) 昆虫の色覚の系統樹による分析：Chittka, L. 1996. "Does bee colour vision predate the evolution of flower colour?" *Naturwissenschaften* 83: 136-38. DOI: 10.1007/BF01142181; Briscoe, A., Chittka, L. 2001. "The evolution of colour vision in insects." *Annual Review of Entomology* 46: 471-510. DOI: 10.1146/annurev.ento.46 .1.471; van der Kooi, C. J., Stavenga, D. G., Arikawa, K., Belušič, G., Kelber, A. 2021. "Evolution of insect color vision: from spectral sensitivity to visual ecology." *Annual Review of Entomology* 66 (1): 435-61. DOI: 10.1146/annurev-ento-061720-071644.

第3章　ハチの異質な感覚世界

1) 冒頭のジョン・ラボックの引用：Lubbock, J. 1888. "Problematical organs of sense." *Popular Science Monthly* 34: 101-7. さらに次のように続く.「鳥や獣の剝製をガラスケースに収めたり，昆虫を標本箱に並べたりすることは……研究のための根気を要する予備的仕事でしかない．動物の習性を観察し，相互の関係を解明し，その本能や知能を調べ，自然の力に対する適応や付き合い方を突きとめ，その動物にとって世界がどのように見えているかを理解すること――それこそが博物学の真の関心事なのだ.」

2) ジョン・ラボックの国会議員としての仕事，昆虫の研究，アリの化学言語，紫外線感受性，およびハチの色覚訓練：Lubbock, J. 1882. *Ants, Bees and Wasps: A Record of Observations on the Habits of Social Hymenoptera*. London: Kegan Paul, Trench, Trubner, and Co, p. 442.

3) ジョン・ラボック，アレクサンダー・グラハム・ベル，およびチャールズ・ダーウィンの交流について：Keynes, R. 2009. "'I thought I'd try the telephone' — Darwin, his disciple, insects and earthworms." *Journal of the Linnean Society* Special Issue 9: 79-96.

4) 昆虫の視覚情報処理速度：Srinivasan, M., Lehrer, M. 1985. "Temporal resolution of colour vision in the honeybee." *Journal of Comparative Physiology A* 157: 579-86. DOI: 10.1007/BF01351352; Niven, J. E., Laughlin, S. B. 2008. "Energy limitation as a selective pressure on the evolution of sensory systems." *Journal of Experimental Biology* 211 (11): 1792-1804. DOI: 10.1242/jeb.017574; Skorupski, P., Chittka, L. 2010. "Differences in photoreceptor processing speed for chromatic and achromatic vision in the bumblebee, *Bombus terrestris*." *Journal of Neuroscience* 30 (11): 3896-903. DOI: 10.1523/ jneurosci.5700-09.2010.

5) 感覚器官が存在する場所が昆虫によって異なる：Yager, D. D. 1999. "Structure, development, and evolution of insect auditory systems." *Microscopy Research and Technique* 47

(6): 380-400. DOI: 10.1002/(sici)1097-0029(19991215)47:6<380::aid-jemt3>3.0.co;2-p; Arikawa, K., Eguchi, E., Yoshida, A., Aoki, K. 1980. “Multiple extraocular photoreceptive areas on genitalia of butterfly *Papilio xuthus*.” *Nature* 288: 700-702. DOI: 10.1038/288700a0.

6) マルティン・リンダウアーの詳細な伝記：Seeley, T. D., Kühnholz, S., Seeley, R. H. 2002. “An early chapter in behavioral physiology and sociobiology: the science of Martin Lindauer.” *Journal of Comparative Physiology A* 188: 439-53. DOI: 10.1007/ s00359-002-0318-6.

7) ハチの太陽コンパスに関するエルンスト・ヴォルフの研究：Wolf, E. 1927. “Über das Heimkehrvermögen der Bienen II.” *Zeitschrift für Vergleichende Physiologie* 6: 221-54.

8) 太陽コンパスについてマルティン・リンダウアーがフォン・フリッシュと共に行なった研究：Lindauer, M. 1985. “Karl Ritter von Frisch, 1886-1982.” In *Die großen Deutschen unserer Epoche*, ed. Lothar Gall, 453-65. Berlin: Propyläen Verlag.

9) ハチが太陽の動きを予測するというフォン・フリッシュの研究の詳しい内容は：von Frisch, *The Dance Language and Orientation of Bees*.

10) ハチの偏光ビジョンを発見したフォン・フリッシュの（マルティン・リンダウアーと共同での）研究は，巣箱内でのハチのコミュニケーションダンスをもとに実施された（ダンス言語については本書の第5章で取り上げている）．原著は von Frisch, *The Dance Language*.

11) ハチの偏光ビジョンのメカニズムに関するリュディガー・ヴェーナーの研究：Wehner, R., Bernard, G. D., Geiger, E. 1975. “Twisted and non-twisted rhabdoms and their significance for polarization detection in the bee.” *Journal of Comparative Physiology* 104: 225-45. DOI: 10.1007/BF01379050; Rossel, S., Wehner, R. 1982. “The bee’s map of the e-vector pattern in the sky.” *Proceedings of the National Academy of Sciences of the USA* 79: 4451-55. DOI: 10.1073/pnas .79.14.4451; Wehner, R., Labhart, T. 2006. “Polarisation vision.” In *Invertebrate Vision*, ed. E. J. Warrant, D.-E. Nilsson, 291-348. Cambridge, UK: Cambridge University Press.

12) ハチの地磁気に対する感受性に関するリンダウアーの研究は，巣箱内でのハチのダンスをもとに実施された．Lindauer, M., Martin, H. 1968. “Die Schwereorientierung der Bienen unter dem Einflus des Erdmagnetfeldes.” *Zeitschrift für Vergleichende Physiologie* 60: 219-43. DOI: 10.1007/BF00298600.

13) 昆虫が地磁気に対する感受性を備えていることを示すさらなる証拠：Gould, J. L., Kirschvink, J. L., Deffeyes, K. S. 1978. “Bees have magnetic remanence.” *Science* 201: 1026-28. DOI: 10.1126/science.201.4360 .1026; Frier, H. J., Edwards, E., Smith, C., Neale, S., Collett, T. S. 1996. “Magnetic compass cues and visual pattern learning in honeybees.” *The Journal of Experimental Biology* 199: 1353-61. DOI: 10.1242/jeb .199.6.1353; Gegear, R. J., Casselman, A., Waddell, S., Reppert, S. M. 2008. “Cryptochrome mediates light-dependent magnetosensitivity in *Drosophila*.” *Nature* 454 (7207): 1014-18. DOI: 10.1038/nature07183; Dreyer, D., Frost, B., Mouritsen, H., Gunther, A., Green, K., Whitehouse, M., Johnsen, S., Heinze, S., Warrant, E. 2018. “The Earth’s magnetic field and visual landmarks steer migratory flight behavior in the nocturnal Australian Bogong moth.” *Current Biology* 28 (13): 2160-66.e5. DOI: 10.1016/j.cub.2018.05.030; Wajnberg, E., Acosta-Avalos, D., Alves, O. C., de Oliveira, J. F., Srygley, R. B., Esquivel, D.M.S. 2010. “Magnetoreception in eusocial insects: an update.” *Journal of the Royal Society Interface* 7: S207-25. DOI: 10.1098/rsif.2009.0526. focus.

14) 暗闇での方向定位の実験：Chittka, L., Williams, N. M., Rasmussen, H., Thomson, J. D.

1999. "Navigation without vision: bumblebee orientation in complete darkness." *Proceedings of the Royal Society of London B* 266: 45–50. DOI: 10.1098 /rspb.1999.0602.

15）最適ではない研究環境がなぜ予期せぬ発見につながるのか（また，科学者はいかにして画期的発見を成し遂げるのか）については，リチャード・ハミングの次の論文を参照．Richard Hamming: Hamming, R. 1986. "You and your research." Transcript of the Bell Communications Research Colloquium Seminar, March 7, 1986. Morristown, NJ: Bell Communications Research.

16）地磁気を感じ取るメカニズム：Liang, C. H., Chuang, C. L., Jiang, J. A., Yang, E. C. 2016. "Magnetic sensing through the abdomen of the honey bee." *Scientific Reports* 6. DOI: 10.1038/srep 23657.

17）ハチの触角のさまざまな機能について優れた概説がなされているのが Goodman, L. 2003. *Form and Function in the Honeybee*. Cardiff, UK: Westdale Press.

18）ハチの触角にある受容体の数および種類：Esslen, J., Kaissling, K. E. 1976. "Zahl und Verteilung antennaler Sensillen bei der Honigbiene (*Apis mellifera* L.)." *Zoomorphologie* 83: 227–51. DOI: 10.1007 /BF00993511.

19）ミツバチやその他の昆虫の二酸化炭素感受性についての詳細：Seeley, T. D. 1974. "Atmospheric carbon-dioxide regulation in honeybee (*Apis mellifera*)." *Journal of Insect Physiology* 20: 2301–5. DOI: 10. 1016/0022 -1910(74)90052-3; Jones, W. 2013. "Olfactory carbon dioxide detection by insects and other animals." *Molecular Cell* 35 (2): 87–92. DOI: 10.1007/s10059-013 -0035-8.

20）1 種類の花が出す揮発性物質の種類数：Friberg, M., Schwind, C. Guimaraes P. R., Jr., Raguso, R. A., Thompson, J. N. 2019. "Extreme diversification of floral volatiles within and among species of *Lithophragma* (Saxifragaceae)." *Proceedings of the National Academy of Sciences of the USA* 116 (10): 4406–15. DOI: 10.1073/pnas .1809007116.

21）におい学習と警報フェロモンに関するランドルフ・メンツェルの研究：Menzel, R. 1985. "Learning in honey bees in an ecological and behavioral context." In *Experimental Behavioral Ecology* (eds. Holldobler, B., Lindauer, M.), 55–74. Stuttgart: Gustav Fischer Verlag.

22）探知器としてのハチの利用：Kerk, W. C., Chua, L. S. 2016. "Sniffer bees as a good alternative for the current sniffing technology." *Biointerface Research in Applied Chemistry* 6 (4): 1391–1400.

23）におい知覚の速度：: Szyszka, P., Gerkin, R. C., Galizia, C. G., Smith, B. H. 2014. "High-speed odor transduction and pulse tracking by insect olfactory receptor neurons. *Proceedings of the National Academy of Sciences of the USA* 111 (47):16925– 30. DOI: 10.1073/ pnas.1412051111.

24）ハチの味覚に関するカール・フォン・フリッシュの研究：von Frisch, K. 1934. "Über den Geschmackssinn der Bienen." *Zeitschrift für Vergleichende Physiologie* 21: 1–156.

25）殺虫剤が少量混じった花蜜に対するハチの選好：Kessler, S. C., Tiedeken, E .J., Simcock, K. L., Derveau, S., Mitchell, J., Softley, S., Stout, J. C., Wright, G. A. 2015. "Bees prefer foods containing neonicotinoid pesticides." *Nature* 521 (7550): 74–76. DOI: 10.1038 /nature14414.

26）ハチの触角の触覚器官と花弁の肌理を感知するその機能：Kevan, P. G., Lane, M. A. 1985. "Flower petal microtexture is a tactile cue for bees." *Proceedings of the National Academy of Sciences of the USA* 82: 4750–52. DOI: 10.1073/pnas.82.14.4750; Whitney, H. M., Chittka, L., Bruce, T.J.A., Glover, B. J. 2009. "Conical epidermal cells allow bees to grip flowers and increase foraging efficiency. *Current Biology* 19 (11): 948–53. DOI: 10.1016/ j.cub.2009.04.051.

27）昆虫の聴覚についての概説：Robert, D.,

Gopfert, M. C. 2002. "Novel schemes for hearing and orientation in insects." *Current Opinion in Neurobiology* 12 (6): 715- 20. DOI: 10.1016/s0959-4388(02)00378-1.

28) ミツバチの聴覚：Dreller, C., Kirchner, W. H. 1993. "Hearing in honeybees: localization of the auditory sense organ." *Journal of Comparative Physiology A* 173: 275-79. DOI: 10.1007/BF00212691; Kirchner, W. H., Towne, W. F. 1994. "The sensory basis of the honeybee's dance language." *Scientific American* 270: 74-81; Towne, W. F., Kirchner, W. H. 1989. "Hearing in honey bees: detection of air-particle oscillations." *Science* 244: 686-88. DOI: 10.1126/science.244.4905.686.

29) 脚で巣の振動を感知：Nieh, J. C., Tautz, J. 2000. "Behaviour-locked signal analysis reveals weak 200-300 Hz comb vibrations during the honeybee waggle dance." *The Journal of Experimental Biology* 203: 1573-79. DOI: 10.1242/jeb.203.10.1573.

30) 毛や羽の電気的性質について：Exner, S. 1895. "Über die elektrischen Eigenschaften der Haare und Federn." *Pflügers Archiv* 61: 1-98.

31) ハチの電気感受性とそれがハチのコミュニケーションにおいて果たしうる役割：Eskov, E. K., Sapozhnikov, A. M. 1974. "Generation and perception of electric fields by *Apis mellifera*." *Zoologičeskij žurnal* 52: 800-802; Eskov, E. K., Sapozhnikov, A. M. 1976. "Mechanisms of generation and perception of electric fields by honeybees." *Biofizika* 21 (6): 1097-1102; Greggers, U., Koch, G., Schmidt, V., Durr, A., Floriou-Servou, A., Piepenbrock, D., Gopfert, M. C., Menzel, R. 2013. "Reception and learning of electric fields in bees." *Proceedings of the Royal Society B-Biological Sciences* 280 (1759): 8. DOI: 10.1098/rspb.2013.0528.000; マルハナバチによる花の電界の探知：Sutton, G. P., Clarke, D., Morley, E. L., Robert, D. 2016. "Mechanosensory hairs in bumblebees (*Bombus terrestris*) detect weak electric fields." *Proceedings of the National Academy of Sciences of the USA* 113 (26): 7261-65. DOI: 10.1073/pnas.1601624113; Clarke, D., Whitney, H., Sutton, G., Robert, D. 2013. "Detection and learning of floral electric fields by bumblebees." *Science* 340 (6128): 66-69. DOI: 10.1126/science.1230883.

第4章　「単なる本能」なのか？

1) F. ユーベル（1814年）の引用：Huber, F. 1814. *Nouvelles observations sur les abeilles* (2nd edition); trans. C.P. Dadant, as *New Observations upon Bees*. 1926. Hamilton, IL: *American Bee Journal*.

2) 言語を生み出すヒトの本能について：Pinker, S. 1994, *The Language Instinct*. New York: William Morrow.

3) ハチの本能行動の数と多様性：Chittka, L., Niven, J. 2009. "Are bigger brains better?" *Current Biology* 19) R995-1008. DOI: 10.1016/j.cub.2009 .08.023.

4) ファーブルのマツノギョウレツケムシの研究：Fabre, J.-H. 1900. *Souvenirs Entomologiques— VIIe série*. Paris: Charles Delagrave.

5) 「昆虫の心理についての短い覚え書き」および「知的暗愚も同然の取るに足らない存在」：Fabre, J.-H. 1882. *Nouveaux Souvenirs Entomologiques—IIe série*. Paris: Charles Delagrave.

6) 3つの神経節が1つに融合：Niven, J. E., Graham, C. M., Burrows, M. 2008. "Diversity and evolution of the insect ventral nerve cord." *Annual Review of Entomology* 53: 253-71. DOI: 10.1146/annurev . ento.52.110405.091322.

7) ファーブルのアナバチの観察：Fabre, J.-H. 1879. *Souvenirs Entomologiques—Ire série*. Paris, Charles Delagrave.

8) 昆虫の行動は「思慮を欠いた単なる機械仕

掛け」であるとのダニエル・デネットの主張：Dennett, D. C. 1984. *Elbow Room: The Varieties of Free Will Worth Wanting*. Cambridge, MA: MIT Press.

9) 巣作りの能力：Darwin, C. 1859. *The Origin of Species*, chapter 7: "Instinct." London: John Murray.

10) ハチの巣作りの柔軟性に関するユーベル，リュラン，およびバーネンスの実験：Huber, F. 1814. *Nouvelles observations sur les abeilles (seconde édition)*—trans. C.P. Dadant, as *New Observations upon Bees*. 1926. Hamilton, IL: *American Bee Journal*; この研究についての最近の議論：Gallo, V., Chittka, L. 2018. "Cognitive aspects of comb-building in the honeybee?" *Frontiers in Psychology* 9: 900. DOI: 10.3389/fpsyg.2018.00900.

11) 巣板の作り方はそのハチが育てられた巣板の構造の影響を受ける：von Oelsen, G., Rademacher, E. 1979. "Untersuchungen zum Bauverhalten der Honigbiene (*Apis mellifica*)." *Apidologie* 10 (2): 175–209. DOI: 10.1051/apido:19790208.

12) クモの巣作りには本能を超えるものが必要：これは，1892年に当時25歳だったチャールズ・ターナーが（実験の裏付けをもとに）初めて述べたことで，彼はこう記している．「ベランダのクモは本能的衝動によって巣を作ると結論を下して問題ないかもしれないが，巣作りの細かい部分は知的行動の産物である．」Turner, C. H. 1892. "Psychological notes upon the gallery spider: illustrations of intelligent variations in the construction of the web." *Journal of Comparative Neurology* 2: 95–110. この考え方が最近になって再び勢いを得ている．たとえば，Eberhard, W. G. 2019. "Adaptive flexibility in cues guiding spider web construction and its possible implications for spider cognition." *Behavior* 156 (3-4): 331–62. DOI: 10.1163/1568539X-00003544; Hesselberg, T. 2015. "Exploration behaviour and behavioural flexibility in orb-web spiders: a review." *Current Zoology* 61 (2): 313–27. DOI: 10.1093/czoolo/61.2.313 を参照．

13) 宇宙におけるハチ：Vandenberg, J. D., Massie, D. R., Shimanuki, H., Peterson, J. R., Poskevich, D. M. 1985. "Survival, behavior and comb construction by honeybees, *Apis mellifera*, in zero gravity aboard NASA shuttle mission STS-13." *Apidologie* 16 (4): 369–83. DOI: 10.1051/apido:19850402.

14) 賢く見える動物の行動をシンプルに説明する：Döring, T. F., Chittka, L. 2011. "How human are insects, and does it matter?" *Formosan Entomologist* 31: 85–99; Shettleworth, S. J. 2010. "Clever animals and killjoy explanations in comparative psychology." *Trends in Cognitive Sciences* 14 (11): 477–81. DOI: 10.1016/j.tics.2010.07.002.

15) ハチの帰巣性についてのアルブレヒト・ベーテの研究：Bethe, A. 1898, *Dürfen wir den Ameisen und Bienen psychische Qualitäten zuschreiben?* Bonn: Verlag von Emil Strauss. 当時はまだ確認されていなかった膜翅目昆虫の「帰巣感覚」についてジャン＝アンリ・ファーブルも論じており，『昆虫記』の第1巻および第2巻には，このテーマに関するチャールズ・ダーウィンとの手紙のやりとりが記されている．

16) ベーテに対するブッテル＝リーペンの応答：Buttel-Reepen, H. 1900. "Sind die Bienen Reflexmaschinen?" *Experimentelle Beiträge zur Biologie der Honigbiene* 20: 1–84.

17) 送粉シンドロームをめぐる論争と，その厳密さについての疑問：Clare, E. L., Schiestl, F. P., Leitch, A. R. , Chittka, L. 2013. "The promise of genomics in the study of plant-pollinator interactions." *Genome Biology* 14: 207. DOI: 10.1186/gb -2013-14-6-207; Fenster, C. B., Armbruster, W. S., Wilson, P., Dudash, M. R., Thomson, J. D. 2004. "Pollination syndromes and floral specialization." *Annual Review of Ecology, Evolution, and Systematics* 35: 375–403. DOI: 10.1146/annurev.ecolsys.34.011802 .132347; Waser, N. M.,

Chittka, L., Price, M. V., Williams, N., Ollerton, J. 1996. “Generalization in pollination systems, and why it matters.” *Ecology* 77: 1043-60. DOI: 10.2307/2265575. 後者の文献には，シュトラウスベルクでの調査内容とともに，送粉者は必要に応じて訪問する花の種類を変える（次のパラグラフを参照）ことを示す証拠が記されている．

18）学習と本能が手に手を取って進化：Robinson, G. E., Barron, A. B. 2017. “Epigenetics and the evolution of instincts.” *Science* 356 (6333): 26-27. DOI: 10.1126/ science. aam6142.

19）狭食性のマルハナバチも花の扱い方を学ばねばならない：Laverty, T. M., Plowright, R. C. 1988, “Flower handling by bumblebees: a comparison of specialists and generalists.” *Animal Behaviour* 36: 733-40. DOI: 10.1016/ S0003-3472(88)80156-8.

第5章　ハチの知能とコミュニケーションの起源

1）ヘルマン・ミュラーの引用：Müller, H. 1876. “Die Bedeutung der Honigbiene für unsere Blumen (IX).” *Bienenzeitung* 32: 176-84. 著者が英訳.

2）3次元空間での活動が人類の知能の源：Lorenz, K. 1978. *Behind the Mirror: A Search for a Natural History of Human Knowledge*. New York: Harcourt Brace Jovanovich.

3）長い昆虫の進化史の概要：Grimaldi, D., Engel, M. S. 2005. *Evolution of the Insects*. Cambridge, UK: Cambridge University Press.

4）カリバチは将来のチャンスをうかがう：van Nouhuys, S., Kaartinen, R. 2008. “A parasitoid wasp uses landmarks while monitoring potential resources.” *Proceedings of the Royal Society B-Biological Sciences* 275 (1633): 377-85. DOI: 10.1098 /rspb.2007.1446.

5）膜翅目昆虫における脳およびキノコ体の進化：Farris, S. M., Schulmeister, S. 2011. “Parasitoidism, not sociality, is associated with the evolution of elaborate mushroom bodies in the brains of hymenopteran insects.” *Proceedings of the Royal Society B-Biological Sciences* 278 (1707): 940-51. DOI: 10.1098/ rspb.2010.2161; Godfrey, R. K., Gronenberg, W. 2019. “Brain evolution in social insects: advocating for the comparative approach.” *Journal of Comparative Physiology A-Neuroethology, Sensory, Neural, and Behavioral Physiology* 205 (1): 13-32. DOI: 10.1007/s00359-019-01315-7; Sayol, F., Collado, M. A., Garcia-Porta, J., Seid, M. A., Gibbs, J., Agorreta, A., San Mauro, D., Raemakers, I., Sol, D., Bartomeus, I. 2020. “Feeding specialization and longer generation time are associated with relatively larger brains in bees.” *Proceedings of the Royal Society B-Biological Sciences* 287 (1935). DOI: 10/1098/ rspb.2020.0762.

6）ファーブルによるアナバチの観察：Fabre, J.-H. 1879. *Souvenirs Entomologiques—Ire série*. Paris, Charles Delagrave;（『昆虫記』）；ジガバチ属のアナバチの詳細な生理生態については，Baerends, G. P. 1941. “Fortpflanzungsverhalten und Orientierung der Grabwespe *Ammophila campestris*.” *Tijd schrift voor Entomologie* 84: 71-248 を参照．

7）カリバチの一系統が植物食に戻った経緯については，Grimaldi and Engel, *Evolution of the Insects* を参照．または一般向け科学読み物として Michael Engel quoted on p. 21 in Hanson, T. 2018. *Buzz*. New York: Basic Books; および Preston, C. 2006. *Bee*. London: Reaktion Books を参照．

8）ミツバチのダンス言語については，von Frisch, K. 1967. *The Dance Language and Orientation of Bees*. Cambridge, MA: Harvard University Press を参照．

9）インドミツバチについてのマルティン・リンダウアーの研究：Lindauer, M. 1956. “Über die Verständigung bei indischen Bienen.” *Zeitschrift für Vergleichende Physiologie* 38: 521-57. DOI: 10.1007/BF00341108.

10）トウヨウミツバチのコミュニケーションに関する参考文献：Dyer, F. C. 1985. "Mechanisms of dance orientation in the Asian honey bee *Apis florea*." *Journal of Comparative Physiology A* 157: 183–98. DOI: 10.1007/BF01350026; Dyer, F. C. 1985. "Nocturnal orientation by the Asian honey bee, *Apis dorsata*." *Animal Behavior* 33: 769–74. DOI: 10.1016/S0003-3472(85)80009-9; Dyer, F. C. 1991. "Comparative studies of dance communication: analysis of phylogeny and function." In *Diversity in the Genus Apis*, ed. D. R. Smith, 177–98. Boulder, CO: Westview. DOI: 10.1201/9780429045868-9; Oldroyd, B. P., Wongsiri, S. 2006. *Asian Honey Bees—Biology, Conservation, and Human Interactions*. Cambridge, MA: Harvard University Press.

11）ミツバチのダンス言語の進化について：Dyer, F. C. 2002. "The biology of the dance language." *Annual Review of Entomology* 47: 917–49. DOI: 10.1146/annurev.ento.47.091201.145306; Barron, A. B., Plath, J. A. 2017. "The evolution of honey bee dance communication: a mechanistic perspective." *Journal of Experimental Biology* 220 (23): 4339–46. DOI: 10.1242/jeb.142778.

12）「なぜ餌場を見つけたハチに追従するのか……？」いくつかの手がかりが（ダンスをしない）マルハナバチから得られている．報酬が期待できると思える理由がある場合には，情報をもたない個体が，餌場を知るデモンストレーターの動きにしっかりと追従する．Alem, S., Perry. C. J., Zhu, X., Loukola, O. J., Ingraham, T., Sovik, E., Chittka, L. 2016. "Associative mechanisms allow for social learning and cultural transmission of string pulling in an insect." *PLOS Biology* 14 (10): e1002564. DOI: 10.1371/journal.pbio.1002564 を参照．ミツバチのダンサーはこうした報酬の提供を栄養交換中に行なう．ダンサーが吐き出した食物をダンス参加者が食べるのだ．したがって，糖報酬が，ダンスコミュニケーションに不可欠な追従行動を促した可能性がある．

13）マルティン・リンダウアーがウォリック・カーと共に行なったハリナシミツバチについての研究：Lindauer, M., Kerr, W. 1958. "Die gegenseitige Verstandigung bei den stachellosen Bienen." *Zeitschrift für Vergleichende Physiologie* 41: 405–34. DOI: 10.1007/BF00344263; ハリナシミツバチの多様な生理生態とそのコミュニケーションシステムに関する最近の概要は Gruter, C. 2020. *Stingless Bees*. Berlin: Springer Verlag, を参照．

14）振動のパルス幅が餌場までの距離と関連：Gruter, *Stingless Bees*, および Nieh, J. C. 2004. "Recruitment communication in stingless bees (Hymenoptera, Apidae, Meliponini)." *Apidologie* 35 (2): 159–82. DOI: 10.1051/apido:2004007 を参照．．

15）ミツバチの意図運動：Dyer, "The biology of the dance language."

16）ミツバチの姉妹群と考えられているハリナシミツバチ：Romiguier, J., Cameron, S. A., Woodard, S. H., Fischman, B. J., Keller, L., Praz, C. J. 2016. "Phylogenomics controlling for base compositional bias reveals a single origin of eusociality in corbiculate bees." *Molecular Biology and Evolution* 33 (3): 670–78. DOI: 10.1093 /molbev /msv258.

17）マルハナバチのコミュニケーションに関するアンナ・ドルンハウスの研究：Dornhaus, A., Chittka, L. 1999. "Evolutionary origins of bee dances." *Nature* 401: 38–38. DOI: 10.1038/43372; Dornhaus, A., Chittka, L. 2001. "Food alert in bumblebees: possible mechanisms and evolutionary implications." *Behavioral Ecology and Sociobiology* 50: 570–76. DOI: 10/1007/s002650100395; Dornhaus, A., Brockmann, A., Chittka, L. 2003. "Bumble bees alert to food with pheromone from tergal gland." *Journal of Comparative Physiology A* 189: 47–51. DOI: 10.1007/s00359 -002-0374-y.

18）ミツバチのダンス言語の適応的意義に関するアンナ・ドルンハウスの研究：Dornhaus, A., Chittka, L. 2004. "Why do honeybees

dance?" *Behavioural Ecology and Sociobiology* 55: 395-401. DOI: 10.1007/s00265-003-0726-9. 私たちは最初，この研究を2001年に『ネイチャー』誌に投稿したのだが，査読を受けぬまま編集者によって不採用とされた．ところが不思議なことに，同誌はその後，同じ手法を用いて同じ結論を導き出した，別の著者による研究，(Sherman, G., Visscher, P. K. 2002. "Honeybee colonies achieve fitness through dancing." *Nature* 419: 920-22. DOI: 10.1038/nature01127) を掲載したのだ．科学雑誌の世界では時として，奇妙で出鱈目なことが起こる．

第6章　空間についての学習

1) ジエルゾンの引用：Dzierzon, J. Letter to Hugo von Buttel-Reepen. Quoted in Buttel-Reepen, H. 1900. "Sind die Bienen Reflexmaschinen?" *Experimentelle Beiträge zur Biologie der Honigbiene* 20: 1-84. 著者が英訳．
2) ファーブルが行なった単独性カリバチやハナバチの帰巣実験，およびこのテーマに関するチャールズ・ダーウィンとの手紙のやりとりが，『昆虫記』の第1巻および第2巻に記されている．
3) チャールズ・ターナーの生い立ちの詳細の出典は，第1章の参考文献を参照．
4) コカ・コーラの瓶の蓋を用いたチャールズ・ターナーの実験は Turner, C. H. 1908. "The homing of the burrowing-bees (Anthrophodidae)." *Biological Bulletin* 15: 247-58 に記されている．そのずっと後に，類似の実験が，ニコ・ティンバーゲンによってビーウォルフ（アナバチの一種）を用いて行なわれた．このノーベル賞受賞者（動物の個体的および社会的行動に関する研究で受賞）は，まずビーウォルフの巣の入口に松笠の目印を置き，その後，松笠を移動する実験によって，昆虫は目印の記憶をもとに行動していることを証明した．Tinbergen, N. 1932. "Über die Orientierung des Bienenwolfes." *Zeitschrift für Vergleichende Physiologie* 16: 305-34. 残念ながら，今日では世界中のほとんどの人々が，これはターナーの発見ではなく，ティンバーゲンの発見だと思っている．読者の皆さんには，ターナーの原著にあたることをお勧めする．それは科学的アイデアの宝庫であると同時に，非常に魅力的な文章であり，時として詩的ですらある．ちょっと味わってみてほしい．「時は8月〔オーガスト〕，場所はジョージア州オーガスタの打ち捨てられた庭．その庭の片隅に，かつては豆の花が咲き誇っていたが今や雑草の茂みになっている場所があり，そこで，多くのアナバチ，通称「メリソード」が巣穴を掘っていた．地面に剝きだしの巣穴もあれば、多少とも藪に隠れている巣穴もある．一日中いつ見ても，この勤勉なアナバチたちは花粉を巣穴にせっせと蓄えていた．その間にも，カッコウバチたちが……近くの葉の上や巣穴の周りをうろつきながら，勤勉なメリソードが蓄えた食物に産卵しようと機会をうかがっていた．メスのメリソードたちは，それとは日向と日陰のごとく対照的に，風がどちらから吹こうが，日光がどちらから射そうが，巣穴の周りの地形がわずかに変化してもうろたえることなく，早朝から日没までこつこつ働き続けるのである．言葉よりも雄弁なその行動が，はっきりとこう語っていた．「私の行動は，向風性や屈光性などをはるかに超えています．私は巣の周囲の画像記憶にしたがって帰巣しているのですから」と．Turner, C. H. 1908. "The sun-dance of Melissodes." *Psyche* 15: 122-24. DOI: 10.1155 /1908/632919. 膜翅目の方向定位について，ターナーが更に書き記したものは，Turner, C. H. 1912. "Sphex overcoming obstacles." *Psyche* 19: 100-101. DOI: 10.1155/1912/95842; 1923. "The homing of the Hymenoptera." *Transactions of the Academy of Science of St. Louis* 24: 27-45.
5) ハチの文脈学習：Collett, T. S., Kelber, A. 1988. "The retrieval of visuo-spatial memories by honeybees." *Journal of Comparative*

Physiology A 163: 145-50. DOI: 10.1007/BF00612004.

6) マルハナバチとミチバチの文脈学習についてのさらなる研究：Collett, T. S., Fauria, K., Dale, K., Baron, J. 1997. "Places and patterns — a study of context learning in honeybees." *Journal of Comparative Physiology A* 181: 343-53. DOI: 10.1007 /s003590050120; Fauria, K., Dale, K., Colborn, M., Collett, T. S. 2002. "Learning speed and contextual isolation in bumblebees." *Journal of Experimental Biology* 205 (7): 1009-18. DOI: 10.1242/jeb.205.7.1009.

7) 文脈的手がかりとしての照明：Lotto, R. B., Chittka, L. 2005. "Seeing the light: Illumination as a contextual cue to color choice behavior in bumblebees." *Proceedings of the National Academy of Sciences of the USA* 102: 3852-56. DOI: 10.1073/pnas .0500681102.

8) ハチの認知地図についての初めての研究：Gould, J. L. 1986. "The locale map of honey bees: Do insects have cognitive maps?" *Science* 232, 861-63. DOI: 10.1126/science.232.4752.861; 認知地図の有無を調べるテストについて概説した優れた論文：Bennett A.T.D. 1996. "Do animals have cognitive maps?" *The Journal of Experimental Biology* 199, 219-24. DOI: 10.1242/jeb.199.1.219.

9) 夜間のダンスに関するマルティン・リンダウアーの研究：Lindauer, M. 1954. "Dauertänze im Bienenstock und ihre Beziehung zur Sonnenbahn." *Naturwissenschaften* 41: 506-7. DOI: 10.1007/BF00631843; さらに詳しい情報は，von Frisch, K. *The Dance Language and Orientation of Bees*. 1967. Cambridge, MA: Harvard University Press; 認知的解釈については，Menzel, R., Eckoldt, M. 2016. *Die Intelligenz der Bienen*. München: Knausを参照.

10) 湖の中の場所を示しているダンスを補充要員は無視する：Gould, J. L., Gould, C. G. 1982. "The insect mind — physics or metaphysics?" In *Animal Mind–Human Mind*, ed. D. R. Griffin, 269-98. Berlin: Springer Verlag; それに対する反論：Wray, M. K., Klein, B. A., Mattila, H. R., Seeley, T. D. 2008. "Honeybees do not reject dances for 'implausible' locations: reconsidering the evidence for cognitive maps in insects." *Animal Behaviour* 76: 261-69. DOI: 10.1016/j.anbehav.2008.04.005.

11) ハチが認知地図を用いることを否定する初期の実験的証拠：Menzel, R., Chittka, L., Eichmüller, S., Geiger, K., Peitsch, D., Knoll, P. 1990. "Dominance of celestial cues over landmarks disproves map-like orientation in honey bees." *Zeitschrift für Naturforschung C* 45 (6): 723-26. DOI: 10.1515 /znc-1990-0625; Wehner, R., Bleuler, S., Nievergelt, C., Shah, D. 1990. "Bees navigate by using vectors and routes rather than maps." *Naturwissenschaften* 77 (10): 479-82. DOI: 10.1007/bf01135926; Dyer, F. C. 1991. "Bees acquire route-based memories but not cognitive maps in a familiar landscape." *Animal Behaviour* 41: 239-46. DOI: 10.1016/S0003-3472(05)80475-0.

12) 特徴のない風景での方向探知に太陽コンパスとランドマークのどちらが使われる：Chittka, L., Geiger, K. 1995. "Honeybee long-distance orientation in a controlled environment." *Ethology* 99: 117-26. DOI: 10.1111/j.1439-0310.1995.tb01093.x.

13) ハチは目印の数を数えられるかどうかの研究；Chittka, L., Geiger, K. 1995. "Can honeybees count landmarks?" *Animal Behaviour* 49: 159-64. DOI: 10.1016/0003-3472(95) 80163-4.

14) さまざまな種類のハチの計数能力を示すさらなる確証：Dacke, M., Srinivasan, M. V. 2008. "Evidence for counting in insects." *Animal Cognition* 11: 683-89. DOI: 10.1007/s10071-008-0159-y; Gross, H. J., Pahl, M., Si, A., Zhu, H., Tautz, J., Zhang, S. 2009. "Number-based visual generalisation in the honeybee. *PLOS One* 4: e4263. DOI: 10.1371/journal.pone.0004263; Pahl, M., Si, A., Zhang, S. 2013. "Numerical cognition in bees and other

insects." *Frontiers in Psychology* 4: 162. DOI: 10.3389/fpsyg.2013.00162; Bar-Shai, N., Keasar, T., Shmida, A. 2011. "The use of numerical information by bees in foraging tasks." *Behavioral Ecology* 22: 317-25. DOI: 10.1093/beheco/arq206; Bar-Shai, N., Keasar, T., Shmida, A. 2011. "How do solitary bees forage in patches with a fixed number of food items?" *Animal Behaviour* 82: 1367-72. DOI: 10.1016/j.anbehav.2011.09.020. 最近ではハチのさらに高度な計数能力に関する研究も相次いで行なわれ，ハチは足し算や引き算ができる上に，ゼロの概念も理解していると主張する．Howard, S. R., Avargues-Weber, A., Garcia, J. E., Greentree, A. D., Dyer, A. G. 2018. "Numerical ordering of zero in honey bees." *Science* 360: 1124-26. DOI: 10.1126/science.aar4975; Howard, S. R., Avargues-Weber, A., Garcia, J. E., Greentree, A. D., Dyer, A. G. 2019. "Numerical cognition in honeybees enables addition and subtraction." *Science Advances* 5 (2). DOI: 10.1126/sciadv.aav0961 を参照．しかし，ハチが課題を解くために数を用いたのか，それとも何か別の手がかりを利用したのかは，現時点では完全には明らかにされていない：MaBouDi, H., Barron, A. B., Li, S., Honkanen, M., Loukola, O. J., Peng, F., Li, W., Marshall, J.A.R., Cope, A., Vasilaki, E., Solvi, C. 2021. "Non-numerical strategies used by bees to solve numerical cognition tasks." *Proceedings of the Royal Society B—Biological Sciences* 288: 20202711. DOI: 10.1098/rspb.2020.2711.

15) ハチは順に数え上げていく：Skorupski, P., MaBouDi, H., Galpayage, Dona H. S., Chittka, L. 2018. "Counting insects." *Philosophical Transactions of the Royal Society B—Biological Sciences* 373: 20160513. DOI: 10.1098/rstb.2016.0513; MaBouDi, H., Galpayage, Dona H. S., Gatto, E., Loukola, O. J., Buckley, E., Onoufriou, P. D., Skorupski, P., Chittka, L. 2020. "Bumblebees use sequential scanning of countable items in visual patterns to solve numerosity tasks." *Integrative and Comparative Biology* 60: 929-42. DOI: 10.1093/icb/icaa025.

16) 砂漠のアリの経路統合：Müller, M., Wehner, R. 1988. "Path integration in desert ants, *Cataglyphis fortis*." *Proceedings of the National Academy of Sciences of the USA* 85: 5287-90. DOI: 10.1073/pnas.85.14 .5287; Collett, T. S., Collett, M. 2000. "Path integration in insects." *Current Opinion in Neurobiology* 10: 757-62. DOI: 10.1016 /s0959-4388(00)00150-1; Collett, M., Collett, T. S. 2017. "Path integration: combining optic flow with compass orientation." *Current Biology* 27 (20): R1113-16. DOI: 10.1016/j.cub.2017.09.004.

17) ダンスするハチの経路統合についてカール・フォン・フリッシュが示した証拠：von Frisch, *The Dance Language*; further explained in: Collett, M., Collett, T. S. 2000. "How do insects use path integration for their navigation?" *Biological Cybernetics* 83: 245-59. DOI: 10.1007/s004220000168.

18) アリゾナ州の砂漠でのミチバチの経路統合：Chittka, L., Kunze, J., Shipman, C., Buchmann, S. L. 1995. "The significance of landmarks for path integration of homing honey bee foragers." *Naturwissenschaften* 82: 341-43. DOI: 10.1007 /BF01131533.

19) オプティカルフローを用いて飛行距離を測定する：Srinivasan, M. V., Zhang, S., Altwein, M., Tautz, J. 2000. "Honeybee navigation: nature and calibration of the 'odometer.' " *Science* 287: 851-53. DOI: 10.1126/science .287 .5454.851; Esch, H. E., Zhang, S., Srinivasan, M. V., Tautz, J. 2001. "Honeybee dances communicate distances measured by optic flow." *Nature* 411: 581-83. DOI: 10.1038/35079072; Tautz, J., Zhang, S., Spaethe, J., Brockmann, A., Si, A., Srinivasan, M. V. 2004. "Honeybee odometry: performance in varying natural terrain." *PLOS Biology* 2: e211. DOI: 10.1371/journal. pbio.0020211; Chittka, L. 2004. "Dances as windows into

insect perception." *PLOS Biology* 2: 898-900. DOI: 10.1371/journal .pbio.0020216.

20) マルハナバチは視覚的手がかりがないと経路統合できない：Chittka, L., Williams, N., Rasmussen, H., Thomson, J. D. 1999. "Navigation without vision — bumble bee orientation in complete darkness." *Proceedings of the Royal Society B–Biological Sciences* 266: 45-50. DOI: 10.1098/rspb.1999.0602.

21) 経路統合の神経回路網モデル：Stone, T., Webb, B., Adden, A., Ben Weddig, N., Honkanen, A., Templin, R., Wcislo, W., Scimeca, L., Warrant, E., Heinze, S. 2017. "An anatomically constrained model for path integration in the bee brain." *Current Biology* 27 (20): 3069-85. DOI: 10.1016/j .cub.2017.08.052.

22) ハチのレーダー追跡に関する最初の研究：Riley, J. R., Smith, A. D., Reynolds, D. R., Edwards, A. S., Osborne, J. L., Williams, I. H., Carreck, N. L., Poppy, G. M. 1996. "Tracking bees with harmonic radar." *Nature* 379: 29-30. DOI: 10.1038/379029b0.

23) 生涯にわたるハチのレーダー追跡：Woodgate, J. L., Makinson, J. C., Lim, K. S., Reynolds, A. M., Chittka, L. 2016. "Life-long radar tracking of bumblebees." *PLOS One* 11 (8): 22. DOI: 10.1371/journal.pone.0160333. そのような履歴の獲得は明らかに，飛翔動物よりも歩行動物のほうが容易なので，こうした生涯にわたる追跡はずっと以前にアリで行なわれている：Wehner, R., Harkness, R. D., Schmid-Hempel, P. 1983. "Foraging strategies in individually searching ants, *Cataglyphis bicolor* (Hymenoptera: Formicidae)." In *Information Processing in Animals*, ed. M. Lindauer, 1-79. Stuttgart: Gustav Fischer Verlag.

24) ランドルフ・メンツェルが，ハチは認知地図をもっているという考え方を支持：Menzel, R., Greggers, U., Smith, A., Berger, S., Brandt, R., Brunke, S., Bundrock, G., Hulse, S., Plumpe, T., Schaupp, F., et al. 2005. "Honey bees navigate according to a map-like spatial memory." *Proceedings of the National Academy of Sciences of the USA* 102 (8): 3040-45. DOI: 10.1073/pnas.0408550102.

25) 時差ボケのハチでの実験：Cheeseman, J. F., Millar, C. D., Greggers, U., Lehmann, K., Pawley, M.D.M., Gallistel, C. R., Warman, G. R., Menzel, R. 2014. "Way-finding in displaced clock-shifted bees proves bees use a cognitive map." *Proceedings of the National Academy of Sciences of the USA* 111 (24): 8949-54. DOI: 10.1073/pnas.1408039111.

26) 時差ぼけのハチの研究に対する批判：Cheung, A., Collett, M., Collett, T. S., Dewar, A., Dyer, F., Graham, P., Mangan, M., Narendra, A., Philippides, A., Sturzl, W., et al. 2014. "Still no convincing evidence for cognitive map use by honeybees." *Proceedings of the National Academy of Sciences of the USA* 111 (42): E4396-97. DOI: 10.1073/pnas.1413581111.

27) においがハチの空間記憶を呼び覚ます：Reinhard, J., Srinivasan, M. V., Guez, D., Zhang, S. W. 2004. "Floral scents induce recall of navigational and visual memories in honeybees." *Journal of Experimental Biology* 207 (25): 4371-81. DOI: 10.1242 /jeb.01306.

28) ハチの巡回ルート形成に関するジェームズ・トムソンの研究：Thomson, J. D., Peterson, S. C., Harder, L. D. 1987. "Response of traplining bumble bees to competition experiments: shifts in feeding location and efficiency." *Oecologia* 71: 295-300. DOI: 10.1007/BF00377298; Thomson, J. D. 1996. "Trapline foraging by bumblebees: I. Persistence of flight-path geometry." *Behavioral Ecology* 7 (2): 158-64. DOI: 10.1093/beheco/7.2.158; Thomson, J. D., Slatkin, M., Thomson, B. A. 1997. "Trapline foraging by bumble bees: II. Definition and detection from sequence data." *Behavioral Ecology* 8 (2): 199-210. DOI: 10.1093/beheco/8.2.199; Williams, N. M., Thomson, J. D. 1998. "Trapline foraging by bumble bees: III. Temporal patterns of visitation and foraging success at single plants." *Behavioral Ecology* 9 (6): 612-21. DOI:

10.1093/beheco/9.6.612.

29) ハチの系列学習に対する著者の関心：Chittka, L., Kunze, J., Geiger, K. 1995. "The influences of landmarks on distance estimation of honeybees." *Animal Behaviour* 50: 23-31. DOI: 10.1006/anbe .1995.0217.

30) レーダー追跡を用いたハチの巡回ルート研究：Lihoreau, M., Raine, N. E., Reynolds, A. M., Stelzer, R. J., Lim, K. S., Smith, A.D., Osborne J. L., Chittka L. 2012. "Radar tracking and motion-sensitive cameras on flowers reveal the development of pollinator multi-destination routes over large spatial scales." *PLOS Biology* 10 (9). DOI: 10.1371/ journal. pbio.1001392.

31) 昆虫の空間記憶についてのさらなる概説：Collett, M., Chittka, L., Collett, T. S. 2013. "Spatial memory in insect navigation." *Current Biology* 23 (17): R789-800. DOI: 10.1016/ j.cub.2013.07.020; Srinivasan, M. V. 2011. "Honeybees as a model for the study of visually guided flight, navigation, and biologically inspired robotics." *Physiological Reviews* 91 (2): 413-60. DOI: 10.1152/physrev.00005.2010; Cruse, H., Wehner, R. 2011. "No need for a cognitive map: decentralized memory for insect navigation." *PLOS Computational Biology* 7 (3). DOI: 10.1371/journal. pcbi.1002009.

第7章　花についての学習

1) ダーウィンの引用：Darwin, C. 1876. *The Effects of Cross and Self Fertilization in the Vegetable Kingdom*. London: John Murray.

2) 電子機器で作った造花の扱い方を学ぶ：Chittka, L., Thomson, J. D. 1997. "Sensorimotor learning and its relevance for task specialization in bumble bees." *Behavioral Ecology and Sociobiology* 41: 385-98. DOI: 10.1007/ s002650050400; Chittka, L. 1998. "Sensorimotor learning in bumblebees: long term retention and reversal training." *Journal of Experimental Biology* 201: 515-24. DOI: 10.1242/ jeb.201.4.515; Chittka, L. 2002. "The influence of intermittent rewards on learning to handle flowers in bumblebees." *Entomologia Generalis* 26: 85-91.

3) 動物における注意の生理学的研究の概説：Dukas, R. 2004. "Causes and consequences of limited attention." *Brain Behavior and Evolution* 63 (4): 197-210. DOI: 10.1159/000076781; Nityananda, V. 2016. "Attention-like processes in insects." *Proceedings of the Royal Society B— Biological Sciences* 283 (1842). DOI: 10.1098/rspb.2016.1986.

4) ミツバチの花探知における行動上の制約：Lehrer, M., Bischof, S. 1995. "Detection of model flowers by honeybees: the role of chromatic and achromatic contrast." *Naturwissenschaften* 82: 145-47. DOI: 10.1007/ BF01177278; Giurfa, M., Vorobyev, M., Kevan, P., Menzel, R. 1996. "Detection of coloured stimuli by honeybees: minimum visual angles and receptor specific contrasts." *Journal of Comparative Physiology A* 178: 699-709. DOI: 10.1007/BF00227381.

5) 昆虫の眼の空間解像力の制約について，その解像度は，単なる個眼の配列により形成される光学像よりも高いらしいことを示す証拠が最近得られている．光受容細胞の収縮と小刻みな眼球運動（サッカード）を通して，昆虫はこれまで考えられていたよりもはるかに優れた解像力を達成できている可能性がある．Juusola, M., Dau, A., Song, Z. Y., Solanki, N., Rien, D., Jaciuch, D., Dongre, S., Blanchard, F., de Polavieja, G. G., Hardie, R. C., Jouni, T. 2017. "Micro-saccadic sampling of moving image information provides *Drosophila* hyperacute vision." *eLife* 6. DOI: 10.7554/eLife.26117.

6) マルハナバチがもつ視覚情報処理の（反応速度が異なる）2つのチャンネル：Spaethe, J., Tautz, J., Chittka, L. 2001. "Visual constraints in foraging bumblebees: flower size

and color affect search time and flight behavior." *Proceedings of the National Academy of Sciences of the USA* 98 (7): 3898- 903. DOI: 10.1073/pnas.071053098.

7) ミツバチの逐次探索：Spaethe, J., Tautz, J., Chittka, L. 2006. "Do honeybees detect colour targets using serial or parallel visual search?" *Journal of Experimental Biology* 209: 987-93. DOI: 10.1242/jeb.02124; マルハナバチとの比較：Morawetz, L., Spaethe, J. 2012. "Visual attention in a complex search task differs between honeybees and bumblebees." *Journal of Experimental Biology* 215 (14): 2515-23. DOI: 10.1242 /jeb.066399.

8) 刺激が短時間提示されたとき，マルハナバチには何が見えて何が見えないかというヴィヴェック・ニティヤナンダの研究：Nityananda, V., Skorupski, P., Chittka, L. 2014. "Can bees see at a glance?" *Journal of Experimental Biology* 217 (11): 1933-39. DOI: 10.1242/jeb.101394.

9) 昆虫の意思決定における速さと正確さのトレードオフは，チャールズ・ターナーの研究にその最初のヒントがあった：Turner, C. H. 1913. "Behavior of the common roach (*Periplaneta orientalis* L.) on an open maze." *Biological Bulletin* 25: 348-65. ハチについてのわれわれの研究：Chittka, L., Dyer, A. G., Bock, F., Dornhaus, A. 2003. "Bees trade off foraging speed for accuracy." *Nature* 424: 388. DOI: 10.1038/424388a; こうしたトレードオフに関する広範な概要，およびその理由や意味：Chittka, L., Skorupski, P., Raine, N. E. 2009. "Speed-accuracy tradeoffs in animal decision making." *Trends in Ecology & Evolution* 24: 400-407. DOI: 10.1016/j .tree.2009.02.010.

10) ヒトの顔の画像を識別するミツバチ：Dyer, A. G., Neumeyer, C., Chittka, L. 2005. "Honeybee (*Apis mellifera*) vision can discriminate between and recognise images of human faces." *Journal of Experimental Biology* 208 (24): 4709-14. DOI: 10.1242/jeb.01929; こうした刺激の情報処理に関与するハチの心理的メカニズムについての詳細な情報：Avargues-Weber, A., Portelli, G., Benard, J., Dyer, A. G., Giurfa, M. 2010. "Configural processing enables discrimination and categorization of face-like stimuli in honeybees." *Journal of Experimental Biology* 213 (4): 593-601. DOI: 10.1242/jeb.039263.

11) ヒトにおける顔認識：Kanwisher, N. 2000. "Domain-specificity in face perception." *Nature Neuroscience* 3: 759-63. DOI: 10.1038/77664; Tsao, D. Y., Freiwald, W. A., Tootell, R.B.H., Livingstone, M. S. 2006. "A cortical region consisting entirely of face-selective cells." *Science* 311: 670-74. DOI: 10.1126/science.1119983.

12) カリバチにおける顔認識：Sheehan, M. J., Tibbetts, E. A. 2011. "Specialized face learning is associated with individual recognition in paper wasps." *Science* 334 (6060): 1272-75. DOI: 10.1126/science.1211334. この研究に関する一般向け科学記事：Chittka, L., Dyer, A. 2012. "Cognition: your face looks familiar." *Nature* 481 (7380): 154-55. DOI: 10.1038/481154a.

13) ハチと花弁の肌理との相互作用：Whitney, H. M., Chittka, L., Bruce, T.J.A., Glover, B. J. 2009. "Conical epidermal cells allow bees to grip flowers and increase foraging efficiency." *Current Biology* 19: 948-53. DOI: 10.1016/j. cub.2009.04.051; Whitney, H. M., Bennet, K.M.V., Dorling, M., Sandbach, L., Prince, D., Chittka, L., Glover, B. J. 2011. "Why do so many petals have conical epidermal cells?" *Annals of Botany* 108 (4): 609-16. DOI: 10.1093/aob/mcr065. 1980年代にすでに，カナダ人の科学者のピーター・ケヴァンとメレディス・レインが金めっきした花弁で実験を行ない，ハチは触角を用いて花弁の微細構造を弁別できることを発見している．

14) 昆虫の体温調節については，ベルント・ハインリヒの著作を参照：Heinrich, B. 1993. *The Hot-Blooded Insects: Strategies and Mechanisms of Thermoregulation*. Berlin: Springer

Verlag; Heinrich, B., Esch, H. 1994. "Thermoregulation in bees." *American Scientist* 82 (2): 164-70; Heinrich, B. 1996. *The Thermal Warriors—Strategies of Insect Survival*. Cambridge, MA: Harvard University Press.

15) ハチは温かい花のほうを訪れるようになる：Dyer, A. G., Whitney, H. M., Arnold, S.E.J., Glover, B. J., Chittka, L. 2006. "Bees associate warmth with floral colour." *Nature* 442 (7102): 525. DOI: 10.1038/442525a; Whitney, H. M., Dyer, A., Chittka, L., Rands, S. A., Glover, B. J. 2008. "The interaction of temperature and sucrose concentration on foraging preferences in bumblebees." *Naturwissenschaften* 95: 845-50. DOI: 10.1007/s00114-008-0393-9；一般向けの科学記事：Whitney, H., Chittka, L. 2007. "Warm flowers, happy pollinators." *Biologist* 54: 154-59.

16) ハチは遊色効果を花を見つける手がかりにする：Whitney, H. M., Kolle, M., Andrew, P., Chittka, L., Steiner, U., Glover, B. J. 2009. "Floral iridescence, produced by diffractive optics, acts as a cue for animal pollinators." *Science* 323 (5910): 130-33. DOI: 10.1126 /science.1166256.

17) 遊色効果によって花の探知しやすさが高まる：Whitney, H. M., Reed, A., Rands, S. A., Chittka, L., Glover, B. J. 2016. "Flower iridescence increases object detection in the insect visual system without compromising object identity." *Current Biology* 26 (6): 802-8. DOI: 10.1016/j.cub.2016.01.026.

18) ハチは標的とする花の偏光パターンを学習する：Foster, J. J., Sharkey, C. R., Gaworska, A.V.A., Roberts, N. W., Whitney, H. M., Partridge, J. C. 2014. "Bumblebees learn polarization patterns." *Current Biology* 24 (12): 1415-20. DOI: 10.1016/j .cub.2014.05.007.

19) ミツバチは紫色から青色の花を選好する：Giurfa, M., Nunez, J., Chittka, L., Menzel, R. 1995. "Colour preferences of flower-naive honeybees." *Journal of Comparative Physiology A* 177: 247-59. DOI: 10.1007/BF00192415; さまざまな種や個体群のマルハナバチについては，Raine, N. E., Ings, T. C., Dornhaus, A., Saleh, N., Chittka, L. 2006. "Adaptation, genetic drift, Zhang, S., Jenett, A., Menzel, R., Srinivasan, M. V. 2001. "The concepts of 'sameness' and 'difference' in an insect." *Nature* 410: 930-33. DOI: 10.1038 /35073582.

20) ハチは対称性に基づいて花を分類することを学ぶ: Giurfa, M., Eichmann, B., Menzel, R. 1996. "Symmetry perception in an insect." *Nature* 382: 458-61. DOI: 10.1038/382458a0.

21) ハチは同一と相違のパターンを学ぶ：Giurfa, M., Zhang, S., Jenett, A., Menzel, R., Srinivasan, M. V. 2001. "The concepts of 'sameness' and 'difference' in an insect." *Nature* 410: 930-33. DOI: 10.1038/35073582.

22) ハチの意識に関するクリストフ・コッホの論文：Koch, C. 2008. "Exploring consciousness through the study of bees." *Scientific American*, December 1, 2008. http://www . scientific ameri can .com /article /exploring -consciousness /.

23) ハチは報酬が得られる時間間隔を学ぶ：Boisvert, M. J., Sherry, D. F. 2006. "Interval timing by an invertebrate, the bumble bee *Bombus impatiens*." *Current Biology* 16 (16): 1636-40. DOI: 10.1016/j .cub.2006.06.064; 一般向けの科学記事は，Skorupski, P., Chittka, L. 2006 "Animal cognition: an insect's sense of time?" *Current Biology* 16 (19): R851- 53. DOI: 10.1016/j.cub.2006.08.069 を参照．

24) 一定の時間，反応を抑えることを学ぶ：Shamosh, N. A., DeYoung, C. G., Green, A. E., Reis, D. L., Johnson, M. R., Conway, A.R.A., Engle, R. W., Braver, T. S., Gray, J. R. 2008. "Individual differences in delay discounting relation to intelligence, working memory, and anterior prefrontal cortex." *Psychological Science* 19 (9): 904-11. DOI: 10.1111/j.1467-9280.2008.02175.x; 次の文献も参照．MacLean, E. L., Hare, B., Nunn, C. L., Addessi, E., Amici, F., Anderson, R. C., Aureli, F., Baker, J. M., Bania, A. E., Barnard,

A. M., et al. 2014. "The evolution of self-control." *Proceedings of the National Academy of Sciences of the USA* 111 (20): E2140-48. DOI: 10.1073/pnas.1323533111.

25) 時間間隔をとって訪花することの利点について：Williams, N. M., Thomson, J. D. 1998. "Trapline foraging by bumble bees: III. Temporal patterns of visitation and foraging success at single plants." *Behavioral Ecology* 9 (6): 612-21. DOI: 10.1093/beheco/9.6.612.

26) ハチが空間概念を形成している可能性について：Avargues-Weber, A., Dyer, A. G., Giurfa, M. 2011. "Conceptualization of above and below relationships by an insect." *Proceedings of the Royal Society B– Biological Sciences* 278 (1707): 898-905. DOI: 10.1098/rspb.2010.1891; 一般向けの科学記事は, Chittka, L., Jensen, K. 2011. "Animal cognition: concepts from apes to bees." *Current Biology* 21 (3): R116- 19. DOI: 10.1016/j.cub.2010.12.045 を参照.

27) ハチが空間概念形成課題をいかにして解くかについての別の説明：Guiraud, M., Roper, M., Chittka, L. 2018. "High-speed videography reveals how honeybees can turn a spatial concept learning task into a simple discrimination task by stereotyped flight movements and sequential inspection of pattern elements." *Frontiers in Psychology* 9: 1347. DOI: 10.3389/fpsyg.2018.01347.

第８章　社会的学習と「群知能」

1) ダーウィンの引用：Romanes, G. J. 1884. *Mental Evolution in Animals*. New York: AMS Press; Darwin, C. R. 1841. Letter no. 607, from Charles Darwin to *The Gardeners' Chronicle*, August 21, 1841. In *The Correspondence of Charles Darwin*, vol. 2, 1837-43. Cambridge: Cambridge University Press, 1986.

2) ハチは観察によって学習する：Leadbeater, E., Chittka, L. 2005. "A new mode of information transfer in foraging bumblebees?" *Current Biology* 15 (12): R447-48. DOI: 10.1016/j.cub.2005.06.011.

3) ガラススクリーンを通して他のハチを観察することによって学習するという, アリゾナ大学の研究：Worden, B. D., Papaj, D. R. 2005. "Flower choice copying in bumblebees." *Biology Letters* 1: 504-7. DOI: 10.1098 / rsbl.2005.0368.

4) マルハナバチの二次条件づけによる社会的学習：Dawson, E. H., Avargues-Weber, A., Chittka, L., Leadbeater, E. 2013. "Learning by observation emerges from simple associations in an insect model." *Current Biology* 23 (8): 727-30. DOI: 10.1016/j.cub.2013.03.035.

5) ハチの「光警報」の学習：Dawson, E. H., Chittka, L., Leadbeater, E. 2016. "Alarm substances induce associative social learning in honeybees, *Apis mellifera*." *Animal Behaviour* 122: 17-22. DOI: 10.1016/j.anbehav.2016.08.006.

6) ハチは異なる種から学習する：Dawson, E. H., Chittka, L. 2012. "Conspecific and heterospecific information use in bumble bees." *PLOS One* 7 (2): e31444. DOI: 10.1371/journal.pone.0031444; Romero Gonzalez, E. R., Solvi, C., Chittka, L. 2020. "Honeybees adjust colour preferences in response to concurrent social information from conspecifics and heterospecifics." *Animal Behaviour* 170: 219-28. DOI: 10.1016/j .anbehav.2020.10.008.

7) ミツバチは他の種のダンス方言を正しく読みとる：Su, S., Cai, F., Si, A., Zhang, S., Tautz, J., Chen, S. 2008. "East learns from west: Asiatic honey bees can understand dance language of european honey bees." *PLOS One* 3 (6): 1-9. DOI: 10.1371/journal.pone.0002365.

8) ハリナシミツバチの他種からの社会的学習：Nieh, J. C., Barreto, L. S., Contrera, F.A.L., Imperatriz-Fonseca, V. L. 2004. "Olfactory eavesdropping by a competitively foraging stingless bee, *Trigona spinipes*." *Pro-*

ceedings of the Royal Society B—Biological Sciences 271 (1548): 1633-40. DOI: 10.1098/rspb.2004.2717.

9) 盗みの技の学習：Leadbeater, E., Chittka, L. 2008. "Social transmission of nectar-robbing behaviour in bumble-bees." *Proceedings of the Royal Society B– Biological Sciences* 275 (1643): 1669-74. DOI: 10.1098/rspb.2008.0270.

10) アルペン・マルハナバチの盗蜜行動：Goulson, D., Park, K. J., Tinsley, M. C., Bussière, L. F., Vallejo-Marin, M. 2013. "Social learning drives handedness in nectar-robbing bumblebees." *Behavioral Ecology and Sociobiology* 67 (7): 1141-50. DOI: 10.1007/s00265-013-1539-0.

11) ミツバチに見られる伝統：Lindauer, M. 1985. "The dance language of honeybees: the history of a discovery." In *Experimental Behavioral Ecology*, eds. B. Hölldobler, M. Lindauer, 129-40. Stuttgart: G. Fischer Verlag; 次も参照．Kirchner, W. H. 1987. "Tradition im Bienenstaat. Kommunikation zwischen Imagines und der Brut der Honigbiene durch Vibrationssignale." PhD Thesis, University of Würzburg.

12) マルハナバチの紐引き実験：Alem, S., Perry, C. J., Zhu, X. F., Loukola, O. J., Ingraham, T., Sovik, E., Chittka, L. 2016. "Associative mechanisms allow for social learning and cultural transmission of string pulling in an insect." *PLOS Biology* 14 (10): e1002564. DOI: 10.1371/journal.pbio .1002564.（注：この研究論文の第二著者の現在の氏名は Cwyn Solvi）

13) ハチは静止している個体よりも，動いている個体から学習する：Avargues-Weber, A., Chittka, L. 2014. "Observational conditioning in flower choice copying by bumblebees (*Bombus terrestris*): influence of observer distance and demonstrator movement." *PLOS One* 9 (2): e88415. DOI: 10.1371/journal.pone.0088415.

14) ハチは球を転がすことを他個体から学ぶ：Loukola, O. J., Solvi, C., Coscos, L., Chittka, L. 2017. "Bumblebees show cognitive flexibility by improving on an observed complex behavior." *Science* 355 (6327): 833-36. DOI: 10.1126/science.aag2360.

15) 昆虫や他の動物に，結果についての認識があることを示唆するチャールズ・ターナーの研究：Turner, C. H. 1907. "Do ants form practical judgments?" *Biological Bulletin* 13: 333-43. DOI: 10.2307/1535609; Turner, C. H. 1909. "Behavior of a snake." *Science* 30: 563-64. DOI: 10.1126/science.30.773.563.

16) ハチの分蜂プロセス全般にわたる概要：Seeley, T. D. 2010. *Honeybee Democracy*. Princeton: Princeton University Press（『ミツバチの会議　なぜ常に最良の意思決定ができるのか』，築地書館），およびその参考文献を参照．

17) メーテルリンクの引用：Maeterlinck, M. 1901. *La vie des abeilles*. Paris, Editions Frasquelle.（『蜜蜂の生活』）．このあと次のように続く．「そして驚くべき衣づれの音に包まれたまま，この網は数分間，巣のうえに漂っている．それは見えない手で空中に支えられた歓びのヴェールのように波うち，ためらい，鼓動している．そしてその見えない手は，まるでなにか荘厳な出発か到着を待ちながら，ヴェールを花々の咲いている地上から蒼空に届くまでいっぱいに拡げたり，折りたたんだりしているようである．最後にこの歌声に包まれた晴やかなマントの陽の光をいっぱいに浴びた四辺は，一方が折りたたまれ他方がもちあげられて，いよいよ狙いを定めるべく一点に集中する．ついにこのヴェールは，お伽噺の中で願いをかなえようと地平線をわたってゆくあの魔法のテーブルクロスのように，すでに全体が折りたたまれた状態で未来の聖なる現存である女王様を覆い包みに，彼女のいる菩提樹や梨や柳の木に向かってゆく．女王蜂はたったいまその木にまるで黄金のくさびをうちこむように，ぴったりとはりついたところなのだ．そしていよいよ魔法のヴ

ェールがやってきて，その音楽的な波動のひとつひとつを黄金のくさびにひっかけ，翅に輝く真珠の布地をまきつけてゆくのである．ついでまた沈黙が生まれる．あの大騒動が静まり，はかりしれない危険と怒りを秘めているようにおもわれたあのおそろしいヴェールや，そのあたりのあらゆる物の上で宙吊りになってたえず音を響かせていたあの耳を聾するばかりの黄金の靄も，1分後にはみなおさまってしまい，すべてが木の枝に吊された無害なおとなしい房，いきいきとした，だが不動の数千の小さな開口部でできた大きな房へと変わってしまう．そしてそのままじっと辛抱強く，避難所を探しにでかけた斥候蜂の帰りを待つのである．」（山下知夫，橋本綱訳）

18）分蜂時のハチの精神状態についてのブッテル＝リーペンの言葉：Buttel-Reepen, H. 1900. “Sind die Bienen Reflexmaschinen?” *Experimentelle Beiträge zur Biologie der Honigbiene* 20: 1–84. それはある種の遊び行動をなしているのか，とも彼は自問している（p. 72）．

19）メーテルリンクの引用：出典は前掲 Maeterlinck, 1901 と同じ．「ハチ男爵」の引用：上記 Buttel-Reepen, 1900 の論文を参照．

20）分蜂群でダンスしているハチについてのリンダウアーの観察：Lindauer, M. 1955. “Schwarmbienen auf Wohnungssuche.” *Zeitschrift für Vergleichende Physiologie* 37: 263–324;「煤けたダンサーたち」という言葉は，Seeley, T. D. 2010. *Honeybee Democracy*. Princeton: Princeton University Press（前掲『ミツバチの会議』）より．．

21）エソミクスについて：Reiser, M. 2009. “The ethomics era?” *Nature Methods* 6 (6): 413–14. DOI: 10.1038/nmeth0609-413.

22）フォン・フリッシュの言葉：Lindauer, M. 1985. “Personal recollections of Karl von Frisch.” In *Experimental Behavioral Ecology*, eds. B. Hölldobler, M. Lindauer, 5–7. Stuttgart: G. Fischer.

23）トーマス・シーリーの研究 *Honeybee Democracy*（『ミツバチの会議』）に加え，次の情報源が有用：Seeley, T. D. 1982. “How honeybees find a home.” *Scientific American* 247: 158–68; Seeley, T. D., Levien, R. A. 1987. “A colony of mind — the beehive as thinking machine.” *Sciences* 27: 38–43. DOI: 10.1002/j.2326-1951.1987.tb02955.x; Seeley, T. D., Buhrman, S. C. 1999. “Group decision making in swarms of honey bees.” *Behavioral Ecology and Sociobiology* 45: 19–31. DOI: 10.1007/s002650050536; Seeley, T. D., Visscher, P. K. 2003. “Choosing a home: how the scouts in a honey bee swarm perceive the completion of their group decision making.” *Behavioral Ecology and Sociobiology* 54 (5): 511–20. DOI: 10.1007 /s00265-003-0664-6; Seeley, T. D., Visscher, P. K. 2004. “Quorum sensing during nestsite selection by honeybee swarms.” *Behavioral Ecology and Sociobiology* 56 (6): 594–601. DOI: 10.1007/s00265-004-0814-5; Passino, K. M., Seeley, T. D., Visscher, P. K. 2008. “Swarm cognition in honey bees.” *Behavioral Ecology and Sociobiology* 62 (3): 401–14. DOI: 10.1007/s00265-007-0468-1.

24）分蜂群内の停止シグナル：Seeley, T. D., Visscher, P. K., Schlegel, T., Hogan, P. M., Franks, N. R., Marshall, J.A.R. 2012. “Stop signals provide cross inhibition in collective decision-making by honeybee swarms.” *Science* 335 (6064): 108–11. DOI: 10.1126 /science.1210361.

25）ヒトの「群集行動」について；Dyer, J.R.G., Ioannou, C. C., Morrell, L. J., Croft, D. P., Couzin, I. D., Waters, D. A., Krause, J. 2008. “Consensus decision making in human crowds.” *Animal Behaviour* 75: 461–70. DOI: 10.1016/j.anbehav.2007.05.010; Moffatt, M. W. 2019. *The Human Swarm: How Our Societies Arise, Thrive, and Fall*. New York: Basic Books.

第9章　そのすべてを背後で支えている脳

1) カハールとサンチェスの引用：Ramón y Cajal, S., Sánchez, D. 1915. *Contribución al conocimiento de los centros nerviosos de los insectos*. Madrid: Imprenta de Hijos de Nicolás Moya.

2) カハールの大砲：Rapport, R. 2005. *Nerve Endings: The Discovery of the Synapse*. New York: W. W. Norton.

3) ニューロン説の歴史的論争：Strausfeld, N. J. 2012. *Arthropod Brains: Evolution, Functional Elegance, and Historical Significance*. Cambridge, MA: The Belknap Press of Harvard University Press.

4) ヒトの脳の神経細胞数：Witthöft, W. 1967. "Absolute Anzahl und Verteilung der Zellen im Hirn der Honigbiene." *Zeitschrift für Morphologie der Tiere* 61: 160-84. DOI: 10.1007/BF00298776; さまざまな種の神経細胞数についての最近の報告：Godfrey, R. K., Swartzlander, M., Gronenberg, W. 2021. "Allometric analysis of brain cell number in Hymenoptera suggests ant brains diverge from general trends." *Proceedings of the Royal Society B—Biological Sciences* 288 (1947). DOI: 10.1098/rspb.2021.0199; ヒトの脳の神経細胞数の推定値：Herculano-Houzel, S. 2009. "The human brain in numbers: a linearly scaled-up primate brain." *Frontiers in Human Neuroscience* 3 (31). DOI: 10.3389/neuro.09.031.2009 を参照．

5) ニューロンの数は必ずしも複雑度の指標にはならない：Chittka, L., Niven, J. 2009. "Are bigger brains better?" *Current Biology* 19: R995- 1008. DOI: 10.1016/j.cub.2009.08.023.

6) ハチの脳の構造についてのフェリックス・デュジャルダンの記述：Dujardin, F. 1850. "Mémoire sur le systeme nerveux des insectes." *Annales des Sciences Naturelles B—Zoologie* 14: 195-206.

7) ダンスコミュニケーションと脳の全体的な構造との間に関連性は見られない：Brockmann, A., Robinson, G. E. 2007. "Central projections of sensory systems involved in honey bee dance language communication." *Brain, Behavior and Evolution* 70 (2): 125-36. DOI: 10.1159/000102974.

8) ハチの脳についてのフレデリック・ケニオンの先駆的研究：Kenyon, F. C. 1896. "The brain of the bee—a preliminary contribution to the morphology of the nervous system of the Arthropoda." *Journal of Comparative Neurology* 6: 134-210. DOI: 10.1002/cne.910060302.

9) ケニオンの生涯についての詳細は：Strausfeld, *Arthropod Brains*.

10) 昆虫の視覚系に見られる神経細胞の多様性：Stirling, P., Laughlin, S. 2015. *Principles of Neural Design*. Cambridge, MA: MIT Press; Fischbach, K. F., Dittrich, A.P.M. 1989. "The optic lobe of *Drosophila melanogaster*: 1. Golgi analysis of wild-type structure." *Cell and Tissue Research* 258 (3): 441-75. DOI: 10.1007/BF00218858; Otsuna, H., Ito, K. 2006. "Systematic analysis of the visual projection neurons of *Drosophila melanogaster*: I. Lobula-specific pathways." *Journal of Comparative Neurology* 497 (6): 928-58. DOI: 10.1002/cne.21015.

11) ハチの視覚系のニューロンの種類；Paulk, A. C., Phillips-Portillo, J., Dacks, A. M., Fellous, J. M., Gronenberg, W. 2008. "The processing of color, motion and stimulus timing are anatomically segregated in the bumblebee brain." *Journal of Neuroscience* 28 (25): 6319-32. DOI: 10.1523 /JNEUROSCI.1196-08.2008.

12) ハチの視覚系のエッジ検出ニューロン：Yang, E.-C., Maddess, T. 1997. "Orientation-sensitive neurons in the brain of the honey bee (*Apis mellifera*)." *Journal of Insect Physiology* 43 (4): 329-36. DOI: 10.1016/s0022-1910(96)00111-4.

13) 単純なエッジ検出ニューロンによる複雑なパターン弁別：Roper, M., Fernando, C.,

Chittka, L. 2017. "Insect bio-inspired neural network provides new evidence on how simple feature detectors can enable complex visual generalization and stimulus location invariance in the miniature brain of honeybees." *PLOS Computational Biology* 13 (2): e1005333. DOI: 10.1371/journal.pcbi.1005333.

14) 単純なニューラルネットワークによる計数能力：Vasas, V., Chittka, L. 2019. "Insect-inspired sequential inspection strategy enables an artificial network of four neurons to estimate numerosity." *Science* 11: 85–92. DOI: 10.1016/j.isci.2018.12.009; ひとつずつ順に数え上げていくというマルハナバチの戦略：MaBouDi, H., Dona, H.S.G., Gatto, E., Loukola, O. J., Buckley, E., Onoufriou, P. D., Skorupski, P., Chittka, L. 2020. "Bumblebees use sequential scanning of countable items in visual patterns to solve numerosity tasks." *Integrative and Comparative Biology* 60 (4): 929–42. DOI: 10.1093/icb/icaa025.

15) ごく少数のニューロンで複雑な認知課題をこなせることが多い．たとえば次の文献を参照：Beer, R. D. 2003. "The dynamics of active categorical perception in an evolved model agent." *Adaptive Behavior* 11 (4): 209–43. DOI: 10.1177/1059712303114001; Goldenberg, E., Garcowski, J., Beer, R. D. 2004. "May we have your attention: analysis of a selective attention task." In *From Animals to Animats 8: Proceedings of the Eighth International Conference on the Simulation of Adaptive Behavior*, eds. S. Schaal, A. Ijspeert, A. Billard, S. Vijayakumar, J. Hallam, J.-A. Meyer, 49–56. Cambridge, MA: MIT Press; Cruse, H. 2003. "A recurrent neural network for landmark based navigation." *Biological Cybernetics* 88: 425–37. DOI: 10.1007/s00422-003-0395-9; Cruse, H., Hübner, D. 2008. "Selforganizing memory: active learning of landmarks used for navigation." *Biological Cybernetics* 99: 219–36. DOI: 10.1007/s00422-008-0256-7; Dehaene, S., Changeux, J. P. 1993. "Development of elementary numerical abilities: a neuronal model." *Journal of Cognitive Neuroscience* 5: 390–407. DOI: 11.1162 / jocn.1993.5.4.390; Dehaene, S., Changeux, J.-P., and Nadal, J. P. 1987. "Neural networks that learn temporal sequences by selection." *Proceedings of the National Academy of Sciences of the USA* 84 (9): 2727–31. DOI: 10.1073/pnas.84.9.2727; Vickerstaff, R. J., Di Paolo, E. A. 2005. "Evolving neural models of path integration." *Journal of Experimental Biology* 208: 3349–66. DOI: 10.1242/jeb.01772; Shanahan, M. 2006. "A cognitive architecture that combines internal simulation with a global workspace." *Consciousness and Cognition* 15: 433–49. DOI: 10.1016/j.concog.2005 .11.005.

16) 学習する1個のニューロン：Hammer, M. 1993. "An identified neuron mediates the unconditioned stimulus in associative olfactory learning in honeybees." *Nature* 366, 59–63. DOI: 10.1038/366059a0.

17) 記憶装置としてのキノコ体：Heisenberg, M. 2003. "Mushroom body memoir: From maps to models." *Nature Reviews Neuroscience* 4 (4): 266–75. DOI: 10.1038/nrn1074; Menzel, R. 2019. "Search strategies for intentionality in the honeybee brain." In *The Oxford Handbook of Invertebrate Neurobiology*, ed. J. H. Byrne, 663–84. Oxford: Oxford University Press. DOI: 10.1093/oxfordhb/9780190456757.013.27.

18) キノコ体のファンアウト，ファンイン構造：Menzel, R. 2012. "The honeybee as a model for understanding the basis of cognition." *Nature Reviews Neuroscience* 13: 758–68. DOI: 10.1038/nrn3357; Szyszka, P., Ditzen, M., Galkin, A., Galizia, C. G., and Menzel, R. 2005. "Sparsening and temporal sharpening of olfactory representations in the honeybee mushroom bodies." *Journal of Neurophysiology* 94 (5): 3303–13. DOI: 10.1152/jn.00397.2005.

19) ハチやアリの脳のモデルの記憶能力：Peng,

F., Chittka, L. 2017. "A simple computational model of the bee mushroom body can explain seemingly complex forms of olfactory learning and memory." *Current Biology* 27 (2): 224-30. DOI: 10.1016/j. cub.2016.10.054; Ardin, P., Peng, F., Mangan, M., Lagogiannis, K., Webb, B. 2016. "Using an insect mushroom body circuit to encode route memory in complex natural environments." *PLOS Computational Biology* 12 (2): e1004683. DOI: 10.1371/journal.pcbi .1004683.

20) 比較的単純な神経回路網モデルが目覚ましい能力を発揮する他の例：Montague, P. R., Dayan, P., Person, C., Sejnowski, T. J. 1995. "Bee foraging in uncertain environments using predictive Hebbian learning." *Nature* 377 (6551), 725-28. DOI: 10.1038/377725a0; Shlizerman, E., Phillips-Portillo, J., Forger, D. B., Reppert, S. M. 2016. "Neural integration underlying a time-compensated sun compass in the migratory monarch butterfly." *Cell Reports* 15 (4): 683-91. DOI: 10.1016/j.celrep.2016.03.057 などを参照．.

21) 昆虫の中心複合体の構造と機能：Honkanen, A., Adden, A., Freitas, J. D., Heinze, S. 2019. "The insect central complex and the neural basis of navigational strategies." *Journal of Experimental Biology* 222. DOI: 10.1242/jeb.188854; Homberg, U., Heinze, S., Pfeiffer, K., Kinoshita, M., El Jundi, B. 2011. "Central neural coding of sky polarization in insects." *Philosophical Transactions of the Royal Society B—Biological Sciences* 366 (1565): 680-87. DOI: 10.1098/rstb.2010.0199; Heinze, S., Homberg, U. 2007. "Maplike representation of celestial E-vector orientations in the brain of an insect." *Science* 315 (5814): 995-97. DOI: 10.1126/science.1135531; Turner-Evans, D. B., Jayaraman, V. 2016. "The insect central complex." *Current Biology* 26 (11): R453-57. DOI: 10.1016/j.cub.2016.04.006; Gkanias, E., Risse, B., Mangan, M., Webb, B. 2019 "From skylight input to behavioural output: a computational model of the insect polarised light compass." *PLOS Computational Biology* 15 (7). DOI: 10.1371/journal.pcbi.1007123; Fisher, Y. E., Lu, F. J., D'Alessandro, I., Wilson, R. I. 2019. "Sensorimotor experience remaps visual input to a heading-direction network." *Nature* 576 (7785): 121-25. DOI: 10.1038/s41586-019-1772-4; Stone, T., Webb, B., Adden, A., Ben Weddig, N., Honkanen, A., Templin, R., Wcislo, W., Scimeca, L., Warrant, E., Heinze, S. 2017. "An anatomically constrained model for path integration in the bee brain." *Current Biology* 27 (20): 3069-85. DOI: 10.1016/j.cub.2017.08.052.

22) 中心複合体と意識：Barron, A. B., Klein, C. 2016. "What insects can tell us about the origins of consciousness." *Proceedings of the National Academy of Sciences of the USA* 113 (18): 4900-4908. DOI: 10.1073/pnas.1520084113.

23) エメラルドゴキブリバチとゴキブリ：Arvidson, R., Kaiser, M., Lee, S. S., Urenda, J. P., Dai, C., Mohammed, H., Nolan, C., Pan, S. Q., Stajich, J. E., Libersat, F., Adams, M. E. 2019. "Parasitoid jewel wasp mounts multipronged neurochemical attack to hijack a host brain." *Molecular & Cellular Proteomics* 18 (1): 99-114. DOI: 10.1074/mcp . RA118.000908; Hughes, D. P., Libersat, F. 2019. "Parasite manipulation of host behavior." *Current Biology* 29 (2): R45-47. DOI: 10.1016/j.cub.2018.12.001.

24) 基礎的な意識のような現象は少数のニューロンで現れる：Shanahan, "A cognitive architecture that combines internal simulation with a global workspace."

25) 仮想現実環境下に置かれたハチ：Paulk, A. C., Stacey, J. A., Pearson, T.W.J., Taylor, G. J., Moore, R.J.D., Srinivasan, M. V., van Swinderen, B. 2014. "Selective attention in the honeybee optic lobes precedes behavioral choices." *Proceedings of the National Academy of Sciences of the USA* 111 (13): 5006-11. DOI: 10.1073/pnas.1323297111.

26) ハチの脳の神経振動：Yap, M.H.W., Grabowska, M. J., Rohrscheib, C., Jeans, R., Troup, M., Paulk, A. C., van Alphen, B., Shaw, P. J., van Swinderen, B. 2017. "Oscillatory brain activity in spontaneous and induced sleep stages in flies." *Nature Communications* 8: 1815. DOI: 10.1038 /s41467-017-02024-y; Schuppe, H. 1995. "Rhythmic brain activity in sleeping bees." *Wiener Medizinische Wochenschrift* 145: 463–64.

27) 異なる脳領域の神経活動の同期：Engel, A. K., Fries, P. 2010. "Beta-band oscillations — signalling the status quo?" *Current Opinion in Neurobiology* 20 (2): 156–65. DOI: 10 .1016 /j .conb .2010 .02 .015.

28) ハチの睡眠相の研究：Kaiser, W. 1988. "Busy bees need rest, too — behavioural and electromyographical sleep signs in honeybees." *Journal of Comparative Physiology A* 163: 565–84. DOI: 10.1007/BF00603841; Kaiser, W., Steiner-Kaiser, J. 1988. "Behavioral and physiological changes occurring during sleep in the honey bee." In *Sleep 1986*, eds. W. Koella, F. Obal, H. Schulz, P. Visser, 157–59. Stuttgart: Fischer; Eban-Rothschild, A. D., Bloch, G. 2008. "Differences in the sleep architecture of forager and young honeybees (*Apis mellifera*). *Journal of Experimental Biology* 211 (15): 2408- 16. DOI: 10.1242/jeb.016915.

29) ハチにおける睡眠と記憶強化：Klein, B. A., Klein, A., Wray, M. K., Mueller, U. G., Seeley, T. D. 2010. "Sleep deprivation impairs precision of waggle dance signaling in honey bees." *Proceedings of the National Academy of Sciences of the USA* 107 (52): 22705–9. DOI: 10.1073/pnas.1009439108; Zwaka, H., Bartels, R., Gora, J., Franck, V., Culo, A., Gotsch, M., Menzel, R. 2015. "Context odor presentation during sleep enhances memory in honeybees." *Current Biology* 25 (21): 2869–74. DOI: 10.1016/j .cub.2015.09.069.

30) エリザベス・ティベッツらによるアシナガバチの顔識別の研究．たとえば次の文献を参照：Sheehan, M. J., Tibbetts, E. A. 2008. "Robust long-term social memories in a paper wasp." *Current Biology* 18 (18): R851–52. DOI: 10.1016/j.cub.2008.07.032; Sheehan, M. J., Tibbetts, E. A. 2011. "Specialized face learning is associated with individual recognition in paper wasps." *Science* 334 (6060): 1272–75. DOI: 10.1126/science.1211334; ; 後者の研究の一般向け科学記事は以下を参照：Chittka, L., Dyer, A. 2012. "Your face looks familiar." *Nature* 481: 154–55. DOI: 10.1038/481154a; Tibbetts, E. A., Pardo-Sanchez, J., Ramirez-Matias, J., Avargues-Weber, A. 2021. "Individual recognition is associated with holistic face processing in *Polistes* paper wasps in a species-specific way." *Proceedings of the Royal Society B–Biological Sciences* 288 (1943). DOI: 10.1098/rspb.2020.3010; Tibbetts, E. A., Wong, E., Bonello, S. 2020. "Wasps use social eavesdropping to learn about individual rivals." *Current Biology* 30 (15): 3007-10.e2. DOI: 10.1016/j. cub.2020.05.053.

31) アシナガバチの推移的推論：Tibbetts, E. A., Agudelo, J., Pandit, S., Riojas, J. 2019. "Transitive inference in *Polistes* paper wasps." *Biology Letters* 15 (5). DOI: 10.1098 / rsbl.2019.0015.

32) 顔認識能力をもつハチと持たないハチの間に大まかな神経解剖学的構造の違いは見られない：Gronenberg, W., Ash, L. E., Tibbetts, E. A. 2008. "Correlation between facial pattern recognition and brain composition in paper wasps." *Brain, Behavior and Evolution* 71 (1): 1–14. DOI: 10.1159/000108607; ただし，脳中心部で視覚情報処理を中継する前側視覚小結節のサイズが，早期から社会生活にさらされた個体では大きくなるのに対し，隔離されて育った個体では大きくならない：Jernigan, C. M., Zaba, N. C., Sheehan, M. J. 2021. "Age and social experience induced plasticity across brain regions of the paper wasp *Polistes fuscatus*." *Biology Letters* 17

(4). DOI: 10.1098/rsbl.2021.0073.

33) ヒトの脳と他の霊長類の脳の比較：Herculano-Houzel, S. 2012. "The remarkable, yet not extraordinary, human brain as a scaled-up primate brain and its associated cost." *Proceedings of the National Academy of Sciences of the USA* 109: 10661-68. DOI: 10.1073/pnas.1201895109.

34) 神経回路の小さな変化が行動の大きな変化につながる：Katz, P. S. 2011. "Neural mechanisms underlying the evolvability of behaviour." *Philosophical Transactions of the Royal Society B* 366: 2086-99. DOI: 10.1098/rstb.2010.0336; Chittka, L., Rossiter, S. J., Skorupski, P., Fernando, C. 2012. "What is comparable in comparative cognition?" *Philosophical Transactions of the Royal Society B—Biological Sciences* 367 (1603): 2677-85. DOI: 10.1098 /rstb.2012.0215 (and references therein).

第10章　ハチの「パーソナリティ」の個体差

1) クリスティーの引用の出典は：Christy, R. M. 1884. "On the methodic habits of insects when visiting flowers." *Journal of the Linnean Society* 17: 186-94.

2) 個体差に関するチャールズ・ターナーの研究の例：Turner, C. H. 1907. "The homing of ants: an experimental study of ant behavior." *Journal of Comparative Neurology and Psychology* 17: 367-434. DOI: 10.1002/cne.920170502; Turner, C. H. 1913. "Behavior of the common roach (*Periplaneta orientalis* L.) on an open maze." *Biological Bulletin* 25: 380-97.

3) 行動や知能の個体差——たとえば次の概説を参照：Thomson, J. D., Chittka, L. 2001. "Pollinator individuality: when does it matter?" In *Cognitive Ecology of Pollination*, eds. L. Chittka, J. D. Thomson, 191- 213. Cambridge: Cambridge University Press; Jandt, J. M., Bengston, S., Pinter-Wollman, N., Pruitt, J. N., Raine, N. E., Dornhaus, A., Sih, A. 2014. "Behavioural syndromes and social insects: personality at multiple levels." *Biological Reviews* 89 (1): 48-67. DOI: 10.1111/brv.12042.

4) 行動の個体差と分業の効率性：たとえば次の文献を参照：Mattila, H. R., Seeley, T. D. 2007. "Genetic diversity in honey bee colonies enhances productivity and fitness." *Science* 317: 362-64. DOI: 10.1126 /science.1143046; Chittka, L., Muller, H. 2009. "Learning, specialization, efficiency and task allocation in social insects." *Communicative & Integrative Biology* 2: 151-54. DOI: 10.4161/cib.7600; Burns, J. G., Dyer, A. G. 2008. "Diversity of speed-accuracy strategies benefits social insects." *Current Biology* 18: R953-54. DOI: 10.1016/j.cub .2008.08.028; Muller, H., Chittka, L. 2008. "Animal personalities: the advantage of diversity." *Current Biology* 20: R961-63. DOI: 10.1016/jcub.2008.09.001; Cook, C. N., Lemanski, N. J., Mosqueiro, T., Ozturk, C., Gadau, J., Pinter-Wollman, N., Smith, B. H. 2020. "Individual learning phenotypes drive collective behavior." *Proceedings of the National Academy of Sciences of the USA* 117 (30): 17949-56. DOI: 10.1073 / pnas.1920554117.

5) 恒明条件下でのマルハナバチの採餌活動：Stelzer, R. J., Chittka, L. 2010. "Bumblebee foraging rhythms under the midnight sun measured with radiofrequency identification." *BMC Biology* 8: 93. DOI: 10.1186/1741-7007-8-93.

6) マイクロチップを装着したマルハナバチの個体差：Stelzer, R. J., Stanewsky, R., Chittka, L. 2010. "Circadian foraging rhythms of bumblebees monitored by radio-frequency identification." *Journal of Biological Rhythms* 25: 257-67. DOI: 10.1177/0748730410371750.

7) マルハナバチの「死のダンス」：前掲 Stelzer et al. を参照．ミバエについては，Tower, J.,

Agrawal, S., Alagappan, M. P., Bell, H. S., Demeter, M., Havanoor, N., Hegde, V. S., Jia, Y. D., Kothawade, S., Lin, X. Y., et al. 2019. "Behavioral and molecular markers of death in *Drosophila melanogaster*." *Experimental Gerontology* 126. DOI: 10.1016/j .exger.2019.110707.

8) ハチの女王とワーカーの生理学的・行動的違い：Chittka, A., Chittka, L. 2010. "Epigenetics of royalty." *PLOS Biology* 8 (11). DOI: 10.1371/journal .pbio.1000532（およびその参考文献）..

9) ミツバチの一生涯の間のキノコ体サイズの変化：Durst, C., Eichmüller, S., Menzel, R. 1994. "Development and experience lead to increased volume of subcompartments of the honeybee mushroom body." *Behavioral and Neural Biology* 62: 259–63. DOI: 10.1016/S0163-1047(05)80025-1; Fahrbach, S. E., Moore, D., Capaldi, E. A., Farris, S. M., Robinson, G. E. 1998. "Experience-expectant plasticity in the mushroom bodies of the honeybee." *Learning & Memory* 5: 115–23.

10) 自己組織化や巣内環境制御に関するフランソワ・ユーベルの研究：Huber, F. 1814. *Nouvelles observations sur les abeilles* (2nd edition); trans. C. P. Dadant, as *New Observations upon Bees*. 1926. Hamilton, IL: *American Bee Journal*.

11) 感度の個体差と昆虫コロニーにおける役割の専門化：Beshers, S. N., Fewell, J. H. 2001. "Models of division of labor in social insects." *Annual Review of Entomology* 46: 413–40. DOI: 10.1146/ annurev.ento.46.1.413; Jeanson, R., Clark, R. M., Holbrook, C. T., Bertram, S. M., Fewell, J. H., Kukuk, P. F. 2008. "Division of labour and socially induced changes in response thresholds in associations of solitary halictine bees." *Animal Behaviour* 7 (3): 593–602. DOI: 10.1016/j.anbehav.2008.04.007; Page, R. E., Robinson, G. E., Fondrk, M. K. 1989. "Genetic specialists, kin recognition and nepotism in honey-bee colonies." *Nature* 338: 576–79. DOI: 10.1038/338576a0; しかし，Ulrich, Y., Kawakatsu, M., Tokita, C. K., Saragosti, J., Chandra, V., Tarnita, C. E., Kronauer, D.J.C. 2021. "Response thresholds alone cannot explain empirical patterns of division of labor in social insects." *PLOS Biology* 19 (6). DOI: 10.1371 /journal.pbio.3001269 も参照．

12)「食器洗いエキスパート」についてのジェニファー・フューエルの説明：Fewell, J. H. 2003. "Social insect networks." *Science* 301 (5641): 1867–70. DOI: 10.1126 /science.1088945.

13) ミツバチの味覚に関するカール・フォン・フリッシュの研究：von Frisch, K. 1934. "Über den Geschmackssinn der Bienen." *Zeitschrift für Vergleichende Physiologie* 21: 1–156. DOI: 10.1007/BF00338271.

14) ハチの蔗糖に対する感度と個体差に関するロバート・ペイジらの研究：Page, R. E., Schneir, R., Erber, J., Amdam, G. V. 2006. "The development and evolution of division of labor and foraging specialization in a social insect (*Apis mellifera* L.)." *Current Topics in Developmental Biology* 74: 253–86. DOI: 10.1016/S0070-2153(06)74008-X.

15) 体のサイズに応じた分業：Spaethe, J., Weidenmüller, A. 2002. "Size variation and foraging rate in bumblebees (*Bombus terrestris*)." *Insectes Sociaux* 49: 142–46. DOI: 10.1007/s00040-002-8293-z; デイヴ・グールソンらによる類似の研究：Goulson, D., Peat, J., Stout, J. C., Tucker, J., Darvill, B., Derwent, L. C., Hughes, W.O.H. 2002. "Can alloethism in workers of the bumblebee, *Bombus terrestris*, be explained in terms of foraging efficiency?" *Animal Behaviour* 64: 123–30. DOI: 10.1006/anbe .2002.3041.

16) 大きな個体のほうが優れた視覚を備えている：Spaethe, J., Chittka, L. 2003. "Interindividual variation of eye optics and single object resolution in bumblebees." *Journal of Experimental Biology* 206 (19): 3447–53. DOI: 10.1242/jeb.00570.

17) 大きな個体のほうが嗅覚感度が高い：Spaethe, J., Brockmann, A., Halbig, C., Tautz, J. 2007. "Size determines antennal sensitivity and behavioral threshold to odors in bumblebee workers." *Naturwissenschaften* 94: 733-39. DOI: 10.1007/s00114 -007-0251-1.

18) 経験の結果としての役割の専門化：Ravary, F., Lecoutey. E., Kaminski, G., Chaline, N., Jaisson, P. 2007. "Individual experience alone can generate lasting division of labor in ants." *Current Biology* 17 (15): 1308-12. DOI: 10.1016/j.cub.2007.06.047.

19) 採餌ルートの個体差：Heinrich, B. 1976. "The foraging specializations of individual bumblebees." *Ecological Monographs* 46 (2): 105-28. DOI: 10.2307 /1942246; Thomson, J. D., Maddison, W. P., Plowright, R. C. 1982. "Behavior of bumble bee pollinators on *Aralia hispida* Vent. (Araliaceae)." *Oecologia* 54: 326-36. DOI: 10.1007/BF00380001; Thomson and Chittka, "Pollinator individuality: when does it matter?"; Saleh, N., Chittka, L. 2007. "Traplining in bumblebees (*Bombus impatiens*): a foraging strategy's ontogeny and the importance of spatial reference memory in short-range foraging." *Oecologia* 151 (4): 719-30. DOI: 10.1007/s00442-006-0607-9; Lihoreau, L., Chittka, L., Raine, N. E. 2010. "Travel optimization by foraging bumblebees through readjustments of traplines after discovery of new feeding locations." *American Naturalist* 176 (6): 744-57. DOI: 10.1086/657042; Lihoreau, M. D., Raine, N. E., Reynolds, A. M., Stelzer, R. J., Lim, K. S., Smith, A. D., Osborne, J. L., Chittka, L. 2012. "Radar tracking and motion-sensitive cameras on flowers reveal the development of pollinator multi-destination routes over large spatial scales." *PLOS Biology* 10: e1001392. DOI: 10/1371 /journal.pbio.1001392.

20) 速さと正確さのトレードオフに関するチャールズ・ターナーの示唆：Turner, C. H. 1913. "Behavior of the common roach (*Periplaneta orientalis* L.) on an open maze." *Biological Bulletin* 25: 348-65.

21) 速さと正確さのトレードオフに見られるハチの個体差：Chittka, L., Dyer, A. G., Bock, F., Dornhaus, A. 2003. "Bees trade off foraging speed for accuracy." *Nature* 424: 388. DOI: 10.1038/424388a; Wang, M., Chittka, L., Ings, T. C. 2018. "Bumblebees express consistent, but flexible, speed-accuracy tactics under different levels of predation threat." *Frontiers in Psychology* 9: 1601. DOI: 10.3389/fpsyg.2018 .01601.

22) ハチの個体差が全体としてのコロニーに有利に作用する可能性について：Burns, J. G., Dyer, A. G. 2008. "Diversity of speed-accuracy strategies benefits social insects." *Current Biology* 18 (20): R953-54. DOI: 10.1016/j . cub. 2008.08.028; Mattila, H. R., Seeley, T. D. 2007. "Genetic diversity in honey bee colonies enhances productivity and fitness." *Science* 317: 362-64. DOI: 10.1126 /science.1143046; Chittka, L., Skorupski, P., Raine, N. E. 2009. "Speed-accuracy tradeoffs in animal decision making." *Trends in Ecology & Evolution* 24 (7): 400-407. DOI: 10.1016/j.tree.2009.02.010.

23) 黒い容器めがけて飛び込んでくるハチを発見した研究：Raine, N. E., Chittka, L. 2008. "The correlation of learning speed and natural foraging success in bumble-bees." *Proceedings of the Royal Society B—Biological Sciences* 275: 803-8. DOI: 10.1098/rspb.2007.1652.

24) 行動変動性と問題解決能力：Brembs, B. 2011. "Towards a scientific concept of free will as a biological trait: spontaneous actions and decision-making in invertebrates." *Proceedings of the Royal Society B—Biological Sciences* 278: 930-39. DOI: 10.1098/rspb.2010.2325.

25) 紐引き課題実験での個体差：Alem, S., Perry, C. J., Zhu, X., Loukola, O. J., Ingraham, T., Sovik, E., Chittka, L. 2016. "Associative mechanisms allow for social learning and cultural transmission of string pulling in an

insect." *PLOS Biology* 14 (10). DOI: 10.1371/journal.pbio.1002564.

26）学習速度の個体差や個体ごとの学習曲線を，初めて昆虫について明らかにしたのはチャールズ・ターナーだった．彼は同じ 1 匹のアリに帰巣課題を何度もやらせて，その成績をフォローした．残念ながら，この研究は何十年間も顧みられることがなかった．1990年代になってようやく，昆虫の学習曲線が頻繁に報告されるようになったが，群行動の変化に基づくものだったことから大きな混乱を招いた．学習は定義上，個体において生じるものだからだ．ターナーの参考文献：Turner, C. H. 1907. "The homing of ants: an experimental study of ant behavior." *Journal of Comparative Neurology and Psychology* 17: 367–434. DOI: 10.1002/cne.9201 70502.

27）数学的手法を用いて学習成績を定量化：Chittka, L., Thomson, J. D. 1997. "Sensori-motor learning and its relevance for task specialization in bumble bees." *Behavioral Ecology and Sociobiology* 41: 385–98. DOI: 10.1007 /s002650050400; Raine, N. E., Chittka, L. 2008. "The correlation of learning speed and natural foraging success in bumble-bees." *Proceedings of the Royal Society B—Biological Sciences* 275: 803–8.

28）別々の課題の学習成績間の相関：Muller, H., Chittka, L. 2012. "Consistent interindividual differences in discrimination performance by bumblebees in colour, shape and odour learning tasks (Hymenoptera: Apidae: *Bombus terrestris*)." *Entomologia Generalis* 34: 1–8.

29）一般知能について：Burkart, J. M., Schubiger, M. N., van Schaik, C. P. 2017. "The evolution of general intelligence." *Behavioral and Brain Sciences* 40: E195. DOI: 10.1017/s0140525x16000959.

30）オスカー・フォークトの生涯の詳細：Klatzo, I. 2002. *Cécile and Oskar Vogt: The Visionaries of Modern Neuroscience*. Berlin: Springer Verlag. フォークトの伝記は，幼少期のマルハナバチの観察から後のヒトの脳の個体差研究へと、思考がつながっている点を強調している．「当時，遺伝学研究によって，昆虫の体表の模様（マルハナバチの毛模様など）は環境要因に起因する可能性があることが明らかにされていたので，フォークトは，ヒトのさまざまな脳領域の個体発生における個体差も同じ要因で生じうるのではないかと考えるようになった．」

31）オスカー・フォークトのマルハナバチの個体差に関する研究，およびマルハナバチをモデルにした進化プロセスの解明：Vogt, O. 1911. "Studien über das Artproblem. Über das Variieren der Hummeln. 2. Teil. *Sitzungsberichte der Gesellschaft Naturforschender Freunde zu Berlin* 1911: 31–74.

32）フォークトは動物とヒトの脳の個体差を概念的に結びつけた：Vogt, C., Vogt, O. 1937. "Sitz und Wesen der Krankheiten im Lichte der topistischen Hirnforschung und des Variieres der Tiere. Erster Teil. Befunde der topistischen Hirnforschung als Beitrag zur Lehre vom Krankheitssitz." *Journal für Psychologie und Neurologie* 47: 237–457; Vogt, C., Vogt, O. 1938. "Sitz und Wesen der Krankheiten . . . Zweiter Teil, 1. Hälfte. Zur Einführung in das Variieren der Tiere. Die Erscheinungsseiten der Variation." *Journal für Psychologie und Neurologie* 48: 169–324.

33）マルハナバチの脳構造の違いと学習・記憶成　績：Li, L., MaBouDi, H., Egertova, M., Elphick, M. R., Chittka, L., Perry, C. J. 2017. "A possible structural correlate of learning performance on a colour discrimination task in the brain of the bumblebee." *Proceedings of the Royal Society B—Biological Sciences* 284 (1864). DOI: 10.1098/rspb.2017.1323.

34）ミツバチの学習成績に関する選択交配実験，およびそれ以前のハエでの研究：Brandes, C., Frisch, B., Menzel, R. 1988. "Time-course of memory formation differs in honey bee lines selected for good and poor learning." *Animal Behaviour* 36: 981–85; McGuire, T. R.,

Hirsch, J. 1977. "Behavior-genetic analysis of *Phormia regina*: conditioning, reliable individual differences, and selection." *Proceedings of the National Academy of Sciences of the USA* 74: 5193–97; Lofdahl, K. L., Holliday, M., Hirsch, J. 1992. "Selection for conditionability in *Drosophila melanogaster*." *Journal of Comparative Psychology* 106: 172–83.

35) 個々の個体の学習曲線と、コロニーの自然条件下での成績：Raine, N. E., Chittka, L. 2008. "The correlation of learning speed and natural foraging success in bumble-bees." *Proceedings of the Royal Society B—Biological Sciences* 275: 803-8. DOI: 10.1098/rspb.2007.1652.

36) 学習速度の速い個体はすべての課題で好成績をあげる：Muller, H., Chittka, L. 2012. "Consistent interindividual differences in discrimination performance by bumblebees in colour, shape and odour learning tasks (Hymenoptera: Apidae: *Bombus terrestris*)." *Entomologia Generalis* 34: 1–8; Raine, N. E., Chittka, L. 2012. "No trade-off between learning speed and associative flexibility in bumblebees: A reversal learning test with multiple colonies." *PLOS One* 7: e45096. DOI: 10.1371/journal.pone.0045096.

37) 学習のエネルギーコスト：Dukas, R. 1999. "Costs of memory: ideas and predictions." *Journal of Theoretical Biology* 197: 41–50. DOI: 10.1006/jtbi.1998.0856; Snell-Rood, E. C., Papaj, D. R., Gronenberg, W. 2009. "Brain size: a global or induced cost of learning?" *Brain, Behavior and Evolution* 73 (2): 111–28. DOI: 10.1159/000213647; Evans, L. J., Smith, K. E., Raine, N. E. 2017. "Fast learning in free-foraging bumble bees is negatively correlated with lifetime resource collection." *Scientific Reports* 7: 496. DOI: 10.1038/s41598-017-00389-0; しかし同時に次の文献も参照：Liefting, M., Rohmann, J. L., Le Lann, C., Ellers, J. 2019. "What are the costs of learning? Modest trade-offs and constitutive costs do not set the price of fast associative learning ability in a parasitoid wasp." *Animal Cognition* 22: 851–61. DOI: 10.1007/s10071-019-01281-2.

第 11 章　ハチに意識はあるか？

1) ビュフォンの引用：Leclerc, Georges-Louis (Comte de Buffon) 1753, *Histoire Naturelle - Discours sur la Nature des Animaux Tome* IV, Imprimerie Royale, Paris. pp. 94-96. 興味深いことに，ビュフォンは，ミツバチの巣が単純なプロセスで出来上がることを説明するためにこう述べて，ハチをオートマトンだと言いつつも，同時に，ハチに意識や感情を認めている．

2) ハチには痛みの経験がないというカール・フォン・フリッシュの主張:「ハチが給餌器にとまって砂糖水を吸っている．その腹部の細いウエストを鋏で切断したとする．頭部と胸部はそこに留まったまま食事は続けられ……すべてが後方から漏れ出してくる．腹部があるはずの場所に，少量の砂糖水がたまっていく……ハチは飽くことなく吸い続けるが，やがて力尽きてひっくり返り，快感のなかで命果てる．こうした行動は，痛み知覚があっては起こり得ないものだ．硬い外骨格を装備している動物の場合，痛み知覚があっても全く意味をなさない．一方，皮膚の柔らかい私たち人間の場合には，痛みは，損傷をしっかり避けて命を守る警告信号の役割を果たしている．」著者が英訳：von Frisch, K. 1959. "Insekten—die Herren der Erde." *Naturwissenschaftliche Rundschau* 10: 369–75.

3) 侵害受容の神経路と機械刺激受容の神経路の分離：Burrell, B. D. 2017. "Comparative biology of pain: what invertebrates can tell us about how nociception works." *Journal of Neurophysiology* 117 (4): 1461–73. DOI: 10.1152/jn.00600.2016.

4) ハチやその他の無脊椎動物の侵害受容：

Tobin, D. M., Bargmann, C. I. 2004. "Invertebrate nociception: behaviors, neurons and molecules." *Journal of Neurobiology* 61 (1): 161–74. DOI: 10.1002/neu.20082; Junca, P., Sandoz, J.-C. 2015. "Heat perception and aversive learning in honey bees: putative involvement of the thermal / chemical sensor AmHsTRPA. *Frontiers in Physiology* 6: 316. DOI: 10.3389/fphys.2015.00316.

5) 昆虫の創傷治癒：Frank, E. T., Wehrhahn, M., Linsenmair, K. E. 2018. "Wound treatment and selective help in a termite-hunting ant." *Proceedings of the Royal Society B—Biological Sciences* 285 (1872). DOI: 10.1098/rspb.2017.2457; Frank, E. T., Schmitt, T., Hovestadt, T., Mitesser, O., Stiegler, J., Linsenmair, K. E. 2017. "Saving the injured: rescue behavior in the termite-hunting ant *Megaponera analis*." *Science Advances* 3 (4). DOI: 10.1126/sciadv .1602187.

6) 侵害受容と痛みの区別：Elwood, R. W. 2019. "Discrimination between nociceptive reflexes and more complex responses consistent with pain in crustaceans." *Philosophical Transactions of the Royal Society B—Biological Sciences* 374 (1785). DOI: 10.1098/rstb.2019.0368.

7) 痛みや苦痛の客観的測定は不可能であることについて：Mendl, M., Paul, E. S., Chittka, L. 2011. "Animal behaviour: emotion in invertebrates?" *Current Biology* 21 (12): R463–65. DOI: 10.1016/j.cub.2011 .05.028（およびその参考文献）.

8) 嫌悪刺激への反応に及ぼす警報フェロモンの効果：Nuñez, J., Almeida, L., Balderrama, N., Giurfa, M. 1997. "Alarm pheromone induces stress analgesia via an opioid system in the honeybee." *Physiology & Behavior* 63 (1): 75–80. DOI: 10.1016/s0031-9384(97)00391-0.

9) 昆虫には内因性オピオイド系がない：Elphick, M. R., Mirabeau, O., Larhammar, D. 2018. "Evolution of neuropeptide signalling systems." *Journal of Experimental Biology* 221 (3). DOI: 10.1242/ jeb.151092.

10) 昆虫においてオピオイド鎮痛薬が非オピオイド受容体と結合する可能性：Koyyada, R., Latchooman, N., Jonaitis, J., Ayoub, S. S., Corcoran, O., Casalotti, S. O. 2018. "Naltrexone reverses ethanol preference and protein kinase C activation in *Drosophila melanogaster*" . *Frontiers in Physiology* 9: 175. DOI: 10.3389/fphys.2018.00175.

11) ミツバチのアラトスタチン：Urlacher, E., Devaud, J. M., Mercer, A. R. 2019. "Changes in responsiveness to allatostatin treatment accompany shifts in stress reactivity in young worker honey bees." *Journal of Comparative Physiology A—Neuroethology, Sensory, Neural, and Behavioral Physiology* 205 (1): 51–59. DOI: 10.1007/s00359-018 -1302-0; Urlacher, E., Devaud, J. M., Mercer, A. R. 2017. "C-type allatostatins mimic stress-related effects of alarm pheromone on honey bee learning and memory recall." *PLOS One* 12 (3). DOI: 10.1371/journal. pone.0174321; Urlacher, E., Soustelle, L., Parmentier, M. L., Verlinden, H., Gherardi, M. J., Fourmy, D., Mercer, A. R., Devaud, J. M., Massou, I. 2016. "Honey bee allatostatins target galanin / somatostatin-like receptors and modulate learning: a conserved function? *PLOS One* 11 (1). DOI: 10.1371/journal.pone.0146248.

12) カニグモの捕食攻撃に対するハチの心理的反応：Ings, T. C., Chittka, L. 2008. "Speed-accuracy tradeoffs and false alarms in bee responses to cryptic predators." *Current Biology* 18: 1520–24. DOI: 10.1016/j .cub.2008.07.074; 次の文献も参照：Jones, E. I., Dornhaus, A. 2011. "Predation risk makes bees reject rewarding flowers and reduce foraging activity." *Behavioral Ecology and Sociobiology* 65 (8): 1505–11. DOI: 10.1007 /s00265-011-1160-z; Huey, S., Nieh, J. C. 2017. "Foraging at a safe distance: crab spider effects on pollinators." *Ecological Entomology* 42 (4): 469–76. DOI: 10.1111/een.12406.

13) ミツバチの認知バイアスに関するメリッサ・ベイトソンとジェラルディン・ライトの研究：Bateson, M., Desire, S., Gartside, S. E., Wright, G. A. 2011. "Agitated honeybees exhibit pessimistic cognitive biases." *Current Biology* 21 (12): 1070–73. DOI: 10.1016/j.cub.2011.05.017.
14) 情動らしき状態に及ぼすサプライズ報酬の効果：Solvi, C., Baciadonna, L., Chittka, L. 2016. "Unexpected rewards induce dopamine-dependent positive emotion-like state changes in bumblebees." *Science* 353 (6307): 1529–31. DOI: 10.1126/science. aaf4454.
15) 昆虫は精神活性物質を求める：Chittka, L., Wilson, C. 2019. "Expanding consciousness." *American Scientist* 107 (6): 364–69. DOI: 10.1511/2019.107.6.364（およびその参考文献）.
16) ミバエのオスは射精を報酬として経験し，それを奪われるとアルコールを求める：Shir Zer-Krispil, S., Zak, H., Shao, L., Bentzur, A., Shmueli, A., ShohatOphir, G. 2018. "Ejaculation induced by the activation of Crz neurons is rewarding to *Drosophila* males." *Current Biology* 28 (9): 1445–52. DOI: 10.1016/j.cub.2018.03.039; Shohat-Ophir, G., Kaun, K. R., Azanchi, R., Heberlein, U. 2012. "Sexual deprivation increases ethanol intake in *Drosophila*." *Science* 335 (6074): 1351–55. DOI: 10.1126 /science.1215932.
17) ハチはカフェインやニコチンが含まれる花蜜を好む：Wright. G. A., Baker, D. D., Palmer, M. J., Stabler, D., Mustard, J. A., Power, E. F., Borland, A. M., Stevenson, P. C. 2013. "Caffeine in floral nectar enhances a pollinator's memory of reward." *Science* 339 (6124): 1202–4. DOI: 10.1126/science.1228806. 一般向け科学記事は，Chittka, L., Peng, F. 2013. "Caffeine boosts bees' memories." *Science* 339 (6124): 1157–59. DOI: 10.1126/science.1234411; Baracchi, D., Marples, A., Jenkins, A. J., Leitch, A. R., Chittka, L. 2017. "Nicotine in floral nectar pharmacologically influences bumblebee learning of floral features." *Scientific Reports* 7: 1951. DOI: 10.1038/s41598-017-01980-1 を参照.
18) 意識の進化的起源に関する哲学的考察：Godfrey-Smith, P. 2017. *Other Minds: The Octopus and the Evolution of Intelligent Life*. London: William Collins; Bronfman, Z. Z., Ginsburg, S., Jablonka, E. 2016. "The evolutionary origins of consciousness suggesting a transition marker." *Journal of Consciousness Studies* 23 (9–10): 7–34.
19) 鏡の中の自己認識：Gallup, G. G., Povinelli, D. J., Suarez, S. D., Anderson, J. R., Lethmate, J., Menzel, E. W. 1995. "Further reflections on self-recognition in primates." *Animal Behaviour* 50: 1525–32. DOI: 10.1016/0003-3472(95)80008-5; Reiss, D., Marino, L. 2001. "Mirror self-recognition in the bottlenose dolphin: a case of cognitive convergence." *Proceedings of the National Academy of Sciences of the USA* 98 (10): 5937–42. DOI: 10.1073/pnas.101086398; Plotnik, J. M., de Waal, F.B.M., Reiss, D. 2006. "Self-recognition in an Asian elephant." *Proceedings of the National Academy of Sciences of the USA* 103 (45): 17053–57. DOI: 10.1073/pnas.0608062103.
20) マルハナバチは自分の体のサイズを把握している：Ravi, S., Siesenop, T., Bertrand, O., Li, L., Doussot, C., Warren, W. H., Combes, S. A., Egelhaaf, M. 2020. "Bumblebees perceive the spatial layout of their environment in relation to their body size and form to minimize inflight collisions." *Proceedings of the National Academy of Sciences of the USA* 117 (49): 31494–99. DOI: 10.1073/pnas.2016872117; 一般向け科学記事は，Brebner, J., Chittka, L. 2021. "Animal cognition: the self-image of a bumblebee." *Current Biology* 31: R207–9. DOI: 10.1016/j.cub.2020.12.027 を参照.
21) 哺乳類では自分の体の寸法の把握が自己意識につながる：Dale, R., Plotnik, J. M. 2017.

"Elephants know when their bodies are obstacles to success in a novel transfer task." *Scientific Reports* 7. DOI: 10.1038/srep46309; Brownell, C. A., Zerwas, S., Ramani, G. B. 2007 "'So big': The development of body self-awareness in toddlers." *Child Development* 78 (5): 1426- 40. DOI: 10.1111/j.1467-8624.2007.01075.x; Warren, W. H., Whang, S. 1987. "Visual guidance of walking through apertures — body-scaled information for affordances." *Journal of Experimental Psychology—Human Perception and Performance* 13 (3): 371-83. DOI: 10.1037/0096-1523.13.3.371.

22) 自己認識が近親交配の回避と関連している可能性：CapodeanuNagler, A., Rapkin, J., Sakaluk, S. K., Hunt, J., Steiger, S. 2014. "Self-recognition in crickets via on-line processing." *Current Biology* 24 (23): R1117-18. DOI: 10.1016/j .cub.2014.10.050.

23) 無脊椎動物による生物の動きの識別：：De Agrò, M., Rößler, D. C., Kim, K., Shamble, P. S. 2021. "Perception of biological motion by jumping spiders." *PLOS Biology* 19 (7): e3001172. DOI: 10.1371/journal . pbio.3001172.

24) 小川を飛び越えられるかどうかの判断：ある幅の溝を越えられるか否かの判断は，自分の能力も考慮して，正確になされることを示す証拠が何種かの昆虫から得られている：Krause, T., Spindler, L., Poeck, B., Strauss, R. 2019. "*Drosophila* acquires a long-lasting body-size memory from visual feedback." *Current Biology* 29 (11): 1833-41. e3. DOI: 10.1016/j.cub.2019 .04.037; Niven, J. E., Buckingham, C. J., Lumley, S., Cuttle, M. F., Laughlin, S. B. 2010. "Visual targeting of forelimbs in ladder-walking locusts." *Current Biology* 20 (1): 86-91. DOI: 10.1016/ j.cub.2009.10 .079; Niven, J. E., Ott, S. R., Rogers, S. M. 2012. "Visually targeted reaching in horsehead grasshoppers." *Proceedings of the Royal Society B—Biological Sciences* 279 (1743): 3697-705. DOI: 10.1098/ rspb.2012.0918.

25) 形状を記憶に蓄えずに適切に応答できるというマーク・ローパーの研究：Roper, M., Fernando, C., Chittka, L. 2017. "Insect bio-inspired neural network provides new evidence on how simple feature detectors can enable complex visual generalization and stimulus location invariance in the miniature brain of honeybees." *PLOS Computational Biology* 13 (2): e1005333. DOI: 10.1371/journal. pcbi.1005333.

26) ヒトにおけるパターン認識を伴わない視覚刺激の識別：Lau, H. C., Passingham, R. E. 2006. "Relative blindsight in normal observers and the neural correlate of visual consciousness." *Proceedings of the National Academy of Sciences of the USA* 103 (49): 18763-68. DOI: 10.1073/pnas.0607716103; Schmid, M. C., Mrowka, S. W., Turchi, J., Saunders, R. C., Wilke, M., Peters, A. J., Ye, F. Q., Leopold, D. A. 2010. "Blindsight depends on the lateral geniculate nucleus." *Nature* 466 (7304): 373-77. DOI: 10.1038 /nature09179.

27) モリヌークス問題について：Degenaar, M., Lokhorst, G. J. 2017. "Molyneux's problem." In *The Stanford Encyclopedia of Philosophy*, ed. E. N. Zalta. Stanford, CA: Metaphysics Research Lab, Philosophy Department, Stanford University.

28) マルハナバチの暗所と明所でのクロスモーダルな物体認識：Solvi, C., Gutierrez Al-Khudhairy, S., Chittka, L. 2020. "Bumble bees display cross-modal object recognition between visual and tactile senses." *Science* 367 (6480): 910-12. DOI: 10.1126/ science. aay8064; ブリストル大学の科学者たちが行なったクロスモーダルな物体認識に関する類似の研究もやはり，ハチが実際，空間的配列のパターンを心の中に描けている可能性を示している．ハチにまず，2種類の造花を区別する訓練を行なった．この2種類の造花は，見た目は全く同じだが，香りの出る小さな穴から成る「見えないパター

ン」が，一方は円形に，もう一方は十字形に並んでいる．訓練を受けたハチは，触角を使ってこれらのパターンを区別できるようになった．その後，実験者が突然，これらのパターンを可視化した（花が視覚的に円形や十字形に表示されるが，香りはもう出てこない）．すると，ハチはたちまち，それまで空中に漂う揮発物質のパターンでしかなかったその形状を識別したのである．これは，以前に学習した形状の心的表象が形成されていたことを示している．Lawson, D. A., Chittka, L., Whitney, H. M., Rands, S. A. 2018. "Bumblebees distinguish floral scent patterns, and can transfer these to corresponding visual patterns." *Proceedings of the Royal Society B—Biological Sciences* 285 (1880). DOI: 10.1098/rspb.2018.0661 を参照．

29) ハチにメタ認知はあるか？ Perry, C. J., Barron, A. B. 2013. "Honey bees selectively avoid difficult choices." *Proceedings of the National Academy of Sciences of the USA* 110 (47): 1915559. DOI: 10.1073 /pnas.1314571110 を参照．（注：この研究論文の第一著者の現在の氏名は Cwyn Solvi.）

30) ハチは魔法の井戸：von Frisch, K. 1950. *Bees: Their Vision, Chemical Senses and Language*. Ithaca, NY: Cornell University Press.

31) 意識は動物種ごとに異なる：Birch, J., Schnell, A. K., Clayton, N. S. 2020. "Dimensions of animal consciousness." *Trends in Cognitive Sciences* 24 (10): 789–801. DOI: 10.1016/j.tics.2020.07.007.

第12章　終わりに

1) プラスチック製資材やスチロール樹脂を巣作りに利用するハチ：Prendergast, K. S. 2020. "Scientific note: mass-nesting of a native bee *Hylaeus (Euprosopoides) ruficeps kalamundae* (Cockerell, 1915) (Hymenoptera: Colletidae: Hylaeinae) in polystyrene." *Apidologie* 51 (1): 107–11. DOI: 10.1007/s13592-019-00722-8; Allasino, M. L., Marrero, H. J., Dorado, J., Torretta, J. P. 2019. "Scientific note: first global report of a bee nest built only with plastic." *Apidologie* 50 (2): 230– 33. DOI: 10.1007/s13592-019-00635-6.

2) 誰もがハチの保全に貢献できる：Dave Goulson's books: e.g., Goulson, D. 2019. *The Garden Jungle: Or Gardening to Save the Planet*. New York: Vintage; Goulson, D. 2021. *Gardening for Bumblebees: A Practical Guide to Creating a Paradise for Pollinators*. London: Penguin Books を参照；たとえば，the Bumblebee Conservation Trust's web page: https://www.bumble beeconservation.org/ なども参照．

3) 飼育されているミツバチが，さまざまな場所で在来種ポリネーターに悪影響を及ぼしていることについて：Geldmann, J., González-Varo, J. P. 2018. "Conserving honey bees does not help wildlife." *Science* 359 (6374): 392–93. DOI: 10.1126/science.aar2269; Ropars, L., Dajoz, I., Fontaine, C., Muratet, A., Geslin, B. 2019. "Wild pollinator activity negatively related to honey bee colony densities in urban context." *PLOS One* 14 (9). DOI: 10.1371/journal.pone.0222316; Fürst, M. A., McMahon, D. P., Osborne, J. L., Paxton, R. J., Brown, M.J.F. 2014. "Disease associations between honeybees and bumblebees as a threat to wild pollinators." *Nature* 506 (7488): 364–66. DOI: 10.1038/nature12977; Angelella, G. M., McCullough, C. T., O'Rourke, M. E. 2021. "Honey bee hives decrease wild bee abundance, species richness, and fruit count on farms regardless of wildflower strips." *Scientific Reports* 11 (1): 3202. DOI: 10.1038/s41598-021-81967-1; Herrera, C. M. 2020. "Gradual replacement of wild bees by honeybees in f lowers of the Mediterranean Basin over the last 50 years." *Proceedings of the Royal Society B—Biological Sciences* 287 (1921). DOI: 10.1098/rspb.2019.2657.

図版出典一覧

1.1 Photo by Helga Heilmann. 右記の論文の figure 1 として既発表：Gallo, V., Chittka, L. 2018. "Cognitive aspects of comb-building in the honeybee?" *Frontiers in Psychology* 9: 900. DOI: 10.3389/fpsyg.2018.00900.

1.2 **A**. Electron micrograph by Johannes Spaethe.

1.2 **B** と **C**. Images by Andrew Giger.

1.3 Photo by Lars Chittka.

1.4 右記の論文の figure 1 を Elsevier の許可を得て複製：*Animal Behaviour*, Vol. 36, Laverty, T. M., Plowright, R. C., "Flower handling by bumblebees— a comparison between specialists and generalists," 733-40. Copyright 1988.

1.5 Photo and image design by Helga Heilmann. 右記の論文の表紙画像として既発表：Roper, M., Fernando, C., Chittka, L. 2017. "Insect bio-inspired neural network provides new evidence on how simple feature detectors can enable complex visual generalization and stimulus location invariance in the miniature brain of honeybees." *PLOS Computational Biology* 13 (2): e1005333. DOI:10.1371/journal.pcbi.1005333.

2.1 Photos by Klaus Schmitt. 右記の論文の figure 1b として既発表：Stelzer, R. J., Raine, N. E., Schmitt, K. D., Chittka, L. 2010. "Effects of aposematic coloration on predation risk in bumblebees? A comparison between differently coloured populations, with consideration of the ultraviolet." *Journal of Zoology* 282: 75-83. DOI: 10.1111/j.1469-7998.2010.00709.x.

2.2 Photo by Karl von Frisch. 右記の論文の figure 1 として発表されている：von Frisch, K. 1914. "Der Farbensinn und Formensinn der Biene." *Zoologische Jahrbücher (Physiologie)* 37: 1-238. DOI: 10.5962/bhl.title.11736.

2.3 Figure design by Lars Chittka.

2.4 右記の論文の figure 1 を元に作成：Waser, N. M., Chittka, L. 1998. "Bedazzled by flowers." *Nature* 394: 835-36. DOI: 10.1038/29657.

2.5 Figure design by Lars Chittka.

3.1 右記の論文の figure 11 を元に作成：Wolf, E. 1927. "Über das Heimkehrvermögen der Bienen II." *Zeitschrift für Vergleichende Physiologie* 6: 221-54. DOI: 10.1007/BF00339256.

3.2 Figure design by Lars Chittka. ［日本語版で追加収録］

3.3 右記のソースの図版を元に作成：Wehner, R. 1997. "The ant's celestial compass system: spectral and polarization channels." In *Orientation and Communication in Arthropods*, ed. M. Lehrer, Basel: Birkhauser Verlag, 145-85; Evangelista, C., Kraft, P., Dacke, M., Labhart, T., Srinivasan, M. V. 2014. "Honeybee navigation: critically examining the role of the polarization compass." *Philosophical Transactions of the Royal Society B – Biological Sciences* 369: DOI: 10.1098 /rstb.2013.0037.

3.4 右記の論文の図版を元に作成：Srinivasan, M. V. 2011. "Honeybees as a model for the study of visually guided flight, navigation, and biologically inspired robotics." *Physiological Reviews* 91 (2): 413-60. DOI: 10.1152/physrev.00005.2010.

3.5 右記の論文の figure 4A を元に作成：Liang, C. H., Chuang, C. L., Jiang, J. A., Yang, E. C. 2016. "Magnetic sensing through the abdomen of the honeybee." *Scientific Reports* 6. DOI: 10.1038 /srep23657.

3.6 右記の論文の figure 1.1 より：Goodman, L. 2003. *Form and Function in the Honeybee*. Cardiff, Westdale Press. © International Bee Research Association. 許可を得て複製.

4.1 右記の論文の figure 2B を元に作成：Baerends, G. P. 1941. "Fortpflanzungsverhalten und Orientierung der Grabwespe *Ammophila campestris*." *Tijdschrift voor Entomologie* 84: 71-248.

4.2 Photo by Matt Somerville. ウェブサイト Bee Kind Hives (https://beekindhives.uk/) より.

許可を得て転載．［日本語版で追加収録］

4.3 Image design by Vince Gallo. 右記の論文の figure 2として既発表の図の一部：Gallo, V., Chittka, L. 2018. "Cognitive aspects of comb-building in the honeybee?" *Frontiers in Psychology* 9:900. DOI: 10.3389/fpsyg.2018.00900.［日本語版で追加収録］

4.4 Image design by Vince Gallo. 右記の論文の figure 4として既発表：Gallo, V., Chittka, L. 2018. "Cognitive aspects of comb-building in the honeybee?" *Frontiers in Psychology* 9:900. DOI: 10.3389/fpsyg.2018.00900.

4.5 Photos by Florian Schiestl（マルハナバチ，白い花），Steve Johnson（スズメガ），Scott Hodges（赤い花），Rob Raguso（イポメア）；右記の論文の figure 1に倣った：Clare, E. L., Schiestl, F. P., Leitch, A. R., Chittka, L. 2013. "The promise of genomics in the study of plant-pollinator interactions." *Genome Biology* 14: 207. DOI: 10.1186/gb-2013-14 -6-207.

5.1 Photo by Jeremy Early. 右記の論文の figure 1A: Collett, M., Chittka, L., Collett, T. S. 2013. "Spatial memory in insect navigation." *Current Biology* 23（17）: R789-800. DOI: 10.1016/j.cub.2013.07.020

5.2 **A** と **B**. Figure design by Jürgen Tautz and Marco Kleinhenz（一部改変）．右記の論文に既発表：Chittka, L. 2004. "Dances as windows into insect perception." *PLOS Biology* 2: 898-900. DOI: 10.1371 /journal.pbio.0020216.

5.2 **C**. 右記の論文の図を元に作成：Barron, A. B., Plath, J. A. 2017. "The evolution of honeybee dance communication: a mechanistic perspective." *Journal of Experimental Biology* 220: 4339-46. DOI: 10.1242 /jeb.142778.

6.1 右記の論文の figure 1を元に作成：Collett, T., Kelber, A. 1988. "The retrieval of visuo-spatial memories by honeybees." *Journal of Comparative Physiology A* 163: 145-50. DOI: 10.1007/BF00612004.

6.2 右記の論文の figure 1を元に作成：Bennett, A.T.D. 1996. "Do animals have cognitive maps?" *Journal of Experimental Biology* 199: 219-24. DOI: 10.1242 /jeb.199.1.219.

6.3 Photo by Lars Chittka. 右記の論文の figure 1として既発表：Skorupski, P., MaBouDi, H., Galpayage Dona, H. S., Chittka, L. 2018. "Counting insects." *Philosophical Transactions of the Royal Society B – Biological Sciences* 373: 20160513. DOI: 10.1098 /rstb.2016.0513.

6.4 Design by HaDi MaBouDi. 右記の論文の figure 5として既発表：Skorupski, P., MaBouDi, H., Galpayage Dona, H. S., Chittka, L. 2018. "Counting Insects." *Philosophical Transactions of the Royal Society B– Biological Sciences* 373: 20160513. DOI: 10.1098/rstb.2016.0513.

6.5 **A**. 右記の論文の figure 1を元に作成：Muller, M., Wehner, R. 1988. "Path integration in desert ants, *Cataglyphis fortis*." *Proceedings of the National Academy of Sciences of the USA* 85: 5287-90. DOI: 10.1073/pnas.85.14.5287.

6.5 **B-D**. 右記の論文の figure 2を元に作成：Chittka, L., Kunze, J., Shipman, C., Buchmann, S. L. 1995. "The significance of landmarks for path integration of homing honeybee foragers." *Naturwissenschaften* 82: 341-43. DOI: 10.1007/BF01131533.

6.6 **左**：Photo by Joseph Woodgate. 右記の論文に既発表：Woodgate, J. L., Makinson, J. C., Rossi, N., Lim, K. S., Reynolds, A. M., Rawlings, C. J., Chittka, L. 2021. "Harmonic radar tracking reveals that honeybee drones navigate between multiple aerial leks." *iScience* 24（6）: 102499. DOI: 10.1016/j.isci.2021.102499.

6.6 **右**：Photo by Lars Chittka. 右記の論文の figure 2Aとして既発表：Chittka, L. 2017. "Bee cognition." *Current Biology* 27（19）: R1049-53. DOI: 10.1016/j.cub.2017 .08.008.

6.7 Image series by Joseph Woodgate. 右記の論文の figure 2B-Dとして既発表：Chittka, L. 2017. "Bee cognition." *Current Biology* 27（19）: R1049-53. DOI: 10.1016/j.cub.2017.08.008, and based on data from: Woodgate, J. L., Makinson, J. C., Lim, K. S., Reynolds, A. M.,

Chittka, L. 2016. “Life-long radar tracking of bumblebees.” *PLOS ONE* 11 (8): e0160333. DOI: 10.1371/journal.pone.0160333.

7.1 **左**：Figure design by Beau Lotto. 右記の論文の figure 4Aとして既発表：Lotto, R. B., Chittka, L. 2005. “Seeing the light: illumination as a contextual cue to color choice behavior in bumblebees.” *Proceedings of the National Academy of Sciences of the USA* 102: 3852-56. DOI: 10.1073/pnas.0500681102.

7.1 **右**：Photo by Klaus Lunau.

7.2 **上**：Photo by Lars Chittka.

7.2 **下**：右記の論文のデータと figure4 より：Chittka, L., Thomson, J. D. 1997. “Sensori-motor learning and its relevance for task specialization in bumble bees.” *Behavioral Ecology and Sociobiology* 41: 385-98. DOI: 10.1007/s002650050400.

7.3 右記の論文より：Theobald, J. 2014. “Insect neurobiology: how small brains perform complex tasks.” *Current Biology* 24: R528-29. DOI: 10.1016/j.cub.2014.04.015, この論文の研究は右の論文に基づく．Nityananda, V., Skorupski, P., Chittka, L. 2014. “Can bees see at a glance?” *Journal of Experimental Biology* 217: 1933-39. DOI: 10.1242/jeb.101394.

7.4 Photos and electron micrographs by Beverley Glover. 右記の論文の figure 1 として既発表：Whitney, H., Chittka, L. 2007. “Warm flowers, happy pollinators.” *Biologist* 54: 154-59.

7.5 Image by Brigitte Bujok, Marco Kleinhenz, Jürgen Tautz. 右記の論文に既発表：Dyer, A. G., Whitney, H. M., Arnold, S.E.J., Glover, B. J., Chittka, L. 2006. “Bees associate warmth with flower colour.” *Nature* 442: 525. DOI: 10.1038/442525a.

7.6 右記の論文の figure 4 を元に作成：Chittka, L., Niven, J. 2009. “Are bigger brains better?” *Current Biology* 19: R995-1008. DOI: 10.1016/j.cub.2009.08.023, which is in turn a redrawing of data from Giurfa, M., Zhang, S., Jenett, A., Menzel, R., Srinivasan, M. V. 2001. “The concepts of ‘sameness’ and ‘difference’ in an insect.” *Nature* 410: 930-33. DOI: 10.1038/35073582.

7.7 右記の論文の figure 1 を元に作成：Chittka, L., Jensen, K. 2011. “Animal cognition: concepts from apes to bees.” *Current Biology* 21: R116-19. DOI: 10.1016/j.cub.2010.12.045, これは右の論文の実験手法に基づく：Avarguès-Weber, A., Dyer, A. G., Giurfa, M. 2011. “Conceptualization of above and below relationships by an insect.” *Proceedings of the Royal Society of London B—Biological Sciences* 278 (1707): 898-905. DOI: 10.1098/rspb.2010.1891.

8.1 右記の論文の figure 1 を元に作成：Leadbeater, E., Dawson, E. H. 2017. “A social insect perspective on the evolution of social learning mechanisms.” *Proceedings of the National Academy of Sciences of the USA* 114: 7838-45. DOI: 10.1073/pnas.1620744114. この研究は右記の論文の実験法を踏襲したもの：Dawson, E. H., Avarguès-Weber, A., Chittka, L., Leadbeater, E. 2013. “Learning by observation emerges from simple associations in an insect model.” *Current Biology* 23: 727-30. DOI: 10.1016/j.cub.2013 .03.035.

8.2 Photos by Ellouise Leadbeater.

8.3 **左**：Photo series by Sylvain Alem. 右記の論文の figure 3として既発表：Chittka, L. 2017. “Bee cognition.” *Current Biology* 27 (19): R1049-53. DOI: 10.1016/j.cub.2017.08.008.

8.3 **右**：右記の論文の figure 5A: Alem, S., Perry, C. J., Zhu, X., Loukola, O. J., Ingraham, T., Søvik, E., Chittka, L. 2016. “Associative mechanisms allow for social learning and cultural transmission of string pulling in an insect.” *PLOS Biology* 14 (10): e1002564. DOI: 10.1371 /journal. pbio.1002564.

8.4 Photo by Iida Loukola. 図は右記の論文の figure 2 を元に作成：Loukola, O. J., Solvi, C., Coscos, L., Chittka, L. 2017. “Bumblebees show cognitive flexibility by improving on an observed complex behavior.” *Science* 355 (6327): 833-36. DOI: 10.1126/science.

aag2360.

8.5 上：Photo by Rotraut Sachs. 右記の論文の figure 7 として既発表：Leadbeater, E., Chittka, L. 2007. "Social learning in insects — from miniature brains to consensus building." *Current Biology* 17: R703-13. DOI: 10.1016/j.cub.2007.06.012.

8.5. 下：右記の論文の figure 5 を元に作成：Seeley, T., Buhrman, S. 1999. "Group decision making in swarms of honeybees." *Behavioral Ecology Sociobiology* 45: 19-31. DOI: 10.1007/s002650050536. Copyright © 1999 by Springer Nature. 許可を得て複製.

9.1 上：右記の論文の figure 2 および figure 5 による：Dujardin, F. 1850. "Mémoire sur le systeme nerveux des insectes." *Annales des Sciences Naturelles B—Zoologie* 14: 195-206.

9.1 下：右記の論文の figure 1D に倣った：Rother, L., Kraft, N., Smith, D. B., el Jundi, B., Gill, R. J., Pfeiffer, K. 2021. "A micro-CT-based standard brain atlas of the bumblebee." *Cell and Tissue Research* 386: 29-45. DOI: 10.1007/s00441-021 -03482-z.

9.2 原図は Kenyon, F. C. 1896. "The brain of the bee — a preliminary contribution to the morphology of the nervous system of the Arthropoda." *Journal of Comparative Neurology* 6: 134-210. DOI: 10.1002 /cne.910060302.

9.3 左：原図は Ramón y Cajal, S., Sánchez, D. 1915. "Contribución al conocimiento de los centros nerviosos de los insectos." *Trabajos del Laboratorio de Investigaciones Biológicas de la Universidad de Madrid* 13: 1-68.

9.3 右：右記の論文の figure 4, Panels A-F より：Paulk, A. C., Phillips-Portillo, J., Dacks, A. M., Fellous, J. M., Gronenberg, W. 2008. "The processing of color, motion and stimulus timing are anatomically segregated in the bumblebee brain." *Journal of Neuroscience* 28 (25): 6319-32. DOI: 10.1523/JNEUROSCI.1196-08.2008. (Copyright 2008 Society for Neuroscience.)

9.4 右記の論文の figure 1A を元に作成：Hammer, M. 1993. "An identified neuron mediates the unconditioned stimulus in associative olfactory learning in honeybees." *Nature* 366: 59-63. DOI: 10.1038/366059a0. Copyright © 1993 by Springer Nature. 許可を得て複製.

9.5 右記の論文を元に作成：Honkanen, A., Adden, A., Freitas, J. D., Heinze, S. 2019. "The insect central complex and the neural basis of navigational strategies." *Journal of Experimental Biology* 222 (Suppl. 1): jeb188854. DOI: 10.1242 /jeb.188854.

10.1 左，上，下：Photo by Lars Chittka.

10.1 右：右記の論文の figure 5 を元に作成：Stelzer, R. J., Stanewsky, R., Chittka, L. 2010. "Circadian foraging rhythms of bumblebees monitored by radio-frequency identification." *Journal of Biological Rhythms* 25: 257-67. DOI: 10.1177/0748730410371750.

10.2 Photo by Helga Heilmann. 右記の論文の figure 1 として既発表：Chittka, A., Chittka, L. 2010. "Epigenetics of royalty." *PLOS Biology* 8: e1000532. DOI: 10.1371/journal.pbio.1000532.

10.3 Electron micrographs by Johannes Spaethe. 右記の論文の figure 1A として既発表：Spaethe, J., Chittka, L. 2003. "Interindividual variation of eye optics and single object resolution in bumblebees." *Journal of Experimental Biology* 206: 3447-53. DOI: 10.1242/jeb.00570.

10.4 上：右記の論文の figure 1 を元に作成：Saleh, N., Chittka, L. 2007. "Traplining in bumblebees (*Bombus impatiens*): a foraging strategy's ontogeny and the importance of spatial reference memory in short range foraging." *Oecologia* 151: 719-30. DOI: 10.1007/s00442-006 -0607-9.

10.4 下：Image designs by Joseph Woodgate. 右記の論文の figure 1 として既発表：Woodgate, J. L., Makinson, J. C., Lim, K. S., Reynolds, A. M., Chittka, L. 2016. "Life-long radar tracking of bumblebees." *PLOS ONE* 11 (8): e0160333. DOI: 10.1371/journal.

pone.0160333.

10.5 右記の論文のデータを元に作成：Chittka, L., Dyer, A. G., Bock, F., Dornhaus, A. 2003. "Bees trade off foraging speed for accuracy." *Nature* 424: 388. DOI: 10.1038/424388a.

10.6 右記の論文のデータを元に作成：Raine, N. E., Chittka, L. 2008. "The correlation of learning speed and natural foraging success in bumblebees." *Proceedings of the Royal Society of London B—Biological Sciences* 275: 803-8. DOI: 10.1098 /rspb.2007.1652.

10.7 右記の論文の figure 1 を元に作成：Li, L., MaBouDi, H., Egertová, M., Elphick, M. R., Chittka, L., Perry, C. J. 2017. "A possible structural correlate of learning performance on a colour discrimination task in the brain of the bumblebee." *Proceedings of the Royal Society of London B—Biological Sciences* 284 (1864): 20171323. DOI: 10.1098 /rspb. 2017.1323.

11.1 Photo by Lars Chittka. 右記の論文の figure 1として既発表：Mendl, M., Paul, E. S., Chittka, L. 2011. "Animal behaviour: emotion in invertebrates?" *Current Biology* 21: R463-65. DOI: 10.1016/j.cub.2011.05.028.

11.2 Photos and images by Thomas Ings. 線画は右記の論文より：Ings, T. C., Wang, M. Y., Chittka, L. 2012. "Colour independent shape recognition of cryptic predators by bumblebees." *Behavioral Ecology and Sociobiology* 66: 487-96. DOI: 10.1007/s00265-011-1295-y; この結果は右論文のデータに基づく：Ings, T. C., Chittka, L. 2008. "Speed-accuracy tradeoffs and false alarms in bee responses to cryptic predators." *Current Biology* 18: 1520-24. DOI: 10.1016/j .cub.2008. 07.074.

11.3 Figure design by Cwyn Solvi. 右記の論文のデータを元に作成：Solvi, C., Baciadonna, L., Chittka, L. 2016. "Unexpected rewards induce dopamine-dependent positive emotion-like state changes in bumblebees." *Science* 353 (6307): 1529-31. DOI: 10.1126/science.aaf4454.

11.4 Figure design by Joanna Brebner. 右記の論文の figure 1 として既発表：Brebner, J. S., Chittka, L. 2021. "Animal cognition: the self-image of a bumblebee." *Current Biology* 31 (4): R207-9. DOI: 10.1016/j.cub.2020. 12.027.

11.5 Photo by Lars Chittka.

12.1 Photo by Joseph Wilson.